计算机前沿技术丛书

低代码极速物联网开发指南

基于阿里云IoT Studio
快速构建物联网项目

刘洪峰　孙安玉 / 著

机械工业出版社
CHINA MACHINE PRESS

本书详细介绍了 JavaScript、Python、.NET 和 Lua 低代码开发，并且从传感器开始，深入浅出地勾勒出采集终端、智能网关、物理链路层、通信协议和云端平台等物联网领域的全貌；结合实际案例，系统地讲解了如何通过低代码、零代码等近乎搭积木的方式快速搭建物联网系统。本书内容丰富、通俗易懂，是一本物联网领域的低代码开发大全。

本书适合对低代码感兴趣的程序员，以及相关专业人员阅读。

图书在版编目（CIP）数据

低代码极速物联网开发指南：基于阿里云 IoT Studio 快速构建物联网项目／刘洪峰，孙安玉著 . —北京：机械工业出版社，2022.5（2024.1 重印）
（计算机前沿技术丛书）
ISBN 978-7-111-71059-2

Ⅰ.①低…　Ⅱ.①刘…②孙…　Ⅲ.①物联网-指南　Ⅳ.①TP393.4-62
②TP18-62

中国版本图书馆 CIP 数据核字（2022）第 110785 号

机械工业出版社（北京市百万庄大街 22 号　邮政编码 100037）
策划编辑：杨　源　责任编辑：杨　源
责任校对：徐红语　责任印制：单爱军
北京虎彩文化传播有限公司印刷
2024 年 1 月第 1 版第 4 次印刷
184mm×240mm · 20.5 印张 · 569 千字
标准书号：ISBN 978-7-111-71059-2
定价：109.00 元

电话服务　　　　　　　网络服务
客服电话：010-88361066　机 工 官 网：www.cmpbook.com
　　　　　010-88379833　机 工 官 博：weibo.com/cmp1952
　　　　　010-68326294　金 书 网：www.golden-book.com
封底无防伪标均为盗版　机工教育服务网：www.cmpedu.com

推 荐 语

RECOMMEND

我们可以看到 AI 和 IoT 技术的应用正在影响每个人的日常生活，也正在帮助这个社会更智能地协同和运转，但是我们相信接下来还会有更多、更好的创新从 AIoT 开发者手中诞生。

刘洪峰是一名优秀的 AIoT 开发者，从他身上看到了我国开发者善于创新、乐于分享的特质。非常感谢他为技术布道，也希望有更多的 AIoT 开发者能参与到创新和分享的队伍中来。

万物智联的时代，阿里云会为 AIoT 建设好基础设施，提供平台，提供工具，为每一个 AIoT 开发者提供普惠而可靠的支撑。

——库伟(库氪) 阿里巴巴集团副总裁、天猫精灵事业部总经理、阿里云智能 IoT 事业部总经理

物联网发展到今天已然进入了一个深水区，无论是传感器研发，还是智能制造的落地，都需要更多的物联网人向新的台阶迈进。刘洪峰作为一个十多年的物联网老兵，一直置身于产学研结合的第一线，现将多年来的实践经验汇集成书，希望本书能助力更多的企业成功实现数字化转型的落地。

——柏斯维 物联网智商创始人、北京物联网协会副会长、青海省物联网协会副会长

数字革命意味着我们可以彻底改变工业时代的绝大部分行业。我们需要新的摩尔定律来支撑数字化，物联网不仅连接硬件，也将物理世界连接到数字世界。刘洪峰是最早在物联网领域使用阿里云产品的用户之一，本书将引领用户，依托阿里云物联网平台，通过 YFIOs 等搭积木的方式，快速实现企业数字化转型。

——丁险峰 国际传感器行业协会(MSIG)全球董事，前阿里云 IoT 事业部 CTO、工业互联网首席科学家

物联网的市场，是一个万亿级的大市场。但是物联网的需求又是碎片化的，很难做到低成本的开发。尽管过去的十几年，大家都很关注物联网，但是一直没有诞生一个物联网的巨

头企业。

作者从物联网的开发成本角度撰写的本书，具备以下价值：

- 为降低整个社会的物联网开发成本提供了可行的方向；
- 为各个企业低成本开发物联网系统提供了几条可以尝试的道路；
- 为广大开发者提供了可靠的线索和路径，无痛进入物联网行业。

非常感谢作者对 LuatOS 操作系统的厚爱，我们共同努力，提升物联网的开发效率。

——秦鹏　上海合宙通信科技有限公司 CEO

与洪峰相识已经快二十年了，当初因 Net Micro Frameworks 而结缘，从一开始的技术支持，到最后成为在物联网这个领域共同努力的好友。

本书从介绍各种低代码开发平台开始，进阶到阿里云物联网平台与如何使用 IoT Studio 进行应用开发。除了软件平台，更深入地介绍了物联网硬件相关设备，进而导入了作者提出的 **YFIOs** 组态式低代码开发与 **YFERs** 设备监控服务平台。本书更难能可贵的是深入介绍了各个领域的项目实战开发，延伸并收敛了前面介绍的开发技术内容。综上所述，本人极力推荐此书作为物联网相关技术开发人员与大专院校学生的参考书。

—— 林子轩　美国 UC Berkeley 访问学者

认识洪峰已经快二十年了，我们那一代的程序员还坚持在开发一线的人已经不多了，洪峰是少数派之一。洪峰是三料 MVP——微软、华为和阿里，他做的物联网领域是需要时间沉淀的，我记得上次见面时，洪峰跟我聊的是物联网设备是否能够自持三年后，仍然保持数据的准确性。实话实说，在这个产品生命周期以周计算的时代，很少有人能够考虑三年以后的事情。但是，这个时代的很多领域——比如工业领域、自动驾驶领域，是需要在产品生命周期末端仍然保持数据稳定性的。洪峰的产品和技术恰好就是服务于这些需要时间和数据精度的领域。但是，物联网领域是 IT 行业的一部分，我们又不能固守原有的技术很多年，这就需要我们在坚持准确的同时，不断吸纳新的技术和知识。这就是我们这个时代所需要的"创新匠人精神"。我希望再过二十年，洪峰还能够继续在自己的领域中执着前行，精益求精地解决每一个技术问题，很多的知识和技术是需要时间的磨砺才能看到它们的价值的。

——马宁 第一创客 CEO 天使投资人

去年 Forrest 联合阿里云发布了《云原生开发者洞察白皮书》，提出了云原生如何影响未来软件开发模式的问题，并指出云原生平台要提供一个真正能屏蔽底层细节的统一开发工具，才能做到"人""云"合一，真正发挥云的价值，本书就是介绍物联网低代码开发的优秀代表。

我们知道物联网+云原生又是一个绝妙的组合，物联网体系内技术栈体系庞杂，想快速开发出成型的产品非常困难，而本书则充分展示了阿里云低代码平台的巨大能力，通过简单操作就能让很多创新型方案快速落地，本书可以给那些致力于物联网技术开发的同仁以巨大支持，不同层次的程序员都能从本书中了解到低代码物联网开发的具体细节。

最后希望以刘洪峰为代表的 IT 从业者能够继续与技术社区保持良好的互动，继续为中国的 IT 行业积蓄力量，厚积薄发。

——马超　人民大学高礼金融科技研究院校外导师

序

RECOMMEND

都说窥一斑而知全豹，但是在物联网领域却是盲人摸象，什么是物联网的必学知识点，作为物联网专业的学生的回答也是众说纷纭，有的说是硬件设计，有的说是嵌入式开发，还有的说是网页和服务器开发，当然也有人认为是手机 App 或小程序开发，可想而知，要想学懂物联网真不是一件容易的事。 对于一个公司，如果要开发物联网项目，至少需要硬件设计、嵌入式开发、前端、后端，还有手机 App 或小程序开发等四五位开发工程师，还不包括硬件、软件等环节的测试工程师。

所以物联网低代码开发是历史发展的必然，只有这样才能用更低的成本去造福社会。 作者的初衷也是如此，希望紧跟物联网发展的大势，结合自身多年的物联网从业经验，用最简单易学的方式助力物联网开发爱好者走出困境，实现仅凭一己之力就可以构建物联网系统的梦想。

前　言
PREFACE

从 2009 年开始，笔者在微软亚洲工程院做上海智慧停车、天津养牛场物联网监控和河北慈济医院远程医疗等物联网项目算起，到如今在物联网行业已经打拼十多个年头了。这些年里无论是智慧水务、智慧消防、农业大棚物联网远程监控、物联网肉鸡养殖监控，还是江河大坝的物联网监控，大大小小经手的物联网项目不计其数，对物联网的感悟也不一而足。如果再往前追溯，谈及对物联网热爱的"根"，那就是 2001 年便投身于工控行业，从事钢铁厂领域的工业自动化系统研发。从公司研发部，到首钢、济钢、本钢、邯钢和迁钢等工业现场一线，数年之间，来回奔波，深切体会着何谓工业自动化，所以从事物联网行业很多年后，内心其实一直认为物联网只是工业自动化的延伸。

2017 年阿里云调整赛道，发力于物联网领域，和无锡市签署了上亿元的飞凤物联网平台（可以说是 IoT Studio 的前身）合作开发协议。无论是物联网智能设备和云平台的对接，还是最初的平台项目案例的构建，当年都有幸深度参与其中。时任阿里云 IoT 事业部 CTO 的丁总就曾这样说过：刘洪峰是最早在物联网领域使用阿里云产品的人，他对于阿里云的感情特别深。有了这种参与物联网大平台开发的经历，加上 2018 年阿里云对笔者有一个针对物联网的专访，让笔者对物联网有了更深的思考。其实物联网和工业自动化最大的区别就是，前者的量级非常巨大，对成本比较敏感，且没有专业的维护队伍；另外，典型的物联网项目对数据实时分析和深度挖掘也有很高的要求，所以在项目架构设计及实施上，二者也就有了很大的区别。

笔者一直认为未来物联网的发展可能分为两个方向：一是面向具体行业，为客户实现个性化需求的综合型产品将越来越多（工控领域大部分是通用产品，比如 PLC、通用组态等）。二是越来越多的厂家将抛弃自己云端数据接入平台的设计，转为采用大公司的物联网基础平台（因为物联网项目连接的智能设备越来越多，一般公司很难有实力维护这么多设备的接入，更难进一步对采集的海量数据进行深度挖掘和分析）。

由此可见，未来的物联网领域分工越来越明确，环节也越来越多，需要多方通力合作，快速开发，才能构建一个真正实用，可落地的物联网项目，所以低代码开发或零代码的开发方式在此种大形势和大环境下应运而生。毕竟物联网系统的整体设计、实施、运维来源于一线项目集成公司（或者行业 SaaS 公司），如果再像传统工业自动化项目那样开发和实施，将使公司很难在未来市场竞争中存活。

十年磨一剑，笔者在物联网行业从业十多载，再结合已有的二十多年的工业自动化经验，从硬件底层入手，借鉴工业自动化领域成熟的"组态"技术，把以前运行在工控机的组态系统，通过简化和优化，成功实现仅在一个单芯片（MCU）就可以运行的 YFIOs 数据组态系统。通过搭积木的方式，零代码的代价，快速对接各种传感器，再通过各种上云通信策略，把传感器数据上传到物联网云平台。

阿里云推出的 IoT Studio 平台，从工业自动化的角度来看，就是一个"云化"的工业组态软件，只是数据来源不是本地各种 PLC 和智能设备，而是物联网开发平台上的云端设备，运行的载体也不是工控机，而是云端服务器。

IoT Studio 平台无论是设备端，还是云端，都支持组态式、低代码开发模式。不仅可以让各种硬件采集网关和终端能快速对接各种行业传感器，还支持低代码二次开发，集成用户可以根据现场需要开发各种业务逻辑。然后与 IoT Studio 云端组态结合，通过拖拽方式，简单配置就可以快速实现一个比较完整的物联网系统。

本书就是拓展了上述的开发思路，介绍了如何从零开始，借助低代码的技术，从端到云，快速构建物联网项目。

第 1 章全面介绍了当前物联网设备端的各种低代码开发技术。第 2 章从历史发展的角度介绍了阿里云物联网平台的由来，以及从 Alink 协议实现的角度去讲解云端产品物模型的属性、事件和服务，从而更快地让真实的物理设备对接到云端平台上来。第 3 章讲解阿里云 IoT Studio 应用开发，在第 2 章各种智能设备上云的基础之上，通过组态技术，快速构建 Web 端或移动端的监控画面，从而实现云端一体化的物联网应用。

第 4 章又回到了硬件层面，从传感器讲起，不仅介绍了通信链路，还详细介绍了各种通信协议，最后又依次介绍了各种智能设备或智能网关。第 5 章详细地介绍了物联网时代的嵌入式数据组态软件 YFIOs，用户可以采用低代码的方式快速开发各种设备驱动和业务逻辑策略，甚至通过零代码的方式，只需要通过简单的配置，就可以下对接各种传感器，上对接各种物联网云平台。

从第 6 章开始，站在物联网系统的整体角度，讲解如何实现大批量现场物联网设备的远程监管和维护。第 7 章更是从物联网实际案例出发，详细介绍了如何对接各种行业传感器，然后通过 YFIOs 和 IoT Studio 快速构建环境监控项目。

第 8 章详细讲解了如何实现自动化资产模型开发，非常有深度。

第 9 章讲解了城市消防监控物联网项目。

在本书的撰写过程中，笔者得到了很多朋友的帮助，在此深表感谢。首先非常感谢公司同事给予的中肯建议，没有你们就不会有这么多丰富而实用的章节；另外还要感谢阿里云 IoT Studio 团队的祥木和云弈，没有你们的支持，IoT Studio 插件的开发就没有这么顺利；感谢合宙公司的董事长秦总，没有您的支持和帮助，就不会对 Air 系列的通信模组有了很深的理解，更不会这么快完成了 Lua 低代码开发相关章节的内容。

最后千言万语汇集成一句话，希望所有的付出都是值得的，希望本书能给投身物联网事业的朋友带来助益，真正起到"指南"的作用。

刘洪峰

CONTENTS 目录

第1章

物联网时代的低代码开发

1.1 何为低代码开发

最近一两年，低代码和零代码的概念非常火，但是每个行业，每个不同职位的从业人员对低代码和零代码的认知，以及需求是不一样的，为了便于理解和具象化，下面从开发语言的演变来简单谈谈低代码和零代码。

▶▶ 1.1.1 低代码、零代码开发的由来

从演进历史来分，开发语言分为三种：机器语言（二进制编码）；汇编语言；高级语言。

从编程思想上来分，分为面向过程和面向对象的开发。

从变量类型确定的时机来分，又分为静态语言和动态语言。

如果从语言的种类上来分，那就更多了，比如汇编语言、Basic、C、C++、C#、Objective-C，Java、Go、Python、JavaScript、TypeScript、Lua、PHP、Ruby、Perl……

对任何一个智能设备，严格意义上来讲，设备的每一个操作的背后其实都对应着一个个指令，这也是最初面向过程开发思想的由来。任何一个工序都是由一个个执行过程组合而成，一个个环节逐一开发实现的过程，就是用面向过程思想编写代码的过程。

最开始就是所谓二进制编码的机器语言，是通过打孔机来进行编程的（如图1.1.1所示）。

● 图 1.1.1　IBM029 打孔机和打孔卡

可以想象，用此方式编程，效率是多么低下，所以汇编语言诞生了，可以用符号对应一个个二进制编码，开发效率得到了一定的提高。随着计算机设备性能越来越强，人们对代码执行效率的要求越来越低，反而对开发效率的要求越来越高，随后更容易理解和开发的高级语言出现了，比如 C 语言。C 语言的执行效率大概相当于汇编语言的 70%，但是在开发效率上，C 语言至少高汇编语言一个数量级（如图 1.1.2所示）。

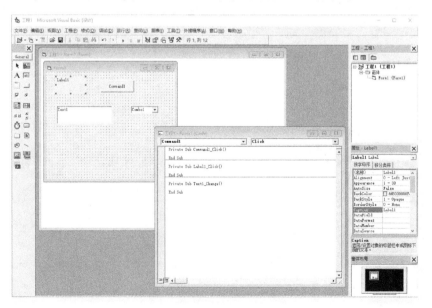

● 图 1.1.2　机器语言、汇编语言和高级语言的比较

随着业务逻辑越来越复杂，用面向过程思想开发的代码累积到一定程度，会变得异常难以管理，很容易出现 BUG、内存泄漏或系统崩溃。面向对象的开发思想此时应运而生，提出了类的概念，有属性、有事件也有方法，在封装的基础上可以继承、支持多态。不再关注每个过程细节，每个类相对封闭，只需要了解对应的接口就可以了，不仅便于维护，还可以在其他人写的代码基础上进行快速开发。

从 DOS 时代的代码开发，过渡到 Windows 时代的代码开发，笔者认为这是一个划时代的改变，也是面向对象思想快速发展的一个时期。同时，也是笔者认为有着低代码思想的开发语言出现的时期，比如 Visual Basic 语言（如图 1.1.3 所示）、Visual C/C++等可视化开发语言的出现。

● 图 1.1.3　Visual Basic 语言开发环境

这种可视化程序开发，仅通过拖拽就可以完成绝大部分的界面开发工作，不需要用户写一行代码，就可以实现漂亮的 Windows 风格的窗体界面。也许大部分读者对此司空见惯，不以为然。但是对于经历过 DOS 时代的开发人员来说，感受还是非比寻常的。这里讲一个小插曲，笔者大学的毕业设计是用 Borland C++语言在 DOS 平台上开发了一个仿 Windows 界面的图书管理程序（如图 1.1.4 所示），不仅仅鼠标形状和控制命令需要自己用一行行代码来编写，界面上的每一个像素也是用一行行代码堆叠而成，上万行的代码，80%以上和界面相关。而在 Windows 平台下进行界面开发，仅需要拖拽，基本不需要开发者编代码就可以实现漂亮的界面，此外还包括鼠标和窗体的交互。

● 图 1.1.4　图书管理系统

同样这种让用户只关注业务逻辑，不需要把精力浪费在非业务层面的思想，在工控（工业控制、工业自动化）领域得到了更进一步的发展。工控领域大部分的项目实施由于涉及生产环境，所以对完成的周期和完成的质量要求非常高。如果是一般的程序开发，先收集需求，然后进行开发，再上线运行，程序有了 BUG 再进行修改，那么由此带来的开发周期延长，以及 BUG 导致的生产损失是无法估量的，更是无法承受的，所以组态软件出现了（如图 1.1.5 所示）。

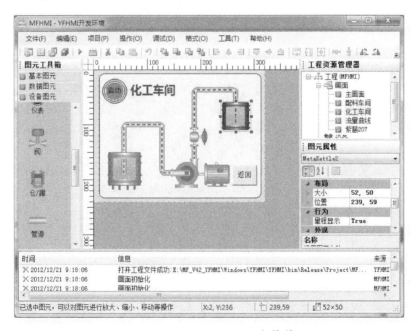

● 图 1.1.5　YFHMI 组态软件

所谓组态（Configuration），就是模块化任意组合（类似积木玩具）。Visual Basic/ Visual C++语言的出现，让烦琐的界面开发工作通过简单的拖拽就完成了，而组态软件则更进一步，不仅仅是界面通过简单拖拽就可以完成，大部分的业务逻辑也是通过这种拖拽和简单配置，近乎零代码的开发方式去快速实现的。这种开发方式的好处不言而喻，开发周期不仅大大缩短，另外一个更为重要的好处就是，程序的质量得到了保证，因为这是积木式开发方式，每种积木模块都是预先开发完毕，并且大部分模块在各个现场久经考验。所以这些模块有机组合在一起，其稳定可靠性远远高于根据现有需求所开发的代码。

如果用户有些特殊的业务需求，组态软件则提供了脚本语言，通过简单写几行代码基本就可以实现相关的业务逻辑。

其实不仅仅在工业自动化领域，在其他涉及代码开发的领域，由于用户需求的大爆发，如何快速开发，快速满足用户的需求被提上了日程，这也是脚本语言出现的契机。比如 Web 网页开发的 JavaScript 脚本语言的出现就迎合了这个时代背景。JavaScript 脚本语言就像一个黏合剂（俗称胶水语言）。把各个功能，各个模块黏接在一起，且以个性化、定制化的方式去快速实现用户的需求。

这种让用户以最少的代码，甚至不用写代码的方式实现项目开发的思想，就是低代码或零代码开发思想，也称为低代码或零代码开发模式。

▶▶ 1.1.2 物联网时代需要低代码开发模式

记得 2007 年初识 .NET Micro Framework 的时候，有一个宣传文案印象深刻。一位研发工程师采用 .NET Micro Framework 进行嵌入式开发，在出差途中，利用飞机上的两三个小时就完成了一个，如果按常规嵌入式开发方式至少需要几个月的产品研发周期。

随着物联网时代的到来，各种各样的嵌入式设备越来越多，需要联网的设备也越来越多。中国智能物联网（AIOT）白皮书中的数据显示，2025 年物联网连接数近 200 亿。这么多海量的设备，如何快速开发是一个值得思考的问题。

物联网涉及的链条众多，是一个庞杂的东西，要想说明白真不容易，一千个读者心中，就有一千个哈姆雷特，每个人的理解都有所不同，无论怎么说，都给人一种盲人摸象的感觉。其实最开始，笔者也不太理解什么是物联网，一直以为物联网是工业自动化项目的延伸，后来随着实施物联网的项目增多，及相关物联网新技术的产品和平台涌现，对物联网有了新的认知：物联网和工业自动化最大的区别就是，前者的量级非常巨大，对成本也比较敏感，一般没有专门维护的队伍。另外对数据实时分析和深度挖掘也有很高的要求。所以在项目架构设计及实施上，二者就有了很大的区别。

为了便于深入理解物联网时代为什么需要低代码开发模式，我们在传统工业自动化和物联网两个领域，分别举一个典型的应用，来阐述一下二者到底有何不同。一个是在 2001 年起开始研发的专利项目：焦炉四大机车自动化系统；另外一个就是和新希望集团一起合作开发的养殖物联网远程监控系统。

焦炉四大机车自动化系统的目标就是通过推焦车、拦焦车、熄焦车和装煤车各自行走位置的精确测量和相互之间可靠的数据通信，来实现三车推焦连锁和四车协调工作，以及在生产计划控制下的自动行走、自动定位、自动操作，从而实现四大机车的自动化生产运行和计算机生产管理（如图 1.1.6 所示）。

从系统架构方面主要分为三部分：下层是 0.5cm 级精度的定位标尺，安装在四大机车导轨的一边；中间层则是在运行的四大机车的驾驶舱内的 PLC、显示设备和无线电台；上层是在厂区中控室内，安装计算机监视设备和无线电台。

项目价格在 2002~2003 年大概在百万元左右。实施工期大概在 40 天左右。客户有专门的维护团队，一般的小问题，客户可以直接解决。

养殖物联网远程监控系统（如图 1.1.7 所示），通过物联网技术，实现数字化管理，能够保证精确的环境控制，实现精准管理、精准营养。在设备层面，主要涉及环境监控、水线监控、用电监控、设备监

● 图 1.1.6　焦炉四大机车自动化项目

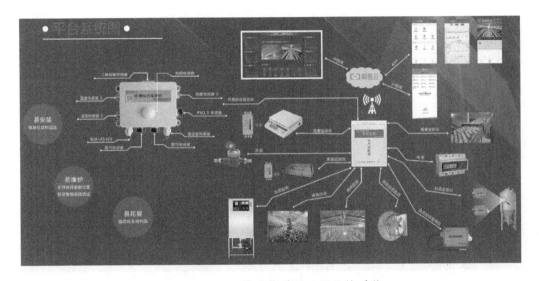

● 图 1.1.7　养殖物联网远程监控系统

控、报警通知和业务管理系统等内容。传感器相对比较多，有多路温度传感器、温湿度传感器、光照传感器、氨气传感器、氧气传感器、二氧化碳传感器和 PM2.5 传感器等，仪表主要是物联网远传水表、电表及远程监控摄像头，然后就是网关和上云模块。管理软件有 Web 网页，手机 App 和小程序，如果有主控室，则主控室还包含远程监控大屏。

一个养殖棚的价格大概在 2 万~3 万元，如果选择了轻量级物联网监控系统，价格则在几千元不等。安装调试时间为 1~3 天，无专门维护人员。

通过以上的对比，可以清晰地看出，一是系统价格越来越低，需要连接的设备越来越多；二是系统越来越复杂，可现场却缺少专业的维护人员。

通过十多年的物联网开发经历，笔者也总结了一些物联网落地实施的痛点：

1）**需要接入的传感器及智能仪表种类繁多，物理通信链路多样，通信协议也各有不同；**

2）**客户现场差异大，对接设备多样，系统整体成本敏感；**

3）**设备安装量大，缺少专业的实施和维护队伍，长期稳定性、可靠性难保证。**

如何解决当前物联网困境，实现物联网项目快速落地实施，是我们不得不面对的问题。而解决这个问题的钥匙，其实就是**低代码或零代码开发模式**。不仅仅开发成本降低，开发和实施周期也大大缩短，另外由于都是模块化、组态化开发，稳定性和可靠性非常高，所以维护成本也变得非常低。只有这样，物联网才能真正彻底解放束缚，释放自我，得到快速发展。

▶▶ 1.1.3 低代码开发之语言支持

一个典型的物联网系统，至少包括如下几个环节：传感器、网关、云端服务器和手机端。从开发角度来分，涉及嵌入式开发、Web 后台和前端开发、手机 App 开发和小程序开发，有些项目还需要 PC 程序开发。至少需要多个工种的开发工程师联合起来，才能一起完成一个完整的物联网项目开发。不仅沟通成本大，也缺少整体系统的视角，造成开发周期大大延长，开发成本也节节攀升。如果嵌入式开发用 C/C++，Web 后台采用 Java 或 C#开发，前端采用 JavaScript 开发，而手机端 App 采用 Objective-C 开发，且这些工作让一个开发人员全部熟悉、掌握，并且开发出商用程序，几乎是不可能的事。这种要求太高了，能全部掌握整个物联网链条相关技术的人毕竟是凤毛麟角。但是相对于互联网时代，在物联网时代，越是应用场景的碎片化，技术能力越分散，人们则更需要全栈工程师，即一个人就可以全部掌握从端到云全过程的开发技术。

其实，掌握 .NET 开发技术的人是最有可能做全栈开发的。因为 .NET 框架分为三个版本：标准版（.NET Framework），精简版（.NET Compact Framework）和微小版（.NET Micro Framework）。采用 .NET 标准版不仅可以开发 PC 桌面程序，还可以开发 Web 后台和前端服务；采用 .NET 精简版可以开发手机 App 和一些大型嵌入式设备应用；而采用微小版，则可以开发资源相对受限的嵌入式应用。从端到云，再到手机端，只要掌握 .NET 技术，就可以实现全栈开发。只可惜，微软在手机领域的发展严重受挫，真是一着不慎，满盘皆输。幸好微软云平台发展比较好，又收购了 Xamain，可以采用 .NET 技术开发苹果手机 App、安卓手机 App。后来又大力推出了 .NET Core，更是一种全平台的技术框架，可以高效率地运行在 Windows、macOS、Linux 等平台上。

虽然相对于 C/C++开发，.NET 开发的效率大大提升，但是做物联网开发，还是感觉效率不够极致。并且掌握这门开发语言还是有一定技术门槛的。

而最可能实现全栈技术开发的语言是 JavaScript。我们知道 JavaScript 是一种典型的 Web 前端开发语言，但是在 2009 年 5 月由 Ryan Dahl 开发的 Node.js 发布，打破了这一界限。Node.js 是一个基于 Chrome V8 引擎的 JavaScript 的运行环境，可以让 JavaScript 轻松开发 Web 服务端。

手机小程序框架是一个典型的前端框架，所以采用 JavaScript 开发是非常自然而然的事，而这种手机端的开发，JavaScript 也可以轻松搞定。

笔者最早接触到采用 JavaScript 做硬件应用的开发平台是 Ruff，它可以让开发者采用 JavaScript 轻松开发一款硬件产品。2015 年，韩国三星集团不仅开源了可以采用 JavaScript 语言编写物联网平台应用的 IoT.js，同时还开源了适用于嵌入式设备的小型 JavaScript 引擎的 JerryScript。它能运行在小于 64KB 内存的设备上，并且 Flash 空间需求不到 200KB。

当下国内比较流行的物联网嵌入式操作系统，比如 AliOS Things、LiteOS 和 RT-Thread 都含有一个支持 JavaScript 脚本的引擎模块。编译嵌入式系统固件的时候添加上这个模块，就可以在嵌入式设备上进行 JavaScript 开发了。

Python 语言的火爆得益于人工智能领域大范围采用 Python 作为前端分析工具。和 JavaScript 一样，也有多种框架，比如 Django、Falsk 和 Tornado 支持 Python 做 Web 后端和前端开发。

2014 年英国剑桥大学的教授 Damien George 对外推出了 MicroPython，它支持 Python 3 语法，可以在嵌入式平台运行 Python。最开始 MicroPython 在 STM32F 微控制器上实现，后来移植到 STM32F7、ESP8266、

ESP32、CC3200、dsPIC33FJ256、MK20DX256、microbit、MSP432、XMC4700、RT8195 等众多硬件平台上。其功能的完整性和性能也引爆了一些嵌入式开发者的热情，所以 MicroPython 成为物联网领域嵌入式开发的一门首选语言。

Lua 开发语言在游戏开发领域比较火，它是由巴西里约热内卢天主教大学的一个由 Roberto Ierusalimschy、Waldemar Celes 和 Luiz Henrique de Figueiredo 三人所组成的研究小组于 1993 年开发的。它由标准 C 编写而成，几乎在所有的操作系统和平台上都可以编译运行，并且一个完整的 Lua 解释器不过 200KB，在所有的脚本引擎里，Lua 是性能最好的一个。又小又快的特性，在资源受限的嵌入式领域非常受欢迎，这也是 Lua 过渡到嵌入式领域的一个很大的原因。

▶▶ 1.1.4　低代码开发之硬件支持

1. C#硬件开发

美国 GHI 公司是最早并且持续支持 .NET Micro Framework 的硬件公司，推出了不少基于 .NET Micro Framework 的核心板（如图 1.1.8 所示）。可以采用这些核心板做工业产品设计，然后使用 C#或 VB.NET 快速开发各种应用。相对于其他低代码快速开发语言，采用 .NET Micro Framework 开发是支持在 Microsoft Visual Studio 环境里进行断点设定、单步运行等调试功能的，并且由于是编译后运行，所以执行效率也是远超一般的脚本语言。

Netduino 是支持 .NET Micro Framework 的轻量级开发板（如图 1.1.9 所示），从名字上可以看出它是对标 Arduino 开发板的，它有 Netduino 标准版、Netduino 2，还有 Netduino plus 版本，可以快速用 C#/VB.net 操控硬件，只要熟悉 .NET 开发的软件人员，是非常容易上手的。

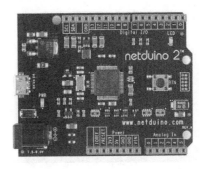

● 图 1.1.8　GHI .NET Micro Framework 核心板　　　● 图 1.1.9　Netduino 开发板

笔者从 2006 年开始知悉 .NET Micro Framework，并于 2008 年进入微软中国工程院 .NET Micro Framework 项目组工作四年，由于之前一直在工控领域工作，非常看好 .NET Micro Framework 在硬件层面的低代码快速开发能力，所以创业后，设计并推出了若干款工业级的，可直接用 C#开发的物联网智能网关（如图 1.1.10 所示）。

2. JavaScript 硬件开发

相对较早支持 JavaScript 开发的是 Ruff 开发板（如图 1.1.11 所示），可以采用 Web 前端开发者比较熟悉的 JavaScript 语言快速实现硬件层面的操作。

比较成熟，且大力推广 JavaScript 开发的是阿里云物联网团队最近推出的 HaaS 200 和 HaaS 600 系列硬件（如图 1.1.12 所示）。所谓 HaaS 就是 Hardware as a Service 硬件即服务，该硬件底层基于阿里云

● 图 1.1.10 叶帆科技工业级物联网智能网关

● 图 1.1.11 Ruff 开发板

AliOS Things 操作系统，集成了 JavaScript 引擎及云端适配模块，可以采用 JavaScript 语言快速开发基于 HaaS 标准的各种物联网硬件产品。

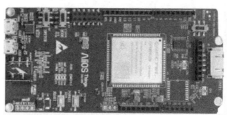

● 图 1.1.12 阿里云 HaaS 硬件系列

3. MicroPython 硬件开发

当下学习 Python 语言的人越来越多，几乎成为大众编程开发的启蒙语言。其使用占比和排名第一的 C 语言之间差距越来越小，大有超过 C 语言成为第一名之势。所以相对其他开发语言，在硬件开发层面，支持 MicroPython 的开发板非常多。比较典型且影响比较大的 MicroPython 硬件开发板有阿里云 HaaS 硬件系列的板子（如图 1.1.12 所示），它不仅支持 JavaScript，还支持 MicroPyhton。还有上海乐鑫的 ESP32 Wi-Fi 模组及各种衍生开发板（如图 1.1.13 所示），上海移远 4G Cat.1 的通信模组（如图 1.1.14 所示），都支持采用 MicroPython 进行物联网应用的快速二次开发。

● 图 1.1.13　乐鑫的 ESP32 WiFi 模组

● 图 1.1.14　移远 4G Cat1 的通信模组

4. Lua 硬件开发

上海合宙公司推出的 2G/4G 等无线模块都内嵌了 Lua 引擎，并完全开源了硬件开发板（如图 1.1.15 所示）。仅采用通信模组，不需要外挂 MCU，就可以采用 Lua 语言直接开发嵌入式产品。相对于其他公司的 OpenCPU，采用 C/C++开发的框架方案，Lua 开发更容易上手，所以这个功能一经推出，就得到了广大用户的欢迎，各种轻量级物联网应用如春笋一样破土而出，这也是上海合宙公司能得到快速发展的一个原因。此外广州大彩的 LCD 串口显示屏（如图 1.1.16 所示）也支持 Lua 开发，可以采用 Lua 脚本语言，进行个性化的 LCD 应用程序开发。

● 图 1.1.15　合宙 Lua 二次开发通信模组

● 图 1.1.16　大彩 Lua 二次开发串口屏

▶▶ 1.1.5　低代码开发之平台支持

从前文所述内容，我们已经了解了**物联网是一个从云到端涉及众多环节的领域**。所以低代码开发不仅仅是物联网硬件设备上的低代码开发，更需要平台层面的低代码快速开发支持。

物联网和互联网有所不同，笔者一直认为物联网更有工业自动化领域的基因。所以在物联网领域的项目开发和实施上，更应该从工业自动化开发领域的经验出发。物联网平台的发展，从当前实际发展的过程和结果来看，似乎也遵循了这一认知。

工业自动化领域最重要的两个控制系统概念，第一个是 DCS（Distributed Control System，集散控制系统），又称为分布式控制系统，从 4～20mA 模拟量采集网络发展而来；第二个是 FCS（FieldBus Control System 现场总线控制系统），从 PLC（Program Logic Control，可编程逻辑控制器）组成的网络发展而来。两大控制系统都离不开一个平台软件，那就是工业组态软件。

工业组态软件很多，比如国外的 iFix、InTouch、WinCC，国内的组态王、力控、MSCG 等。组态软件的出现彻底解决了软件重复开发的问题，实现模块级复用，不仅仅是提高了开发效率，降低了开发周期，更大的优势是成熟模块的复用，大大提高了系统稳定性和可靠性。

所谓组态（Configuration）就是模块化任意组合（类似积木玩具）。组态软件的主要特点如下：

1）延展性。所谓延展性，就是系统的延续和易于扩展性，用组态软件开发的系统，当现场或用户需求发生改变时（包括硬件设备或系统结构的改变），用户无须做很多修改，就可以很方便地完成系统的升级和改造。

2）易用性。组态软件对底层功能都进行了模块级封装，对于用户，只需掌握简单的编程语言（内嵌的脚本语言、类 Basic 或类 C 语言），甚至不需要编程技术，就能很好地通过组态配置的方式完成一个复杂系统的开发和集成。

3）通用性。不同用户根据系统的不同，利用组态软件提供的 I/O 驱动（如 PLC、仪表、板卡、智能模块、变频器等）、数据库和图元，就能完成一个具有动画、实时数据处理、历史数据和图表并存，且具有多媒体功能和网络功能的系统工程，不受领域或行业限制。

最开始的组态软件，数据采集部分和界面展示部分是紧密结合在一起的。后来从大庆油田监控项目走出的力控组态软件，由于数据量众多，率先把数据部分从组态界面中剥离出来，有专门的数据处理模块 IOServer。

纵观阿里云物联网平台的发展，也有类似的发展进程，阿里云最初推出的物联网一站式开发平台（Link Develop），就是一个典型的可以称为网络端或云端的组态软件。随着后续的发展，阿里云从物联网一站式开发平台中剥离出数据部分，发展成为今天影响深远的物联网开发平台，而界面部分则成为今天的 IoT Studio 物联网应用开发平台，又称为物联网低代码开发平台。

和物联网技术脱胎于工业自动化，又高于工业自动化一样，物联网开发思想也是高于工业自动化的开发思想。工业领域其实更注重的是业务生产的过程数据，就如最初的面向开发过程的编程开发思想进化为面向对象的开发思想。从工业开发平台进化到今天的物联网开发平台的过程，也遵循了这一进化途径。所以物联网平台是需要建模的，针对不同的物联网智能硬件，都需要建立一个与之对应的物联网模型。不仅仅是数据部分需要建模，界面部分也是根据实际需要针对具体的智能设备，进行组件化建模。为了更进一步推广和发展这一思想，阿里云 IoT 联合 ICA 联盟，在 2018 年发布了"物模型"，旨在打造一个能够让各种各样的物理空间实体在云端进行数字化展示的工具，缩短开发时间、标准化开发工具，同时融入多领域的物联网应用。

和阿里云物联网平台一样，在设备端，叶帆科技公司同样汲取工业自动化组态软件的思想，开发并推出了 YFIOs 数据组态系统。YFIOs 就是 YFSoft I/O Server 的简称，和传统组态软件不同，YFIOs 具备远程调试、远程升级等这种云时代的物联网技能。传统组态软件，其组态类似搭积木，组态粒度类似于积木块的颗粒度，大部分通过串口、网口、CAN 等通道把一个个系统模块连接在一起，在一定程度上增加了系统构建的成本和代价。

而以 .NET Micro Framework 为依托构建的轻量级嵌入式组态软件（YFIOs）就很好地解决了上述问题，除支持常规的串口、网口、CAN 外，还支持 USB、Wi-Fi、ZigBee、SPI、I2C 等通道，SPI、I2C 片级总线的支持加上强大的托管代码（C#，VB.net）开发能力，使嵌入式硬件系统真正组态化、模块化成为可能，这个平台的推出，无疑为快速打造形态各异，功能不同、高扩展性和高性价比的物联网产品和系统提供了最有力的支撑。

1.2 .NET（C#/VB.net）低代码开发

为了支持在资源紧张的嵌入式设备里运行.NET，微软 2001 年开始着手研发.NET Micro Framework，先后有 Digi、恩智浦、Atmel、德州仪器等大厂的芯片进行支持。基于.NET Micro Framework 嵌入式微框架，微软构建了两个有一定影响力的产品体系，一个是 MSN Direct，比如智能手表、智能咖啡壶和 Garmin 的 GPS 导航仪等相关产品（如图 1.2.1 所示）；另外一个是 SideShow，由于是 Windows Vista 平台主推的一款软硬件产品，所以相关产品更酷炫、丰富一些，比如华硕嵌入 SideShow 的笔记本、罗技的 SideShow 键盘和 SideShow 智能遥控器，还有一些直接支持 SideShow 的智能手机（如图 1.2.2 所示）。

● 图 1.2.1　MSN Direct 产品系列　　　　● 图 1.2.2　SideShow 产品系列

.NET Micro Framework 是以 Apache licence 2.0 协议进行开源的，最高版本是 V4.4，不过比较稳定、常用的版本是 V4.2。

▶▶ 1.2.1　开发环境搭建

目前支持.NET Micro Framework 进行嵌入式开发的开发环境有 Microsoft Visual Studio 2010/2012/2015 等系列工具。不过这些工具体积比较大，一般都有数 GB，如果仅采用 C#进行嵌入式硬件开发，推荐 Microsoft Visual Studio C# 2010 学习版，安装包仅 400 多 MB。

此外还需要安装.NET Micro Framework SDK，才可以在 Microsoft Visual Studio 2010 开发环境里直接调试嵌入式硬件。这里推荐 V4.2 版本的 SDK。

下面简要介绍一下 Microsoft Visual Studio C# 2010 学习版和.NET Micro Framework SDK 安装过程。

1. Microsoft Visual Studio C# 2010 学习版安装

下载 VCSExpress2010.rar 文件解压后，双击 setup.exe 运行安装程序（如图 1.2.3 所示）。

在许可条款界面，直接选取"我已阅读并接受许可条款"选项（如图 1.2.4 所示），然后单击"下一步"按钮进入可选安装界面。

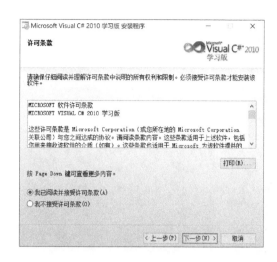

● 图 1.2.3　Visual Studio C# 2010
学习版安装首界面

● 图 1.2.4　Visual Studio C# 2010
学习版许可条款安装界面

在可选产品的安装界面（如图 1.2.5 所示），建议不要勾选任何产品，直接单击"下一步"按钮进入安装目录选择界面。

安装的目标文件夹可以为默认文件夹，也可以根据需要，选择合适的安装目录（如图 1.2.6 所示），然后单击"下一步"按钮，开始 Visual C# 2010 学习版程序的安装。

● 图 1.2.5　Visual Studio C# 2010
学习版可选产品安装界面

● 图 1.2.6　选择 Visual Studio C# 2010
学习版安装目录

进入 Visual Studio C# 2010 学习版安装进度界面（如图 1.2.7 所示），只需要等待，直到安装完毕，弹出安装完成界面为止（如图 1.2.8 所示）。

2. .NET Micro Framework 4.2 SDK 安装

必须先安装完 Microsoft Visual Studio C# 2010 学习版，才能安装 .NET Micro Framework 4.2 SDK。从指定链接下载 MFV4.2.rar 文件解压后，双击 Micro Framework SDK.MSI 运行安装程序（如图 1.2.9

所示)。

● 图 1.2.7　Visual Studio C# 2010
学习版安装进度界面

● 图 1.2.8　Visual Studio C# 2010
学习版安装完成界面

单击"Next"按钮,进入授权界面(如图 1.2.10 所示),选中"I accept the terms in the license agreement"单选按钮,直接单击"Next"按钮即可。

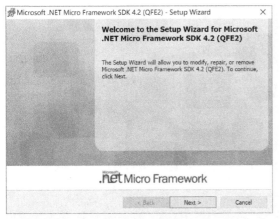

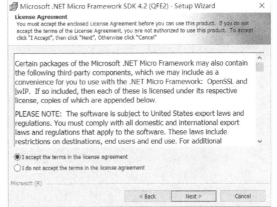

● 图 1.2.9　.NET Micro Framework
安装首界面

● 图 1.2.10　.NET Micro Framework
授权安装界面

.NET Micro Framework 有三种安装类型(如图 1.2.11 界面所示),选择完整版(Complete)和典型版(Typical)会直接安装,选择定制版(Custom)进入定制界面。

进入 .NET Micro Framework 定制安装界面(如图 1.2.12 所示),可以选择安装 V4.2 之前的所有 .NET Micro Framework 版本,还可以选择是否安装示例程序和安装的目录。选定好后,单击"Next"按钮,进入开始安装界面。

进入 .NET Micro Framework 安装界面(如图 1.2.13 所示)后,只需要等待,直到进度条显示100%完成,然后单击"Next"按钮,显示最终安装完成界面(如图 1.2.14 所示)。

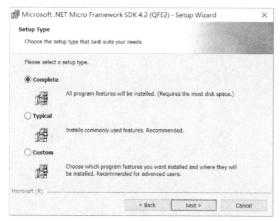

● 图 1.2.11 .NET Micro Framework
安装类型界面

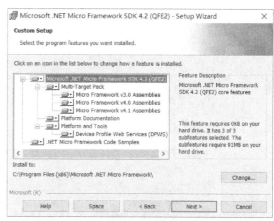

● 图 1.2.12 .NET Micro Framework
安装定制界面

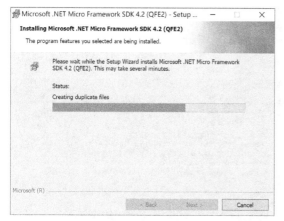

● 图 1.2.13 .NET Micro Framework 安装界面

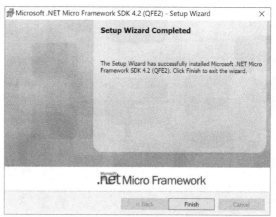

● 图 1.2.14 .NET Micro Framework 安装完成界面

安装完 Microsoft Visual Studio C# 2010 学习版和 .NET Micro Framework 4.2 程序后，就可以开始进行 .NET Micro Framework 程序开发了。打开并运行 Visual Sudio C# 2010 学习版，依次单击"文件 | 新建项目"菜单项，弹出"新建项目"对话框（如图 1.2.15 所示）。

在"新建项目"对话框中可以看到 Micro Framework 选项，单击该选项后，在对话框右侧可以看到 4 个小项。一是 Class Library，可以开发 .NET Micro Framework 程序类库，供其他应用程序或类库调用；二是 Console Application，可以开发不带界面的 .NET Micro Framework 应用程序，也就是控制台程序；三是 Device Emulator，可以开发和定制基于 Windows 系统的 .NET Micro Framework 设备模拟器（官方默认自带了一个模拟器）；四是 Window Application，开发带 LCD 显示界面的 .NET Micro Framework 应用程序。

我们选择第二个，开发一个控制台应用，也是程序员最习惯的入门程序——Hello World 程序（如图 1.2.16 所示）。

图 1.2.16 所示的程序是默认自动生成的，"Hello World!"字符串放在资源文件里，通过 Debug. Print 函数直接输出到控制台界面。和桌面版 .NET 开发有所不同，属性界面有一个专门的 .NET Micro

● 图 1.2.15　VisualSudio C# 2010 学习版新建项目对话框

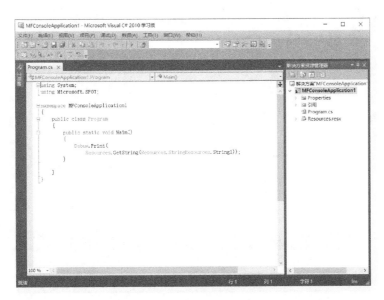

● 图 1.2.16　.NET Micro Framework 的 Hello World 程序

Framework 选项（如图 1.2.17 所示）。

　　.NET Micro Framework 的通信接口类型有 4 种，如果没有真实的硬件开发设备，可以直接选择"Emulator"通信接口，设备选型选用官方默认的模拟器设备即可。如果有真实的物理硬件设备，根据硬件设备调试接口的定义，选择对应的串口、网口或者 USB 接口，设定好接口和选择好对应的硬件设备后，Microsoft Visual C# 2010 学习版可以和 .NET Micro Framework 硬件设备直接通信，实现程序下载部署、变量监控、单步调试等功能（如图 1.2.18 所示）。

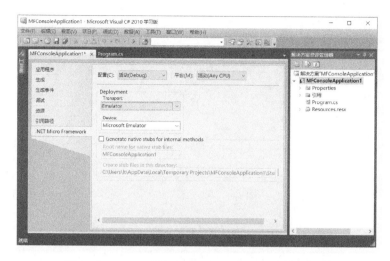

● 图 1.2.17 .NET Micro Framework 的属性配置界面

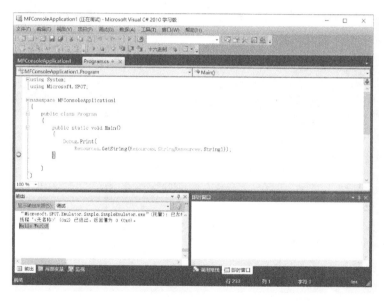

● 图 1.2.18 .NET Micro Framework 的开发调试界面

按 "F5" 键或者单击工具条运行按钮,开始运行 .NET Micro Framework C#程序,程序运行到断点位置自动停止,可以按 "F9" 键进行单步运行。从图 1.2.18 界面的输出窗口,已经可以看到通过控制台的输出函数输出的字符串 "Hello World!" 了。后面我们将以一个实例,介绍一下用 C#低代码开发语言,快速开发一个嵌入式开发应用。

▶▶ 1.2.2 GPIO 输入输出操作

1. 硬件介绍

我们选用叶帆科技公司的 YF3300 4G-Cat1 的物联网入门级网关(如 1.1.4 小节中,图 1.1.10 的左图所示）作为本节示例的硬件。

　　YF3300 4G-Cat1 版自带一个移动的 ML302 模块，包含 1 路 RS485、1 路 RS232，三路状态灯，此外还包含 2 路开关量输入，1 路开关量继电器输出（如图 1.2.19 所示）。在此，我们仅关心状态指示灯、开关量输入和继电器输出。

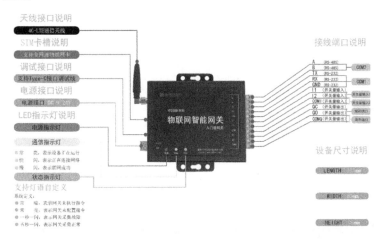

● 图 1.2.19　YF3300 4G-Cat1 硬件接口示意图

2. GPIO 接口介绍

　　所谓的开关量输入输出，对应的是 MCU 主芯片上一个个 PIN 脚，这些 PIN 脚称为 GPIO。所谓 GPIO 就是 General Purpose input/output 通用输入输出的简称。

　　每个 GPIO 具体是通用输入、输出管脚，还是串口、I2C 或 SPI 等标准通信管脚，要通过设置芯片中的寄存器决定。设定好 GPIO 的类型后，如果是输入，则读对应的寄存器，观察相应标志位的值，确定是否有输入。如果是输出，则写对应的寄存器，PIN 脚会输出一个对应的电平信号。

　　GPIO 端口有一个高位状态（正电压，通常为 3.3V 或 5V），对应逻辑上的 1 和一个低位状态（0V 电压），对应逻辑上的 0。而在实际硬件中，0~1V 之间的电压通常被认定为低位状态，而在 1.7~5.5V 的电压则通常被认定为高位状态。

　　由于 GPIO 输入电压过低，针对开关量输入，外部通过一个光耦中转给 MCU 管脚。这样输入的电压范围可以是 0~24V（0~1V 为 0，大于 2V 为 1）。

　　另外由于芯片的 GPIO 驱动能力比较弱，电流最大才 20mA，为了驱动继电器和电气隔离，我们采用了三极管+光耦的电路，可以让芯片上的 GPIO 安全、轻松地控制继电器的开和闭。

3. GPIO 标准输入输出库

　　针对 GPIO 输出，.NET Micro Framework 提供了 OutputPort 类。构造函数比较简单，输入对应的 PIN 脚和初始逻辑状态即可。

　　设置 PIN 脚状态，提供了 Write 函数，参数直接输入 True 或 False 即可。

　　获取 PIN 脚状态，提供了 Read 函数，无须输入参数。

　　下面的代码示例就是 LED 状态灯每秒闪烁一次的核心代码。

```
public static void Main()
{
```

```
        OutputPort StateLED = new OutputPort(Mainboard.Pins.StateLED, true);
        while (true)
        {
            StateLED.Write(! StateLED.Read());
            Thread.Sleep(1000);
        }
    }
```

再看一段实现同样功能的 C 语言代码。

```c
#define  LED_GPIO  GPIOA
#define  LED_PIN  GPIO_PIN_4

static void MX_GPIO_Init(void)
{
  GPIO_InitTypeDef GPIO_InitStruct = {0};

  /* GPIO Ports Clock Enable * /
  __HAL_RCC_GPIOA_CLK_ENABLE();

  /* LED * /
  HAL_GPIO_WritePin(LED_GPIO, LED_PIN, GPIO_PIN_RESET);
  GPIO_InitStruct.Pin = LED_PIN;
  GPIO_InitStruct.Mode = GPIO_MODE_OUTPUT_PP;
  GPIO_InitStruct.Pull = GPIO_NOPULL;
  GPIO_InitStruct.Speed = GPIO_SPEED_FREQ_LOW;
  HAL_GPIO_Init(LED_GPIO, &GPIO_InitStruct);
}

int main(void)
{
  HAL_Init();
  SystemClock_Config();
  MX_GPIO_Init();

  while (1)
  {
    HAL_GPIO_TogglePin(LED_GPIO, LED_PIN);
    rt_thread_mdelay(1000);
  }
}
```

相对于同样功能的 C 语言代码，采用 C#开发，可以看出是真正采用面向对象的思想来进行代码设计的，掩藏了很多硬件的细节，比较适合刚入门的物联网技术开发者，特别是从软件开发转向硬件开发的人，不需要查看原理图（从中查看对应的 PIN 脚），不需要了解太多 PIN 脚的类型和速度模式，也不需要搞清楚 PIN 脚电平的上下拉，更不需要写嵌入式开发必不可少的时钟配置等相关代码。

当然以上代码开发编写完毕后，要下载到对应的硬件进行调试，必须了解 JTAG 调试器（仿真器）

相关知识（有不少类型的调试器可供选择），配置好相关参数，才能成功把相关代码下载到硬件 MCU 中。所以嵌入式开发门槛还是有些高的，特别是 C/C++ 语言开发，指针使用不当或内存分配和释放的失误，导致的各种 BUG 是非常难以定位的，也是非常考验功底的。

针对 GPIO 输入，.NET Micro Framework 提供了两种对象类，一种是普通类型的 InputPort 输入类，一种是中断类型（或称之为事件类型）的 InterruptPort 类，分别对应的代码如下。

```csharp
public static void Main()
{
    InputPort I1 = new InputPort(Mainboard.Pins.I1, false, Port.ResistorMode.PullUp);
    InputPort I2 = new InputPort(Mainboard.Pins.I2, false, Port.ResistorMode.PullUp);

    InterruptPort button = new InterruptPort(Mainboard.Pins.Button, true, Port.Resistor-
Mode.Disabled, Port.InterruptMode.InterruptEdgeBoth);
    button.OnInterrupt += new NativeEventHandler(Program_OnInterrupt);

    while (true)
    {
        Debug.Print("I1=" + I1.Read() + " I2=" + I2.Read());
        Thread.Sleep(1000);
    }
}
static void Program_OnInterrupt(uint data1, uint data2, DateTime time)
{
    Debug.Print(data1.ToString("X2") + ":" + data2.ToString());
}
```

4. GPIO 输入输出调试

编写完相关代码，我们通过 USB 连接 YF3300 硬件和计算机，在项目属性中设置调试接口为 USB，并选择好对应的设备（Windows 10 免 USB 驱动安装）。

编译成功后，单击"运行"按钮（或者按"F5"键），则会自动部署程序到硬件设备，然后运行。如果只部署程序，则可以在项目名称上弹出右键菜单，单击"部署"命令（如图 1.2.20 所示）部署程序到硬件。

程序正常运行后，会发现 Visual Studio 的输出窗口，不断输出开关量输入的状态，这是执行这句代码 Debug.Print("I1=" + I1.Read() + " I2=" + I2.Read())）输出的信息。操作 YF3300 上的用户按键，按下和抬起都会输出一个信息（对应代码：Debug.Print(data1.ToString("X2") + ":" + data2.ToString()）。同时也发现 LED 灯每隔 1 秒亮灭一次。此外还可以设置断点和单步执行，观察每句代码的执行情况（如图 1.2.21 所示）。

● 图 1.2.20　C# 程序部署

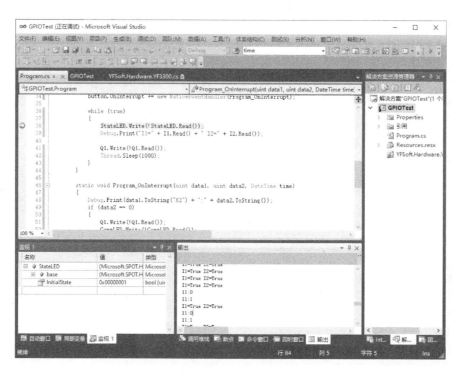

● 图 1.2.21　C# 开关量输入输出调试

▶▶ 1.2.3　Modbus 协议读取温湿度

1. 温湿度传感器

我们选用一款 RS485 接口且支持 Modbus RTU 的温湿度模块（如图 1.2.22 所示），同时参考图 1.2.19 的 YF3300 硬件接口图，把 YF3300 的 RS485 接口的 A 和 B 分别连接温湿度模块上的 A 和 B，然后为温湿度模块接入电源（5~24V）。

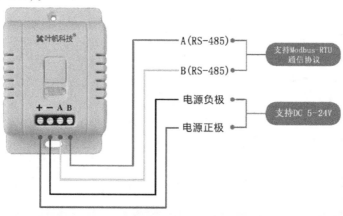

● 图 1.2.22　温湿度接线图

2. Modbus 协议介绍

Modbus 通信协议是由莫迪康（Modicon）公司在 1979 年首次提出的，目前已经是一个标准的，真正开发的，在工业自动化等领域应用最广泛的网络通信协议。主要包括 Modbus ASCII、Modbus RTU、Modbus TCP。对智能设备来说，当前应用最广泛的是 Modbus RTU 通信协议。

Modbus 通信协议是主从协议，一个主设备可以带若干台（理论上为 247 台）从设备。由主设备发送命令帧，从设备根据命令帧中的设备地址进行相应的响应。Modbus 协议针对智能设备，定义了很多功能操作，其中最常用的功能就是保持寄存器的读和写功能，也就是 3 号和 16 号功能，下面就是对这两种功能的具体描述。

（1）读取保持寄存器（单个和多个，以字为最小单位）

发送命令帧：

设备地址	功能码	地址 H	地址 L	数据量 H	数据量 L	CRC H	CRC L
Addr0	3 H	HoldStart		DataNum		CRC 高位	CRC 低位

帧长度：8 个字节

设备地址：1~247

功能码：3H

数据地址：0~65535　具体范围与相关设备有关

数量：1~65535　具体范围与相关设备有关

校验码：CRC16 校验

返回命令帧：

设备地址	功能码	数据量	数据 1	数据 N	CRC H	CRC L
Addr1	3 H	返回数据的字节数 N	Data（1~N）		CRC 高位	CRC 低位

帧长度：5+N 个字节

设备地址：1~247

功能码：3H

数据量：实际的读取数据数量

数据：返回数据的意义

a = HoldStart

n = DataNum-1

VW a（VB a）	VWa（VB a+1）	…	VW a+n（VB a+n）	VWa+n（VB a+n+1）
Data（1）	Data（2）	…	Data（N-1）	Data（N）

校验码：CRC16 校验

命令有误：

1）没有任何返回

2）返回异议帧

设备地址	功能码	错误信息	CRC H	CRC L
Addr1	83 H	一个字节的错误信息	CRC 高位	CRC 低位

（2）设置保持寄存器（多个，以字为最小单位）

发送命令帧：

设备地址	功能码	地址 H	地址 L	数据量 H	数据量 L	数据字节数	具体数据	CRC H	CRC L
Addr0	10 H	HoldStart		DataNum		bytN	1~bytN	CRC 高位	CRC 低位

帧长度：9+bytN 个字节

设备地址：1~247

功能码：10H

数据地址：0~65535　具体范围与相关设备有关

数量：1~122　　　具体范围与相关设备有关

字节数：设置的字节个数 bytN＝ DataNum×2

数据：具体的字节数据

校验码：CRC16 校验

返回命令帧：

设备地址	功能码	地址 H	地址 L	数据量 H	数据量 L	CRC H	CRC L
Addr1	10 H	HoldStart		DataNum		CRC 高位	CRC 低位

帧长度：8 个字节

设备地址：1~247

功能码：10H

数据地址：0~65535　具体范围与相关设备有关

数量：1~122　　　具体范围与相关设备有关

校验码：CRC16 校验

命令有误：

1）没有任何返回

2）返回异议帧

地址	功能码	错误信息	CRC H	CRC L
Addr1	90 H	一个字节的错误信息	CRC 高位	CRC 低位

3. 读取温湿度

YFSoft. ModbusRTU 通信库，对上述通信帧进行了功能封装，直接调用对应的函数即可。

查询 YF3300 的系统手册，获知 RS485 的串口号为"COM2"，查询 YFTH21 系统手册，得知设备的通信波特率为 9600Baud，无校验，默认设备地址为 1（点对点地址 253），在保持寄存器的 0 地址保存了温度值（温度实际值＊10），地址 1 保存了湿度值（湿度实际值＊10）。每秒钟读取一次温湿度值，相关代码如下：

```
public static void Main()
{
    UInt16[] buffer = new ushort[2];
    ModbusRTU rtu = new ModbusRTU();
```

```
rtu.Open("COM2", 9600);
while (true)
{
    int ret =rtu.Read(1, ModbusRTU.ModbusType.V, 0, buffer, 2);
    if (ret == 0)
    {
        float T = (float)(buffer[0] / 10.0);
        float H = (float)(buffer[1] / 10.0);
        Debug.Print("T=" + T.ToString("F1") + " H=" + H.ToString("F1"));
    }
    System.Threading.Thread.Sleep(1000);
}
}
```

编译成功后，单击"运行"按钮（或者按"F5"键），自动部署程序到硬件设备，然后运行（如图 1.2.23 所示）。可以发现温度值和湿度值已经正常获取，并且显示了出来。

● 图 1.2.23　Modbus 协议读取温湿度调试图

▶▶ 1.2.4　温湿度上传物联网云平台

在阿里云物联网平台，创建 YF3610-TH21 产品，并增加物模型属性的温度 T 和湿度 H。

创建一个设备 TH01，设备创建成功后，就获知了这个设备的三元组，这是唯一标识这台设备的三个比较重要的参数。

产品密钥（ProductKey）：a1IK35mJ???

设备名称（DeviceName）：TH01

设备密钥（DeviceSecret）：307e70600ee308f207045cc924b0f???

阿里云物联网平台支持 MQTT 协议上传，需要引入 YFSoft.Mqtt.Alink 库，把三元组作为参数传入，并且把通过 Modbus RTU 读取的温湿度值以 JSON 字符串的方式上传到云端，相关代码如下：

```
public static void Main()
{
    string productKey = "a1IK35mJ???";
    string deviceName = "TH01";
    string deviceSecret = "307e70600ee308f207045cc924b0f???";
    YFSoft.Alink alink = new YFSoft.Alink();
    bool ret =alink.Connect(productKey, deviceName, deviceSecret);
    UInt16[] buffer = new ushort[2];
    ModbusRTU rtu = new ModbusRTU();
    rtu.Open("COM2", 9600);
    string data ="";
    float T = 0;
    float H = 0;
    while (ret)
    {
        if (rtu.Read(253, ModbusRTU.ModbusType.V, 0, buffer, 2) == 0)
        {
            T = (float)(buffer[0] / 10.0);
            H = (float)(buffer[1] / 10.0);
            data = "\"T\":" + T.ToString("F1") + ", \"H\":" + H.ToString("F1");
            alink.DataPost(data);
        }
        System.Threading.Thread.Sleep(3000);
    }
}
```

编译成功后单击"运行"按钮（或者按"F5"键），自动部署程序到硬件设备，然后运行。如果通信正常，可以在阿里云物联网平台看到该设备在线的状态，并且可以看到当前的温度和湿度值（如图 1.2.24 所示）。

● 图 1.2.24 阿里云物联网平台温湿度实时数据

▶▶ 1.2.5　IoT Studio 移动端温湿度远程监控

阿里云 IoT Studio 低代码物联网平台将在后续章节详细阐述，本小节先快速构建一个移动可视化开发来远程监控温湿度的示例（如图 1.2.25 所示），为读者呈现一个从端到云低代码快速开发的概貌。

● 图 1.2.25　IoT Studio 移动端界面设计

移动端的界面设计比较简单，放了分栏框及文字，并且文字分别绑定上一节创建的 TH 设备的属性温度 T 和湿度 H。创建完毕后，单击"预览"按钮，在呈现的界面里，选择对应的手机型号，然后扫描二维码，则手机上会直接打开一个界面（如图 1.2.26 所示），动态显示 YF3610-TH 设备获取的温湿度值。

● 图 1.2.26　IoT Studio 移动端应用手机呈现

1.3　Lua 低代码开发

理论上类似 Lua 这类脚本语言，用任何一款文本编辑器或代码编辑器都可以进行编程。不过我们选择的 Lua 支持硬件为上海合宙公司生产的 Air724 系列的通信模组，该公司推出了基于 Visual Studio Code（简称 VS Code）的插件——LuatIDE，还支持在线调试，所以开发环境就选择 VS Code + LuatIDE。

▶▶ 1.3.1 开发环境搭建

1. Visual Studio Code 安装

Visual Studio Code 官方下载链接：https：//code.visualstudio.com/download

根据我们使用的 PC 操作系统的不同，需要下载合适的安装包到本地计算机，然后双击安装包可执行文件，开始进行安装（如图 1.3.1 所示）。

● 图 1.3.1　Visual Studio Code 安装许可协议界面

勾选"我同意此协议"，单击"下一步"按钮继续安装，在"目标位置"界面，选择 Visual Studio Code 安装的目录或直接采用默认目录，然后单击"下一步"按钮，在"开始菜单文件夹"界面直接采用默认值即可，然后单击"下一步"按钮，进入"选择附加任务"界面（如图 1.3.2 所示）。

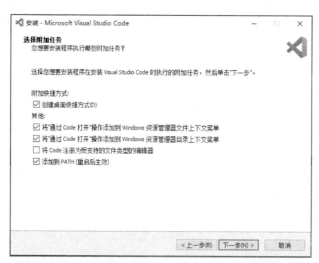

● 图 1.3.2　Visual Studio Code "选择附加任务"界面

建议按图 1.3.2 界面上的选择进行勾选，然后单击"下一步"按钮进入准备安装界面（如图 1.3.3 所示）。

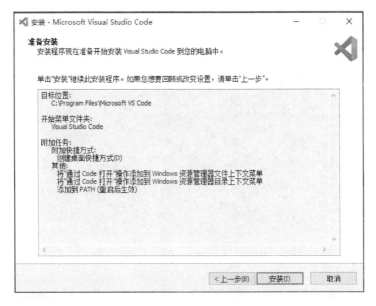

● 图 1.3.3　Visual Studio Code 准备安装界面

在图 1.3.3 所示的 Visual Studio Code 安装界面，单击"安装"按钮进行安装。安装完毕后，会弹出如下界面（如图 1.3.4 所示）。

● 图 1.3.4　Visual Studio Code 安装完成界面

2. LuatIDE 安装

运行 Visual Studio Code 后，在右边栏单击 ⊞ 扩展图标，然后在搜索框输入"LuatIDE"，则可以搜索出合宙官方推出的 LuatIDE（如图 1.3.5 所示），然后单击"安装"按钮即可。

• 图 1.3.5　Visual Studio Code 安装 LuatIDE 界面

安装 LuatIDE 扩展完毕后，会发现在 Visual Studio Code 的左边栏出现了一个 ⚙ 图标，单击这个图标，进入 LuatIDE 开发环境，将鼠标移动到"用户工程"标题栏，会出现 ∨ 用户工程 ☐ ☐ 工程管理向导和刷新工作空间图标，单击工程管理向导图标，右边栏则出现 LuatIDE 工程管理界面（如图 1.3.6 所示）。

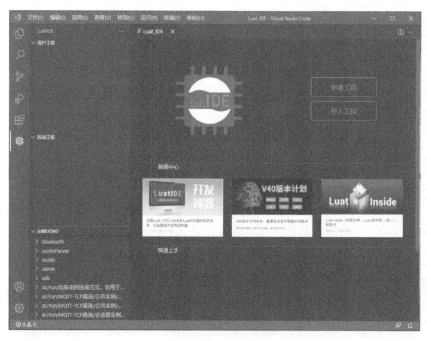

• 图 1.3.6　LuatIDE 开发环境界面

3. Lua 开发初体验

单击图 1.3.6 界面上的"新建工程"按钮，新建一个 Hello World 工程（如图 1.3.7 所示）。

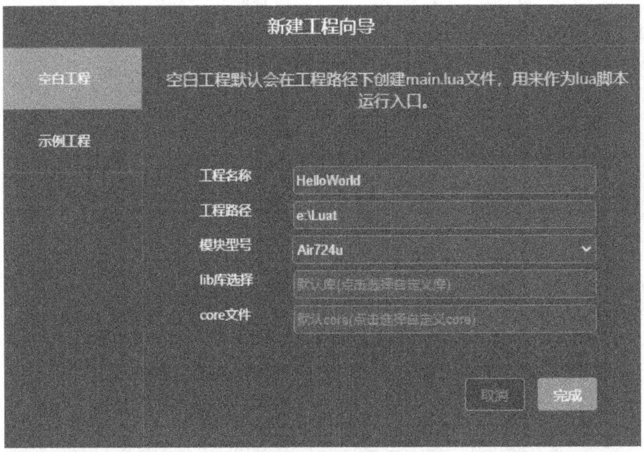

● 图 1.3.7　LuatIDE 新建工程向导界面

单击图 1.3.7 界面的"完成"按钮，则自动生成一个最简单的 Hello World 示例，相关代码如下：

```
PROJECT = "test"
VERSION = "2.0.0"
require "log"
LOG_LEVEL = log.LOGLEVEL_TRACE
require "sys"

sys.taskInit(function()
    while true do
        -- log.info("test",array)
        log.info("Hello world!")
        sys.wait(1000)
    end
end)

sys.init(0, 0)
sys.run()
```

单击"HelloWorld"标题栏右侧的@图标，激活该工程为活动工程。然后把鼠标移动到"活动工程"标题栏，单击 Luat：Debug File（F5 键）图标进行程序下载调试（如图 1.3.8 所示）。

LuatIDE 支持断点和单步调试功能，我们添加一个断点，按"F5"键运行代码到断点后，再按"F10"键进行单步调试跟踪。此时会发现调试控制台窗口已经输出了"Hello World!"字符串（如图 1.3.9 所示）。

● 图 1.3.8　LuatIDE 程序开发界面

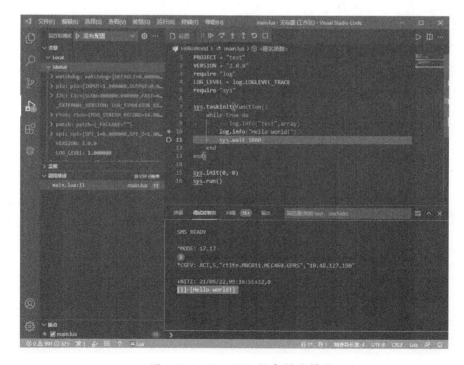

● 图 1.3.9　LuatIDE 程序调试界面

▶▶ 1.3.2　GPIO 输入输出操作

1. 硬件介绍

Lua 的开发硬件可以选择图 1.1.15 所示的上海合宙官方推出的开发板，也可以选择叶帆科技推出的 YF3300-Air724UG 物联网智能网关（如图 1.3.10 所示）。考虑到后续章节要对接 RS485 接口的温湿度模块，所以本小节采用的硬件为 YF3300-Air724UG 物联网智能网关。相关外部的接口定义和图 1.2.19 所示的 YF3300 4G-Cat1 硬件接口示意图完全一样。

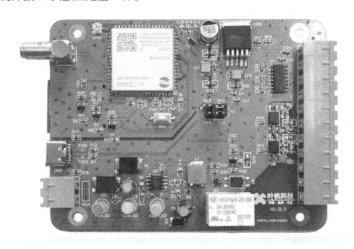

● 图 1.3.10　YF3300-Air724UG 物联网智能网关

Air724UG 共有 28 个 GPIO，部分引脚需要打开对应的 ldo 电压域才能正常工作，GPIO 29、30、31 管脚通过 pmd.ldoset（x，pmd.LDO_VSIM1）指令开启，GPIO 0、1、2、3、4 管脚通过 pmd.ldoset（x，pmd.LDO_VLCD）开启。

YF3300-Air724UG 有电源，通信状态，用户状态三个 LED 灯，对应的 GPIO 管脚分别是 5、1、4。

两路开关量输入 I1、I2 分别对应的 GPIO 为 22、23。

一路继电器输出 Q1 对应的 GPIO 为 11。

2. GPIO 标准输入输出库

GPIO 标准输入输出库如表 1-1 所示。pins 模块提供两个函数，一个是 setup 配置 GPIO，一个是 close 关闭 GPIO 的使用。

pins.setup（pin，val，pull）

表 1-1　GPIO 标准输入输出库

pin	GPIO 0 到 GPIO 31 表示为 pio.P0_0 到 pio.P0_31 GPIO 32 到 GPIO XX 表示为 pio.P1_0 到 pio.P1_（XX-32），例如 GPIO33 表示为 pio.P1_1 GPIO 64 到 GPIO XX 表示为 pio.P2_0 到 pio.P2_（XX-64），例如 GPIO65 表示为 pio.P2_1
val	配置为输出模式时，为 number 类型，表示默认电平，0 是低电平，1 是高电平 配置为输入模式时，为 nil 配置为中断模式时，为 function 类型，表示中断处理函数

（续）

pull	pio. PULLUP：上拉模式 pio. PULLDOWN：下拉模式 pio. NOPULL：高阻态

pins. close（pin）

pin 的定义如上表所示。

采用以上的标准库，我们编写一个每隔 1000ms，设置三个 LED 灯和继电器 Q，且同时读取 I1、I2 开关量状态的示例代码。

和图 1.3.7 所示的一样，新建一个 GPIOTest 的项目，然后输入如下的代码：

```
require "log"
LOG_LEVEL = log. LOGLEVEL_TRACE
require "sys"
require"pins"

local level = 0
pmd.ldoset(15,pmd.LDO_VLCD)
local power_led = pins.setup(pio.P0_5,0)
local state_led = pins.setup(pio.P0_1,0)
local conn_led = pins.setup(pio.P0_4,0)
local Q1 = pins.setup(pio.P0_11,0)
local I1 = pins.setup(pio.P0_22)
local I2 = pins.setup(pio.P0_23)

sys.taskInit(function()
    while true do
        level = level==0 and 1 or 0
        power_led(level)
        state_led(level)
        conn_led(level)

            Q1(I1())
        log.info("I1",I1(),"I2",I2())
        sys.wait(1000)
    end
end)

sys.init(0, 0)
sys.run()
```

3. GPIO 输入输出调试

编写完代码，参考图 1.3.9 所示把相关代码部署到 YF3300-Air724UG 物联网智能网关，如果一切正常，此时应该可以看到三个 LED 灯每隔 1000ms 闪烁一次，另外给 I1 和 I2 分别输入一个 3~24V 的电压，可以从调试控制台观察到 I1 和 I2 的状态变化（如图 1.3.11 所示）。

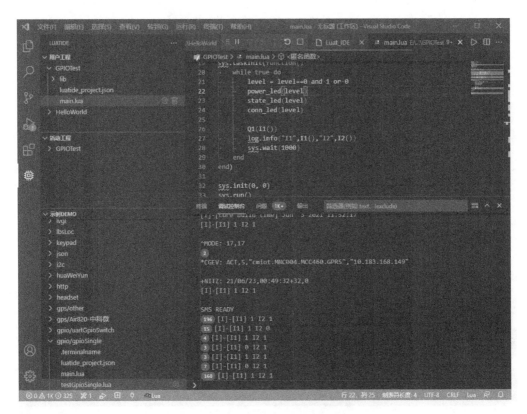

● 图 1.3.11　LuatIDE GPIO 调试界面

▶▶ 1.3.3　Modbus 协议读取温湿度

1. 温湿度传感器

我们依然选取图 1.2.22 所示的 YF3610-TH21 温湿度模块。按图所示把温湿度模块接入 YF3300-Air724UG 网关，并对温湿度模块进行供电（5~24V）。

2. 读取温湿度

合宙官方提供的 Modbus 示例相对简略，所以需要在 Modbus 示例代码的基础上去实现读取 YF3610-TH21 模块温湿度的功能。

在前面章节我们提到过 Modbus RTU 协议是主从协议，先由主设备主动发一帧数据，然后等待从设备响应，如果在规定的超时时间内，设备没有响应，意味着设备损坏或者通信线路有问题。不过考虑到合宙官方已经有了 modbus 通信示例，并且示例功能也相对简单，所以代码结构上我们没有大改，在专门的串口接收函数里，增加了从设备协议帧的解码程序。首先判断从设备地址是否正确，然后判断 CRC16 校验是否正确，确认帧接收正确，才从协议帧中解析出具体的温度和湿度值。相关的代码如下：

```
require "log"
LOG_LEOVEL = log.LOGLEVEL_TRACE
require "sys"
```

```lua
require"utils"
require"common"
pm.wake("ModbusTest")

localuart_id = 1
localuart_baud = 9600
local modbus_addr = 253

local function modbus_send(slaveaddr,Instructions,reg,value)
    local data = (string.format("% 02x",slaveaddr)..string.format("% 02x",Instructions)..
string.format("% 04x",reg)..string.format("% 04x",value)):fromHex()
    local modbus_crc_data= pack.pack('<h', crypto.crc16("MODBUS",data))
    local data_tx = data..modbus_crc_data
    uart.write(uart_id,data_tx)
end

local function modbus_read()
    local cacheData = ""
    while true do
        local s =uart.read(uart_id,1)
        if s =="" then
            if not sys.waitUntil("UART_RECEIVE",35000/uart_baud) then
                if cacheData:len()>0 then
                    local a,_ = string.toHex(cacheData)
                    log.info("modbus 接收数据:",a)

                        local tempData = a:sub(1,#a-4)
                        local js_crc16  = crypto.crc16("MODBUS",tempData:fromHex())
                        local data_crc16 = a:sub(#a-1)..a:sub(#a-3,#a-2)

                        --校验设备地址及校验
                        if cacheData:byte(1) == modbus_addr  and
string.format("% 04X",js_crc16) == data_crc16 then
                            local T = (cacheData:byte(4)* 256+cacheData:byte(5))/10.0;
                            local H = (cacheData:byte(6)* 256+cacheData:byte(7))/10.0;
                            log.info("T=",T)
                            log.info("H=",H)
                        end                --
                    cacheData = ""
                end
            end
        else
            cacheData = cacheData..s
        end
    end
end
```

```
end

--注册串口的数据发送通知函数
uart.on(uart_id,"receive",function() sys.publish("UART_RECEIVE") end)
--配置并且打开串口
uart.setup(uart_id,uart_baud,8,uart.PAR_NONE,uart.STOP_1)
--启动串口数据接收任务
sys.taskInit(modbus_read)

sys.taskInit(function ()
    while true do
        sys.wait(5000)
        modbus_send(string.format("% x",modbus_addr),"0x03","0x0000","0x0002")
    end
end)

sys.init(0, 0)
sys.run()
```

代码编程完毕后，单击"debug"按钮，把程序下载到 YF3300-Air724UG 物联网智能网关。程序正常运行后，可以看到设备返回的数据及读到的温湿度值（如图 1.3.12 所示）。

● 图 1.3.12　LuatIDE Modbus 通信调试界面

▶▶ 1.3.4 温湿度上传物联网云平台

我们依然把读取的温湿度数据送到阿里云物联网平台，即 YF3300-Air724UG 物联网智能网关对接物联网云平台 YF3610-TH21 产品下的 TH01 设备，三元组保持不变（参见 1.2.3 节相关内容）。

合宙官方提供了对接阿里云物联网平台的库文件，只需要在代码中写入一句：require " aLiYun"就可以引入。

代码中的三元组信息替换为 TH01 设备的三元组，我们主要改写 publishTest 中的代码，一是通过 Modbus 协议把温湿度数据获取到，二是把要上传的数据组合为符合阿里云物联网平台规范的 json 格式。

为了便于向物联网云平台上传数据，把上一节 Modbus 读取温湿度的代码进行改写，直接封装为一个函数，代码如下：

```
local function readTH(addr)
  local T = 0
  local H = 0
  modbus_send(string.format("0x% 02X",addr),"0x03","0x0000","0x0002")
  sys.wait(500)
  local cacheData = uart.read(1,9)
  if cacheData:len()>0 then
    local a,_ = string.toHex(cacheData)
    local tempData = a:sub(1,#a-4)
    local js_crc16  = crypto.crc16("MODBUS",tempData:fromHex())
    local data_crc16 = a:sub(#a-1)..a:sub(#a-3,#a-2)
    --校验设备地址及校验
    if cacheData:byte(1) == addr  and  string.format("% 04X",js_crc16) == data_crc16 then
      T = (cacheData:byte(4)* 256+cacheData:byte(5))/10.0;
      H = (cacheData:byte(6)* 256+cacheData:byte(7))/10.0;
    end                    --
  end
  return T,H
end
```

通过 modbus_send 函数发送数据帧后，延时 500ms（建议超时时间设定为 200～500ms，不宜过短也不宜过长），然后直接读取 9 个字节的数据。这 9 个字节的数据是根据 Modbus RTU 协议的 3 号指令的返回帧来确定的，设备地址+功能码+数据长度+4 字节数据+2 字节 CRC16 校验，一共 9 个字节。

余下的代码解析就和上一节的代码一样了，进行设备地址和 CRC16 校验。最后函数直接返回两个值，温度 T 和湿度 H。同时返回多个值，这是 Lua 的一个特色。

读取温湿度并上云的全部相关代码如下：

```
require"aLiYun"
require"misc"
require"pm"

require"utils"
require"common"
```

```lua
local REGION_ID = "cn-shanghai"
--三元组信息
local PRODUCT_KEY = "a1IK35mJ???"
local DEVICE_NAME = "TH01"
local DEVICE_SECRET = "307e70600ee308f207045cc924b0f???"

local function getDeviceName()
    return DEVICE_NAME
end
local function getDeviceSecret()
    return DEVICE_SECRET
end

--阿里云客户端是否处于连接状态
local sConnected
local publishCnt = 1
local pulish _ data _ topic = "/sys/".. PRODUCT _ KEY.."/".. DEVICE _ NAME.."/thing/event/
property/post"
localmsgID = 1
--推送回调函数
local function publishTestCb(result,para)
    log.info("testALiYun.publishTestCb",result,para)
    sys.timerStart(publishTest,20000)
    publishCnt = publishCnt+1
end

local function modbus_send(slaveaddr,Instructions,reg,value)
    local data = (string.format("%02x",slaveaddr)..string.format("%02x",Instructions)..
string.format("%04x",reg)..string.format("%04x",value)):fromHex()
    local modbus_crc_data= pack.pack('<h', crypto.crc16("MODBUS",data))
    local data_tx = data..modbus_crc_data
    uart.write(1,data_tx)
end

local function readTH(addr)
  local T = 0
  local H = 0
  modbus_send(string.format("0x%02X",addr),"0x03","0x0000","0x0002")
  sys.wait(500)
  local cacheData = uart.read(1,9)
  log.debug("cacheData", cacheData:len())
  if cacheData:len()>0 then
    local a,_ = string.toHex(cacheData)
    local tempData = a:sub(1,#a-4)
    local js_crc16  = crypto.crc16("MODBUS",tempData:fromHex())
    local data_crc16 = a:sub(#a-1)..a:sub(#a-3,#a-2)
```

```lua
        --校验设备地址及校验
        if cacheData:byte(1) == addr  and  string.format("%04X",js_crc16) == data_crc16 then
            T = (cacheData:byte(4)* 256+cacheData:byte(5))/10.0;
            H = (cacheData:byte(6)* 256+cacheData:byte(7))/10.0;
        end                   --
    end
    return T,H
end


--发布一条 QOS 为 1 的消息
function publishTest()
    if sConnected then
        local T,H =readTH(253)
        local data = "\"T\":"..T.."\", \"H\":"..H;
        local json =
"{\"id\": \""..msgID.."\", \"params \": {"..data.."}, \"method \": \"thing.event.property.post
\"}"
aLiYun.publish(pulish_data_topic,json,1,publishTestCb,"publishTest_"..publishCnt)
        msgID=msgID+1
    end
end


--数据接收的处理函数
local function rcvCbFnc(topic,qos,payload)
    log.info("testALiYun.rcvCbFnc",topic,qos,payload)
end


--- 连接结果的处理函数
local function connectCbFnc(result)
    log.info("testALiYun.connectCbFnc",result)
    sConnected = result -- true 表示连接成功,false 或者 nil 表示连接失败
    if result then
        --注册数据接收的处理函数
        aLiYun.on("receive",rcvCbFnc)
        --PUBLISH 消息测试
        publishTest()
    end
end


--配置并且打开串口
uart.setup(1,9600,8,uart.PAR_NONE,uart.STOP_1)


aLiYun.on("connect",connectCbFnc)
aLiYun.setRegion(REGION_ID)
aLiYun.setConnectMode("direct",PRODUCT_KEY..".iot-as-
mqtt."..REGION_ID..".aliyuncs.com",1883)
aLiYun.setup(PRODUCT_KEY,nil,getDeviceName,getDeviceSecret)
```

把以上代码下载到 YF3300-Air724UG 物联网智能网关（如图 1.3.13 所示）后，登录到阿里云物联网平台，可以看到温湿度数据已经成功送到云平台了（如图 1.3.14 所示）。

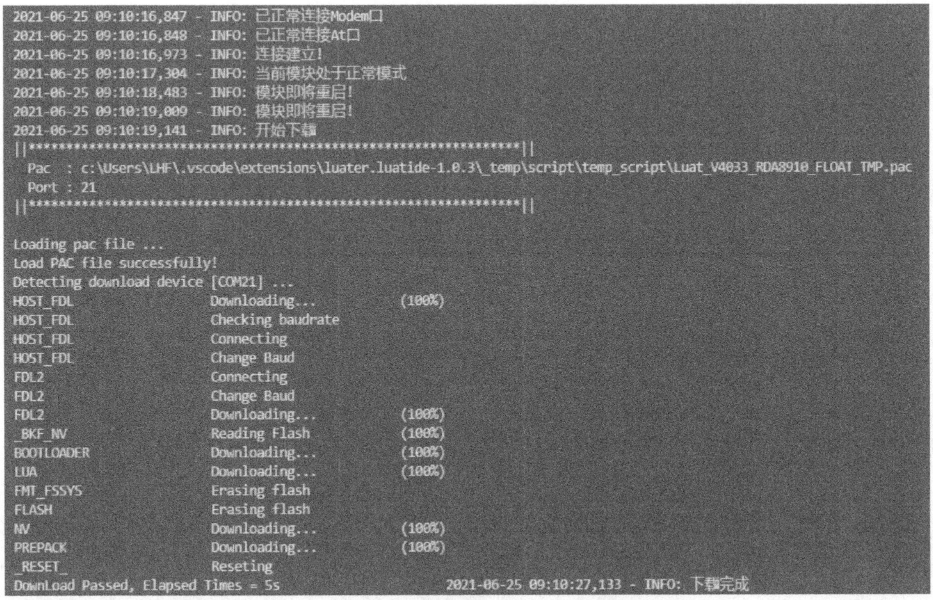

```
2021-06-25 09:10:16,847 - INFO: 已正常连接Modem口
2021-06-25 09:10:16,848 - INFO: 已正常连接At口
2021-06-25 09:10:16,973 - INFO: 连接建立了
2021-06-25 09:10:17,304 - INFO: 当前模块处于正常模式
2021-06-25 09:10:18,483 - INFO: 模块即将重启!
2021-06-25 09:10:19,009 - INFO: 模块即将重启!
2021-06-25 09:10:19,141 - INFO: 开始下载
||*********************************************************************||
   Pac  : c:\Users\LHF\.vscode\extensions\luater.luatide-1.0.3\_temp\script\temp_script\Luat_V4033_RDA8910_FLOAT_TMP.pac
   Port : 21
||*********************************************************************||

Loading pac file ...
Load PAC file successfully!
Detecting download device [COM21] ...
HOST_FDL               Downloading...        (100%)
HOST_FDL               Checking baudrate
HOST_FDL               Connecting
HOST_FDL               Change Baud
FDL2                   Connecting
FDL2                   Change Baud
FDL2                   Downloading...        (100%)
_BKF_NV                Reading Flash         (100%)
BOOTLOADER             Downloading...        (100%)
LUA                    Downloading...        (100%)
FMT_FSSYS              Erasing flash
FLASH                  Erasing flash
NV                     Downloading...        (100%)
PREPACK                Downloading...        (100%)
_RESET_                Reseting
DownLoad Passed, Elapsed Times = 5s          2021-06-25 09:10:27,133 - INFO: 下载完成
```

● 图 1.3.13　LuatIDE 程序部署信息

← **TH01** 在线

产品　　　　YF3610-TH 查看　　　　　　　　　　　　　　　　　　　　　　　　　　DeviceSecret
ProductKey　a1IK35mJkWI 复制

设备信息　Topic 列表　物模型数据　设备影子　文件管理　日志服务　在线调试　分组　任务

运行状态　事件管理　服务调用

请输入模块名称　　　　请输入属性名称或标识符

默认模块　　　　湿度　　　　　　　　　　　查看数据　　　温度
　　　　　　　　58.1 %　　　　　　　　　　　　　　　28.2 ℃
　　　　　　　　2021/06/25 09:33:43.446　　　　　　　2021/06/25 09:33:43.446

● 图 1.3.14　阿里云物联网平台 TH01 物模型数据

▶▶ 1.3.5　微信小程序温湿度远程监控

随着手机 App 的日益繁多，用户有些不堪重负。百度首先在 2013 年提出了"轻应用"的概念，无须下载，即搜即用，智能分发。2018 年以华为、小米和 OPPO 为首的手机厂商联合发布了"快应用"，亦是实现用户无须安装下载，即点即用。但无论是"轻应用"还是"快应用"，从诞生那一刻开始，就一直

不温不火。直到 2017 年微信小程序成功推出后，彻底点燃了这种轻量级应用的概念。而后阿里云也顺势在 2019 年的北京云栖峰会上联合支付宝、淘宝、钉钉和高德共同发布了"阿里巴巴小程序繁星计划"。由此我们走进了"小程序"时代。

其实从某种意义上来看，"小程序"又何尝不是一种低代码开发思想的产物呢。下面让我们开始了解一下微信小程序温湿度远程监控相关的开发环节和内容。

登录 https：//mp. weixin. qq. com/微信公众平台，创建一个小程序的账号，并下载微信开发者工具进行微信小程序的开发（微信小程序的开发相对繁杂，这里我们不展开讲，对微信小程序开发感兴趣的读者，可以参考微信官方说明文档或相关书籍）。下面以 YFIOs 助手的小程序为例（如图 1.3.15 所示），粗略讲解一下小程序如何获取阿里云物联网平台的数据，如何与具体的云平台设备对接，又是如何获取实时数据并呈现的。

● 图 1.3.15 微信开发者工具 IDE 开发界面

要成功对接阿里云物联网平台，需要做如下两个工作。第一，登录微信公众平台对应的小程序账号，单击进入"开发"栏目下的"开发管理"菜单项。在开发管理页面，单击"开发设置"栏目。滑动鼠标找到"服务器域名"板块，输入 request 合法的域名"https：//iot. cn-shanghai. aliyuncs. com"（如图 1.3.16 所示）。

第二，接口签名。签名的时候，需要用户在阿里云控制台 AccessKey 管理页面查看阿里云账号 AccessKey ID 和 AccessKey Secret（如果没有，则创建一个，也可以创建一个已经赋予物联网平台访问权限

服务器域名

修改

服务器配置	说明
request合法域名	https://iot.cn-shanghai.aliyuncs.com https://tcb-api.tencentcloudapi.com

● 图 1.3.16　配置 request 合法域名

的子账号 AccessKey ID 和 AccessKey Secret)。

其中，AccessKey ID 用于标识访问者身份；AccessKey Secret 是用于加密签名字符串和服务器端验证签名字符串的密钥，必须严格保密。

具体的签名步骤如下：

1）构造规范化的请求字符串：按参数名称，对请求参数进行排序；对参数名和参数值进行 URL 编码；使用等号"="连接编码后的请求参数名和参数值；使用与号"&"连接编码后的请求参数。

2）构造签名字符串：按照 RFC2104 的定义，使用步骤 2 得到的字符串 StringToSign 计算签名 HMAC 值。按照 Base64 编码规则把步骤 3 中的 HMAC 值编码成字符串，即得到签名值（Signature）。

3）计算 HMAC 值：将得到的签名值作为 Signature 参数，按照 RFC3986 的规则进行 URL 编码后，再添加到请求参数中，即完成对请求签名的过程。

4）计算签名值：按照 Base64 编码规则把步骤 3 中的 HMAC 值编码成字符串，即得到签名值（Signature）。

5）添加签名：将得到的签名值作为 Signature 参数，按照 RFC3986 的规则进行 URL 编码后，再添加到请求参数中，即完成对请求签名的过程。

微信小程序相关签名代码如下：

```
//获取接口参数
function getApiData(ApiName, data)
{
  //填写相关参数
  var datas = supplyParam(ApiName, data);
  //参数排序
  var str =getCanonicalized(datas);
  //构造签名字符串。
  var val = "GET&% 2F&" + encode(str);
  //计算 HMAC
  var sha1Pw =CryptoJS.HmacSHA1(val, app.getAKSK.AccessKeySecret + "&");
  //Base64 编码
  var Signature =CryptoJS.enc.Base64.stringify(sha1Pw);
  //设置签名
  data["Signature"] = Signature;
  return data;
}
function supplyParam(ApiName, data) {
```

```
data["Action"] =ApiName;
data["AccessKeyId"] = app.getAKSK.AccessKeyId;
data["SignatureNonce"] =getSignatureNonce(32);
data["Timestamp"] =getUTC(new Date()).Format("yyyy-MM-DDThh:mm:ssZ");
data["Format"] = "JSON";
data["SignatureVersion"] = "1.0";
data["Version"] = "2018-01-20";
data["SignatureMethod"] = "HMAC-SHA1";
return data;
}
function getCanonicalized(data) {
var CanonicalizedStr = ParamOrder(data);
return CanonicalizedStr;
}
```

做了以上两步工作后，我们就可以直接调用阿里云物联网平台云端 API 了，以"QueryDeviceProperty-tyStatus" API 接口为例，讲述一下如何获取指定设备的属性数据。需要传入的主要参数如下：

ProductKey：要查询的设备所属产品的产品密钥。

DeviceName：要查询的设备名称。

IotInstanceId：实例 ID（如果是企业版实例，需要填写这个）。

返回的信息里面的主要内容如下：

Success：调用成功与否。

Code：调用失败后的故障码。

ErrorMessage：调用失败后的故障信息。

Data：返回设备的属性数据，这是一个 List 列表，每个列表项 PropertyStatusInfo 中都包含如下几个重要内容。

- Identifier：属性标识符。
- Name：属性名字。
- Unit：属性单位。
- DataType：属性类型。
- Value：属性值。

与 QueryDevicePropertyStatus 操作相关的代码如下：

```
Page({
  data: {
    productKey:null,
    deviceName:null,
    deviceState:"正在获取",
    deviceInfo:null,
  }
});

function deviceInfo(that)
{
```

```
        var da = {
          "RegionId": "cn-shanghai",
          "ProductKey": app.getDevice.productKey,
          "DeviceName": app.getDevice.deviceName
        }
        //调用接口名
        var apiName = "QueryDevicePropertyStatus";
        var PostData = aliApi.getApiData(apiName, da);
        wx.request({
          url:'https://iot.cn-shanghai.aliyuncs.com/',
          method:'GET',
          data:PostData,
          dataType:'json',
          success: (res) => {
            console.log(res.data);
            if (res.data.Success) {
              var listData=[];
              for (var i = 0; i < res.data.Data.List.PropertyStatusInfo.length; i++) {
                var data = res.data.Data.List.PropertyStatusInfo[i];
                var obj={};
                obj["Name"]=data.Name;
                obj["Value"]=data.Value + data.Unit;
                obj["Identifier"]=data.Identifier;
                listData.push(obj);
              }
              that.setData({
                deviceInfo:listData,
              });
            }
          },
        });
```

微信小程序对应的 wxml 界面布局页面的内容如下：

```
<view>
  <view class="wen">设备名称:{{deviceName}}</view>
  <view class="wen">产品密钥:{{productKey}}</view>
</view>
<view  class="wen1">当前状态:{{deviceState}}</view>
<view>
  <view class="content">
    <block wx:for="{{deviceInfo}}">
      <view wx:if="{{item.control! =null}}">
        <view class="quick qu">
          <view >{{item.Name}}</view>
          <view >{{item.Identifier}}</view>
          <view >{{item.Value}}
```

```
        </view>
      </view>
    <view wx:else>
      <view class="quick">
        <view >{{item.Name}}</view>
        <view >{{item.Identifier}}</view>
        <view >{{item.Value}}</view>
      </view>
    </view>
  </block>
 </view>
</view>}
```

YFIOs 助手小程序代码完成后，就可以进行真机调试了，可以扫描二维码获取设备的配置信息，也可以直接输入相关的信息获取指定设备的属性。YFIOs 助手小程序也已经上线，用户可以通过如下方式获取该小程序（如图 1.3.17 所示）。

● 图 1.3.17　获取 YFIOs 助手小程序

进入 YFIOs 小程序主界面后，单击 "用户访问列表" 页面下的 "自定义查询" 按钮，进入获取设备详情页面，首先填写物联网平台的用户 AccessKeyID 和 AccessKey Secret（如果是企业实例，还需要填写实例 ID 号），然后填写对应设备的产品密钥和设备名称。填写完毕后，单击 "查询" 按钮提交相关的信息。如果信息无误，则可以正确获取到与设备相关的设备信息（如 1.3.18 所示）。当然更方便的还是直接用微信扫描 YFIOsManager 工具自动生成的设备二维码，扫描后，微信会自动打开 YFIOs 小程序，并显示设备详情页面。

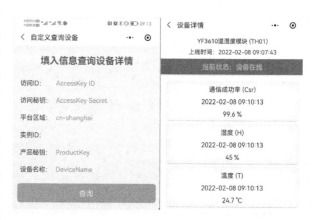

● 图 1.3.18　远程监控设备信息

通过以上几个步骤，我们就实现了微信小程序温湿度远程监控的目的。

1.4　Micro Python 低代码开发

选择图 1.1.12 所示的 HaaS100 为 Micro Python 的硬件开发环境，相关接口如下（如图 1.4.1 所示）。

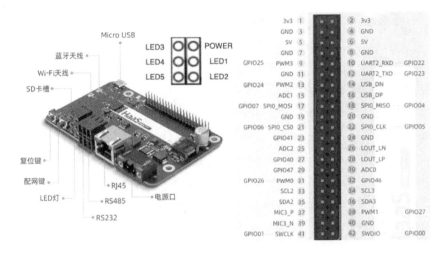

● 图 1.4.1　HaaS100 接口定义

▶▶ 1.4.1　开发环境搭建

我们选择 Visual Studio Code + alios-studio 软件开发环境，在 1.3 节中已经介绍了 Visual Studio Code 的安装，所以这里不再赘述，下面着重介绍一下 alios-studio。

1. alios-studio 安装及固件烧写

运行 Visual Studio Code 后，在右边栏单击  扩展图标，然后在搜索框输入"alios-studio"，则可以搜索出阿里云官方推出的 alios-studio，然后单击"安装"按钮即可，安装后的界面如下（如图 1.4.2 所示）。

● 图 1.4.2　alios-studio 安装后的界面

安装 alios-studio 扩展插件后，发现在 Visual Studio Code 界面的最下面出现一个蓝色的工具条，单击 "+" 按钮，开始创建项目，这个步骤一共分 4 步，第一步选择要创建的解决方案的类型，选择 "python 轻应用示例合集"（如图 1.4.3 所示）。

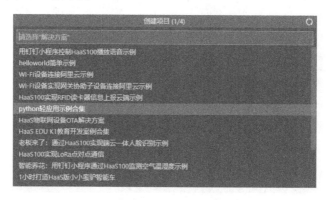

● 图 1.4.3　创建项目-选择解决方案

选择完毕后，开始选择开发板，选择 "haas100 board configure"（如图 1.4.4 所示）。

● 图 1.4.4　创建项目-选择开发板

开发板选择完毕后，下一步则需要输入解决方案的名称，可以直接采用默认名称 "test_py_engine_demo"，然后单击 "Enter" 键进入下一步。最后一步是输入工作区路径，设定好工作区路径后，单击 "Enter" 键，则 alios-studio 自动从云端下载相关内容，我们只需要等待即可（如图 1.4.5 所示）。

● 图 1.4.5　创建项目-创建工程

创建工程完毕后，单击 alios-studio 工具条（Visual Studio Code 界面下面的蓝色工具条）上的 "√"，编译刚刚创建的工程，然后等待编译成功（如图 1.4.6 所示）。

编译完毕后，首先通过 USB 线把 HaaS100 连接到 PC 机，USB 驱动安装完毕后，会在 PC 上虚拟出一个串口。然后单击蓝色工具条上的 " ⚡ " 按钮，实际刻录之前，需要用户输入虚拟出的串口号（如图 1.4.7 所示），我们输入 "COM23"，接下来等待固件刻录完毕即可。

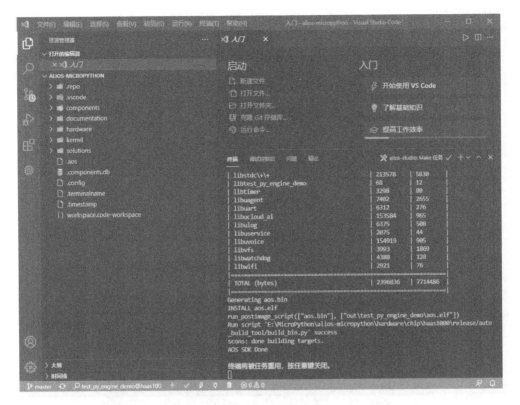

● 图 1.4.6　项目编译

```
run external script success
binary file is ['E:\\MicroPython\\alios-micropython\\solutions\\test_py_engine_demo\\aos.bin']

--- Available ports:
---  1: COM10            'ELTIMA Virtual Serial Port (COM10->COM11)'
---  2: COM11            'ELTIMA Virtual Serial Port (COM11->COM10)'
---  3: COM23            'Silicon Labs CP210x USB to UART Bridge (COM23)'
--- Enter port index or full name:
```

● 图 1.4.7　刻录的串口输入

> **注意**
>
> 　　HaaS100 的 MicroPython 版固件也可以无须自行编译，直接从阿里云 "Python 轻应用" 官方网站下载，然后通过对应工具刻录即可。详细说明，请参见如下链接的资料文档：
>
> 　　https：//g. alicdn. com/HaaSAI/PythonDoc/quickstart/quickstart_haas100_edu. html

2. 终端调试环境配置

　　打开一个串口调试工具，串口设置为 HaaS100 在 PC 上虚拟出的串口，波特率比较特殊，需要设置为 1500000Baud。或者直接单击 Visual Code 界面下方蓝色工具条上的 按钮，选择对应的串口号，然后选择波特率为 1500000, 就可在 Visual Code 界面上成功配置"终端"窗口。我们输入"python", 然后按"Enter"键, 进入 MicroPython 命令行模式, 我们输入"Print（"hello HaaS100"）"字符, 测试 MicroPython 是否正常（如图 1.4.8 所示）。退出命令行模式直接按"Ctrl+D"快捷键即可。

```
(ash:/data)# python
 Welcome to MicroPython
MicroPython v1.15 on 2021-05-07; HaaS with HaaS
Type "help()" for more information.

>>>
(ash:/data)# print("hello HaaS100")
hello HaaS100
```

● 图 1.4.8　MicroPython 调试环境

▶▶ 1.4.2　GPIO 输入输出操作

在图 1.4.1 所示的图片中, 有 5 个可以操作的 LED 灯, 我们首先运行官方提供的一个 MicroPython 关于走马灯的 LED 测试程序。在命令行输入"python /data/python-apps/driver/led/main.py"（如图 1.4.9 所示)。

```
(ash:/data)# python /data/python-apps/driver/led/main.py
 Welcome to MicroPython
start led test

(ash:/data)#
(ash:/data)# 1
0
1
1
0
```

● 图 1.4.9　led 走马灯程序测试

如果程序执行成功, 则不仅可以看到如图 1.4.9 所示的输出, 也可以看到开发板上 5 个 LED 灯开始依次闪烁。

阿里云 HaaS 系列的 Python 轻应用, 官方提供了 GPIO 驱动库, 支持如下几个主要函数:

1) GPIO. open（type）: 打开 GPIO 对象, type = 为对象类型, 在 board. json 文件中定义。

2) GPIO. write（value）: 设置 GPIO 状态（GPIO 输出模式有效）, value = 要写入的数据, 一般设置低电平为 0 或高电平为 1。

3) GPIO. read( ): 返回 GPIO 的状态, 一般为 0 或 1。

4) GPIO. close( ): 关闭 GPIO 对象, 返回 0 成功, 非 0 失败。

5) GPIO. enableIrq（cb）: 激活 GPIO 对象的中断事件 cb = 事件函数

6) GPIO. disableIrq（cb）: 禁用 GPIO 对象的中断事件 cb = 事件函数。

7) GPIO. clearIrq（cb）: 清除 GPIO 对象的中断事件 cb = 事件函数。

在 GPIO 操作之前, 需要在编译固件包的时候, 配置 hardware/chip/haas1000/prebuild/data/python-apps/driver/board. json 文件, 比如 GPIO 相关的配置如下:

```
{
    "version": "1.0.0",
    "io": {
        "led1": {
            "type": "GPIO",
            "port": 34,
            "dir": "output",
            "pull": "pullup"
        },
        "led2": {
            "type": "GPIO",
            "port": 35,
            "dir": "output",
            "pull": "pullup"
        },
        "led3": {
            "type": "GPIO",
            "port": 36,
            "dir": "output",
            "pull": "pullup"
        },
        "led4": {
            "type": "GPIO",
            "port": 40,
            "dir": "output",
            "pull": "pullup"
        },
        "led5": {
            "type": "GPIO",
            "port": 41,
            "dir": "output",
            "pull": "pullup"
        }
    },
    "debugLevel": "DEBUG"
}
```

其中 led1、led2、led3、led4、led5 分别对应图 1.4.1 所示的 5 个 LED 灯，其对应的 MCU 上的 pin 脚号由 port 指定，并且这 5 个 led 对象也是 GPIO. open 要打开的对象。比如 LED 走马灯的程序如下：

```
import utime
from driver import GPIO

print("start led test")
gpio = GPIO()
leds = ("led1", "led2", "led3", "led4", "led5")
for i in range(5):
```

```
for led inleds:
    gpio.open(led)
    gpio.write(1)
    utime.sleep_ms(200)
    value =gpio.read()
    print(value)
    gpio.write(0)
    utime.sleep_ms(200)
    value =gpio.read()
    print(value)
    gpio.write(1)
    utime.sleep_ms(200)
    value =gpio.read()
    print(value)
    gpio.close()

print("end led test")
```

图 1.4.1 所示的配网键是一个功能按键，其对应的 pin 脚号为 26，在 board. json 文件中我们增加如下的定义声明：

```
"io": {
    "button": {
        "type": "GPIO",
        "port": 26,
        "dir": "input",
        "pull": "pullup"
    }
}
```

通过 GPIO. open 打开该对象，通过 GPIO. read( )即可读取 button 当前状态（抬起还是按下）。相关代码如下：

```
import utime
from driver import GPIO
gpio = GPIO()
gpio.open("button")
for i in range(1000):
    value =gpio.read()
    print(value)
    utime.sleep_ms(200)
gpio.close()
```

程序部署到设备执行后，按下或抬起功能按键，可观察按键的输出状态是否同步变化（如图 1.4.10 所示）。

针对 button 输入，我们还有中断回调方式，不需要循环判断 button 的状态，不过目前仅能捕捉到按键这个事件，不支持按键按下和抬起。相关程序如下：

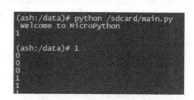

● 图 1.4.10　按键输入

```
import utime
from driver import GPIO
def cb(obj):
    print(obj)
    print((obj).read())

print("start led test")
gpio = GPIO()
gpio.open("button")
gpio.enableIrq(cb)
for i in range(60):
utime.sleep_ms(1000)
gpio.disableIrq(cb)
gpio.clearIrq(cb)
gpio.close()
print("end led test")
```

注意

如何执行用户编写的 Python 程序，HaaS100 如何开机自运行？

1）HaaS100 支持 SD 卡操作，可以把编写完毕的 Python 程序复制到 SD 卡，输入如下指令即可执行 python /sdcard/main.py。如果定义了额外的接口，需要把 board.json 文件复制到 SD 卡根目录。

2）HaaS100 开机启动的时候，会自动运行 SD 卡根目录中名称为 main.py 的程序。

3）阿里发布了 amp-python 的 Visual Studio Code 插件，可以直接编写和部署 Python 轻应用（和固件刻录方式类似），不过目前还不支持在线调试。

▶▶ 1.4.3　Modbus 协议读取温湿度

HaaS100 硬件支持一路 RS485，硬件接口定义如图 1.4.11 所示。

我们根据图 1.2.22 和图 1.4.11 所示的温湿度模块和 HaaS100 的 RS485 接口说明，按图接线，并上电。

查询相关资料后，获知 RS485 对应的 port 为 1，在 board.json 文件中增加如下定义声明：

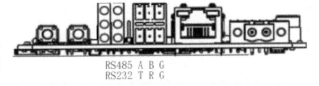

● 图 1.4.11　HaaS100 RS485 接口图

```
"io": {
    "rs485": {
      "type": "UART",
      "port": 1,
      "dataWidth": 8,
      "baudRate":9600,
      "stopBits": 1,
      "flowControl": "disable",
      "parity": "none"
    }
}
```

阿里云 HaaS100 平台提供了 Python 轻应用 Modbus 通信库，不过目前仅支持 RTU 模式，ASCII 和 TCP 模式暂不支持。

相关接口如下：

（1）modbus. init（port，baud_rate，parity）

初始化 modbus 协议。

参数

port（int）：串口端口号。

baud_rate（int）：可选参数，波特率，默认值为 9600Baud。

parity（int）：可选参数，奇偶校验信息，默认值为 0。可选值参考奇偶校验信息（PARITY）。

返回

0：成功，其他：失败。

引发

OSError-EBUSY 或 EINVAL

（2）modbus. deinit( )

释放 modbus 协议

返回

0：成功，其他：失败。

引发

OSError-EBADF

（3）modbus. write（slave_addr，start_addr，data，timeout）

向从机多个保持寄存器中写入数据。

参数

slave_addr（int）：请求的从机地址，0 代表广播。

start_addr（int）：写寄存器的起始地址。

data（bytearray）：写寄存器的数据。

timeout（int）：请求超时时间，单位是 ms（毫秒），−1 表示永久等待。

返回

tuple，4 元组中的条目格式为：

status：请求状态，0 表示成功，其他表示失败。具体数值参考 STATUS。

resp_addr：响应地址。

resp_value：响应数据。

exception_code：异常代码。

引发

OSError-EINVAL

（4）modbus. read（data，slave_addr，start_addr，timeout）

读取多个保持寄存器中的数据。

参数

data（bytearray）：读取的保持寄存器数据，data 的长度表示期待读取的数量。

slave_addr（int）：请求的从机地址，0 代表广播。

start_addr（int）：保持寄存器的起始地址。

timeout（int）：请求超时时间，单位是 ms（毫秒），-1 表示永久等待。

返回

tuple，2 元组中的条目格式为：

status：请求状态，0 表示成功，其他表示失败。

respond_count：读取到数据的字节数，该数值不大于 data 的长度。

引发

OSError-EINVAL

读取 YF3610-TH21 温湿度模块的值，主要会用到 modbus. init、modbus. deinit 和 modbus. read 这三个函数。相关代码如下：

```python
import utime
import modbus

print("------------------modbus test-------------------")
modbus.init(1,9600)

for i in range(10):
  readData  = bytearray(4)
  state = modbus.read(readData,1,0,200)
  print("state=",state)
  if state > 0:
    print("T=",(readData[0]+readData[1]* 256)/10.0,"H",(readData[2]+readData[3]* 256)/10.0)

modbus.deinit()
```

程序部署到设备运行后，输出如下信息（如图 1.4.12 所示）。

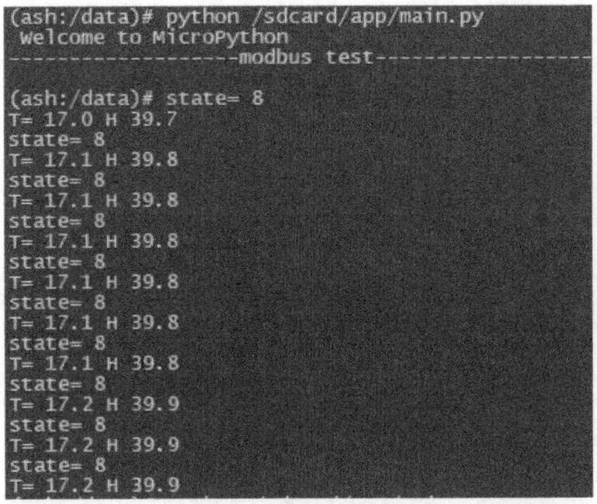

● 图 1.4.12　HaaS100 读取温湿度

▶▶ 1.4.4　温湿度上传物联网云平台

对接的阿里云物联网平台的云端设备依然是 YF3610-TH21 产品下的 TH01 设备，三元组同样没有变化。

我们采用 HaaS100 开发板的 Wi-Fi 接口上网，所以第一步先连接 Wi-Fi，连接成功后，对接阿里云物联网平台。

代码先判断当前连接的状态，如果已经连接，则直接跳到下一步进行上云操作，否则设定需要输入 Wi-Fi 的名称和密码，连接对应的热点，并注册一个回调函数，检测连接状态是否成功，成功则进入下一步操作。相关代码如下：

```
import netmgr as nm
nm.init()
Wi-Fi_connected = nm.getStatus()

def on_Wi-Fi_connected(status):
    global Wi-Fi_connected
    print('* * * * * * * Wi-Fi connected* * * * * * * * *')
    Wi-Fi_connected = True

if  notWi-Fi_connected:
    nm.register_call_back(1,on_Wi-Fi_connected)
    nm.connect("YFSoft-Wi-Fi","YFSoft1018")

while True :
    if Wi-Fi_connected:
        break
    else:
        print('Wait forWi-Fi connected')
        utime.sleep(1)

if nm.getStatus():
    print('DeviceIP:' + nm.getInfo()['IP'])
else:
    print('DeviceIP:get failed')import utime
```

阿里云 MicroPython 轻应用为上云服务提供了对接阿里云物联网平台的 iot 库。设定设备的三元组等信息后，可以向云平台推送属性和事件信息，并可以接收云端下发的服务指令。主要函数介绍如下：

（1）iot. Device（data）

初始化物联网平台 Device 类，获取 device 实例。

data-字典信息，包含如下关键字：

deviceName	设备名称	必填
deviceSecret	设备密钥	必填
productKey	产品 KEY	必填
productSecret	产品密钥	选填
region	所在区域	默认值 cn-shanghai

（2）on（event，callback）

注册物联网平台通信过程中的事件通知。

event- 事件名称：

  connect   连接成功事件

  disconnect 连接断开事件

  props   下发属性事件

  service   下发服务事件

  error   通信错误事件

callback：回调函数

（3）connect( )

连接物联网平台，异步方式。

（4）postProps（data）

上报属性数据。

data 为字典数据，分别对应属性名和属性的值。

（5）postEvent（data）

上报属性数据。

data 为字典数据和 id 事件标识。

（6）close( )

关闭物联网设备节点，断开当前连接。

前面我们通过 Modbus 库获取了温湿度值，本节融合这部分代码，把获取的温湿度值直接推送到阿里云物联网平台。相关代码如下：

```
import iot
import utime
import modbus

productKey = "a1IK35mJ???"
deviceName  =   "TH01"
deviceSecret = "307e70600ee308f207045cc924b???"


on_connected = False
#初始化 linkkit sdk
key_info = {
    'region':'cn-shanghai',
    'productKey': productKey,
    'deviceName': deviceName,
    'deviceSecret': deviceSecret,
}
device =iot.Device(key_info)
#物联网平台连接成功的回调函数
def on_connect():
    global on_connected
    on_connected = True

device.on('connect',on_connect)
```

```
#连接物联网平台
device.connect()
#触发 linkit sdk 持续处理 server 端信息
while(True):
    if on_connected:
        print('物联网平台连接成功')
        break
    else:
        utime.sleep(1)


modbus.init(1,9600)
while True:
    print('----------发送数据----------')
    readData  = bytearray(4)
    state = modbus.read(readData,1,0,200)
    if state > 0 :
        T = (readData[0]+readData[1]* 256)/10.0
        H =  (readData[2]+readData[3]* 256)/10.0
        data = {'params': {'T': T,'H': H}}
        print(data)
        device.postProps(data)
        utime.sleep(10)


    device.do_yield(200)


#断开连接
device.close()
```

程序部署到 HaaS 100，成功运行后（如图 1.4.13 所示），登录物联网云平台，可以看到云平台上已经上传的数据（如图 1.4.14 所示）。

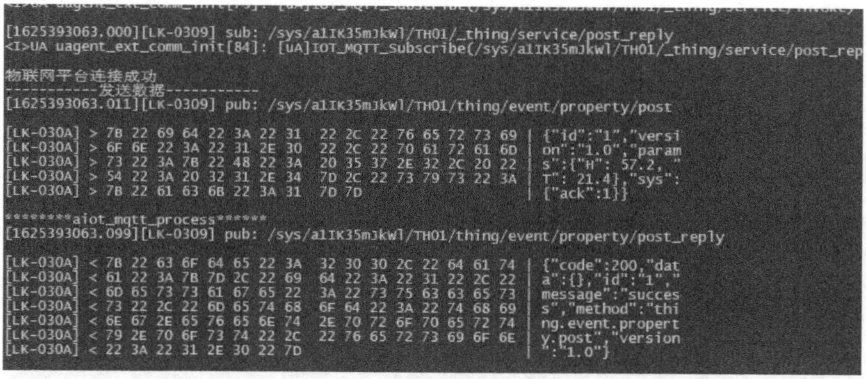

● 图 1.4.13　HaaS100 温湿度数据上云

 1.4.5 钉钉小程序温湿度远程监控

在 1.2.3 IoT Studio 移动端温湿度远程监控中，我们通过 IoT Studio 平台创建了一个可以远程监控的 Html5 监控网页，本小节借助阿里云小程序开发工具，把该网页嵌入钉钉小程序。

我们可以从支付宝开放平台、钉钉开放平台或阿里体系其他开发平台下载小程序开发工具。下载对应平台版本的安装包后，可以一键安装，安装完毕后运行的界面如图 1.4.14 所示，可以看出这是小程序开发矩阵，涵盖了阿里旗下所有主流 App。

● 图 1.4.14 阿里体系小程序开发者工具

1. 云端钉钉小程序创建和配置

第一步我们需要做的是绑定公共域名，把 1.2.3 节 IoT Studio 移动端温湿度远程监控做的 IoT Studio 移动页面发布出来。

在 IoT Studio 移动应用的应用设置页面添加域名列表，比如"http：//iotstudio.yfiot.com"（如图 1.4.15 所示）。CNAME 解析这步比较关键，需要把 iotstudio.yfiot.com 和 IoT Studio 为本应用生成的"a121rpyjc5vgykit.vapp.cloudhost.link"链接建立绑定关系。

登录所属的域名管理的后台，进行域名设置（如图 1.4.16 所示）。

第二步，登录钉钉开放平台，创建企业内的一个小程序应用（无须审核，上传后企业内部人员即可使用，比较方便），比如创建一个"IoTStudioTest"的应用。创建完毕后，进入这个应用的配置页面，单击进入"安全中心"选项卡，设定 Webview 安全域名（如图 1.4.17 所示）。

● 图 1.4.15　添加域名列表

创建新记录：

名称：　　cloud　　　　.yfiot.com

类型：　○A记录　　○MX记录　　◉CNAME记录
　　　　○TXT记录　　○SRV记录　　○AAAA记录

对应域名：　a121rpyjc5vgykit.vapp.cloudhost.link

验证码：　　　　　　1717

● 图 1.4.16　CNAME 记录填写

● 图 1.4.17　设定 Webview 安全域名

2. 本地钉钉小程序开发

我们用图 1.4.13 所示的小程序开发者工具，创建一个钉钉小程序应用，并修改入口 index. axml 文件，填入相应域名（如图 1.4.18 所示）。

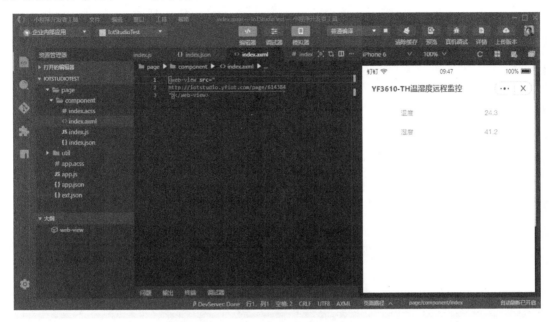

● 图 1.4.18　设定 Webview 安全域名

Webview 中的源地址有一个需要特别注意的地方，直接填写"http：//iotstudio. yfiot. com"，在 IDE 环境中可以正常访问，但是真机调试环节或者发布后，在钉钉中查看，会有页面访问受限的提示（如图 1.4.19 所示）。

有一个小技巧，先用浏览器输入"http：//iotstudio. yfiot. com"，浏览器经过解析后，URL 地址栏会自动出现类似这样的 URL 链接名称"http：//iotstudio. yfiot. com/page/614384"，我们在 Webview 的源地址中填写这个 URL 即可。

程序编写完毕并编译后，单击"发布"按钮（需要绑定已经创建好的小程序 IoTStudioTest）发布该小程序（如图 1.4.20 所示）。

钉钉平台里的小程序入口比较深，企业内小程序可以这样进入，打开钉钉，进入"通信录"页面，找到对应的公司，单击"管理"按钮，进入企业管理页面，在"应用管理"栏中单击"应用 & 模板"按钮，然后切换

● 图 1.4.19　页面访问受限

进入"自建应用"页面，就可以看到已经发布的小程序了，然后单击运行即可（如图 1.4.21 所示）。

● 图 1.4.20 发布小程序

● 图 1.4.21 打开小程序

1.5 JavaScript 低代码开发

当前支持 JavaScript 引擎的比较多，谷歌的 V8 引擎比较强悍，但是体积太大，不适合在资源有限的 IoT 嵌入式设备里使用。目前低资源的嵌入式 JavaScript 引擎主要有以下三种：JerryScript、DukTape 和 QuickJS，其相应参数对比表如表 1-2 所示。

表 1-2 JerryScript、DukTape、QuickJS 相应参数对比表

脚本引擎	RAM	ROM	ES 语法	基准测试得分
JerryScript	<64KB	<240KB	全面支持 ES5.1	276
DukTape	<64KB	<400KB	全面支持 5.1，部分支持 ES6	408
QuickJS			支持 5.1、ES6、ES2019、ES2020	942

综合来看，如果资源许可，QuickJS 是一个不错的选择。阿里主流的 HaaS 硬件上的 JavaScript 轻应用引擎选择的就是 QuickJS 引擎，部分资源受限的 HaaS 硬件则选择了 DukTape，需要注意二者对 JavaScript

的语法由于支持的范围不同，HaaS API 接口和 JavaScript 应用脚本程序并不完全兼容。

▶▶ 1.5.1　开发环境搭建

我们依然选择图 1.1.12 所示的 HaaS 为 JavaScript 的硬件开发环境。

软件开发环境选择 Visual Studio Code + alios-studio，在 1.3 和 1.4 节中我们已经介绍了 Visual Studio Code 和 alios-studio 的安装，相关内容请参考以上章节的介绍。这里仅介绍 JavaScript 轻应用固件的部署。

在 alios-studio 扩展插件的蓝色工具条中单击"+"按钮，开始创建项目，这个步骤一共四步，第一步选择要创建的解决方案的类型，我们选择"轻应用案例"（如图 1.5.1 所示）。

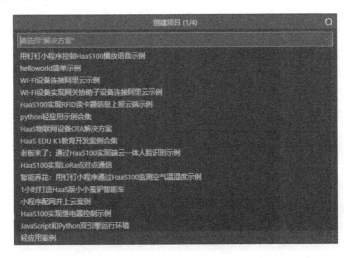

● 图 1.5.1　创建项目-选择解决方案

选择完毕后，进入下一步开始选择开发板，我们选择"haas100 board configure"（如图 1.5.2 所示）。

● 图 1.5.2　创建项目-选择开发板

选择开发板完毕后，下一步需要输入解决方案的名称，可以直接采用默认名称"test_amp_demo"，然后按"Enter"键进入下一步。最后一步是输入工作区路径，设定好工作区路径后，按"Enter"键，则 alios-studio 自动从云端下载相关内容，我们只需要等待即可（如图 1.5.3 所示）。

创建工程完毕后，单击 alios-studio 工具条上的"√"，编译刚刚创建的工程，然后等待编译成功。编译成功后，首先通过 USB 线把 HaaS100 连接到 PC 机，USB 驱动安装完毕后，会在 PC 机上虚拟出一个串口，单击蓝色工具条上的 ⚡（Burn 刻录）按钮，把轻应用的固件刻录到 HaaS100 开发板。

● 图 1.5.3　创建项目-创建工程

1. JavaScript 轻应用程序说明

最简单的轻应用必须由两个文件组成，必须放在项目的根目录，分别是 app.js，这是轻应用的入口文件；另外一个文件是 app.json，这是轻应用的全局设置文件，比如常见的硬件接口配置都会放入这个配置文件。

一个最简单的 app.js 代码，只需要一句代码即可：

```
console.log('hellojava script! ');
```

而标准格式的 app.js 则是如下的代码：

```
App({
  globalData: {
    data: 1
  },
  onLaunch: function() {
    //第一次打开
    console.log('apponLaunch');
  },
  onError: function() {
    //出现错误
    console.log('apponError');
  },
  onExit: function() {
    //退出轻应用
    console.log('apponExit');
  }
});
```

App( ) 必须在 app.js 中调用，且只能调用一次。onLaunch、onError 和 onExit 等回调函数，是相应的事件监听函数，globalData 里则存放着全局数据。

最简单的 app.json 文件的配置如下：

```
{
    "version": "1.0.0",
    "io": {
    },
    "debugLevel": "DEBUG"
}
```

我们仅填写了轻应用的版本和调试信息输出级别。

2. JavaScript 轻应用开发部署环境

打开 Visual Studio code，首先进入扩展商场，然后输入 haas-studio 进行搜索，搜索到对应扩展插件后直接安装即可（如图 1.5.4 所示）。

● 图 1.5.4　安装 haas-studio 扩展插件

需要注意的是 haas-studio 扩展和 alios-studio 扩展有冲突，如果之前安装过 alios-studio 扩展，务必先禁用，才能正常使用 haas-studio 扩展（如图 1.5.5 所示）。

● 图 1.5.5　HaaS Studio 开发环境

HaaS Studio 开发环境可以开发三种类型的应用：C/C++、JavaScript 和 Python，我们选择 JavaScript 轻

应用进行开发。单击"创建 JavaScript 工程",在弹出的对话框中填写如下信息(如图 1.5.6 所示)。

● 图 1.5.6　创建 JavaScript 工程

默认创建了一个 Hello World 的示例代码,会每隔一秒在控制台中输出一句 Hello World 及当前时间(如图 1.5.7 所示)。

● 图 1.5.7　Hello World 示例工程

单击工具条上的 ⚡ 刻录按钮,进行 JavaScript 轻应用刻录。需要注意如下事项,模式选择本地更新,波特率为 1500000Baud,引擎选择为 quickjs,此外就是根据提示,需要按 HaaS 100 开发板上的复位按钮进行一次复位,则 JavaScript 应用就会自动刻录到开发板。

注意
　　命令行方式刻录 JavaScript 轻应用:
　　(1)下载命令行工具 amp. exe(阿里云官方文档:IoT 物联网操作系统 > HaaS JavaScript 轻应用使用文档 > 快速开始 > 开发环境 > 命令行工具)
　　(2)QuickJS 引擎命令:amp. exe serialput . \ app COM1 -m quickjs -e 0 -b 1500000
　　(3)DukTape 引擎命令:amp. exe serialput . \ app COM1 -b 115200

3. 终端调试环境配置

打开一个串口调试工具，串口设置为 HaaS100 在 PC 机上虚拟出的串口，波特率设置为 1500000Baud。连接串口成功后，就可以看到图 1.5.7 所示的示例代码的执行输出（如图 1.5.8 所示）。

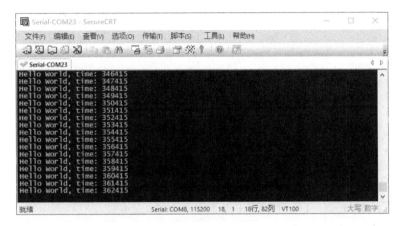

● 图 1.5.8　Hello World 示例输出

▶▶ 1.5.2　GPIO 输入输出操作

这里依然操作图 1.4.1 所示的 LED 和用户按钮。和 MicroPython 轻应用一样，我们需要配置 app. json 文件，其文件和 MicroPython 中配置的 board. json 文件相同，配置如下：

```
{
    "version": "1.0.0",
    "io": {
        "led1": {
            "type": "GPIO",
            "port": 34,
            "dir": "output",
            "pull": "pullup"
        },
        "led2": {
            "type": "GPIO",
            "port": 35,
            "dir": "output",
            "pull": "pullup"
        },
        "led3": {
            "type": "GPIO",
            "port": 36,
            "dir": "output",
            "pull": "pullup"
        },
```

```
        "led4": {
            "type": "GPIO",
            "port": 40,
            "dir": "output",
            "pull": "pullup"
        },
        "led5": {
            "type": "GPIO",
            "port": 41,
            "dir": "output",
            "pull": "pullup"
        }
    },
    "debugLevel": "DEBUG"
}
```

JavaScript 轻应用也提供了 GPIO 的驱动库，支持如下几个主要函数，分别如下：

（1）open（Object options）：打开 GPIO 接口 id-app. json 定义的 GPIO id 名。

（2）GPIO. writeValue（Number level）：设置 GPIO 的电平（GPIO 配置为输出模式）1-高电平 0-低电平。

（3）GPIO. toggle（）：切换 GPIO 的输出电平，比如由高到低，由低到高。

（4）GPIO. onIRQ（Function cb）：开启引脚中断触发。

（5）GPIO. readValue（）：读取 GPIO 电平值 1-高电平 0-低电平。

（6）GPIO. close（）：关闭 GPIO 实例对象。

我们编写一个每隔一秒 LED 闪烁一次的 JavaScript 轻应用，相关代码如下：

```
var gpio = require('gpio');

var led1 = gpio.open({
  id: 'led1',
  success: function() {
      console.log('gpio: open led success')
  },
  fail: function() {
      console.log('gpio: open led failed')
  }
});

setInterval(function() { led1.toggle(); }, 1000);
```

以上代码编译后，刻录到 HaaS 100 开发板，会发现 LED1 灯每隔 1 秒闪烁一次。对用户按键操作之前，仍需在 app. json 中加入如下定义声明：

```
"io": {
        "button": {
            "type": "GPIO",
            "port": 26,
            "dir": "input",
```

```
          "pull": "pullup"
       }
   }
```

捕捉该按键的中断触发事件，当按下按键时，触发对应的按键事件，具体代码如下：

```
var gpio = require('gpio');

var button =gpio.open({
  id:'button'
});
//button trigger callback
button.onIRQ({
  trigger:'rising',
  cb: function() {
    console.log('button pressed\n');
  }
});

//release button
//button.close();
```

以上代码刻录到 HaaS 100 后，按下和抬起用户按键，会看到有对应的操作信息在控制台输出。

▶▶ 1.5.3 Modbus 协议读取温湿度

参考 1.4.3 节，把 HaaS100 的 RS485 接口和 YF3610-TH21 温湿度模块连接在一起，并上电。
在 app.json 文件中增加如下定义声明：

```
"io": {
  "rs485": {
    "type": "UART",
    "port": 1,
    "dataWidth": 8,
    "baudRate":9600,
    "stopBits": 1,
    "flowControl": "disable",
    "parity": "none"
  }
}
```

阿里云 HaaS100 平台目前没有提供直接调用的 Modbus 通信库，仅提供了一个 Modbus 操作示例，不过有些繁杂，我们基于 uart 库自行写一个 "Modbus 读取保持寄存器" 的函数。uart 库相关函数的说明如下：

（1）UART. open（Object options）：打开串口，options 对象中的 id 对应 app.json 中的 UART 名称。

（2）UART. on（String event, Function cb）：串口事件，event 名称，目前为 "data"，cb 回调函数，回调函数中的入口参数是 ArrayBuffer 数组，为串口接收到的数据。

（3）UART. write（String | ArrayBuffer data）发送数据，该函数为同步函数，发送完毕后，才返回。

（4）UART. read（Number bytes）：读取数据，bytes 是需要读取的数据个数。返回值要么为空，要么为 ArrayBuffer 类型的数组。

（5）UART. close( )：关闭串口实例对象。

根据 1.2.3 节中的 Modbus RTU 协议介绍及 YF3610-TH21 温湿度模块的说明，我们需要用 3 号功能码，读取保持寄存器中的两个数据，然后分别除以 10，获得温度和湿度的值。相关代码如下：

```
var uart = require('uart');
var readlen = 0;
var device_addr =1;
var rs485 =uart.open({
  id:'rs485'
});
function crc16(data,len)
{
    if (len > 0) {
        var crc = 0xFFFF;
        for (var i = 0; i < len; i++) {
            crc = (crc ^ (data[i]));
            for (var j = 0; j < 8; j++) {
                crc = (crc & 1) ! = 0 ? ((crc >> 1) ^ 0xA001) : (crc >> 1);
            }
        }
        var hi = ((crc & 0xFF00) >> 8);   //高位置
        var lo = (crc & 0x00FF);          //低位置
        return [hi, lo];
    }
    return [0, 0];
};

function modbus_read (dev_addr,data_addr,data_num)
{
    var senddata = [dev_addr,0x3,(data_addr>>8 & 0xFF),(data_addr & 0xFF),(data_num>>8 &
0xFF),(data_num & 0xFF),0,0];
    var crc = crc16(senddata,6);
    senddata[6] = crc[1];
    senddata[7] = crc[0];
    rs485.write(senddata);
    readlen = 5+data_num* 2;
    /*
    //超时控制为200ms
    for(var i=0;i<10;i++)
    {
        sleepMs(20);
        try
        {
            var data = rs485.read(readlen);
```

```
            if(data && data.length>=readlen)
            {
              var data_crc = crc16(data,readlen-2);
              if(data[0]==dev_addr && data[readlen-2] == data_crc[1] && data[readlen-1] ==
data_crc[0])
              {
                  var rdata = [];
                  for(i=0;i<data[2];i+=2)
                  {
                      rdata.push(data[3+i]<<8 |data[3+i+1]);
                  }
                  return rdata;
              }
              break;
            }
        }
        catch(err){}
    }* /
    return null;
}
function ArrayToString(buffer) {
  var dataString = "";
  for (var i = 0; i < buffer.length; i++) {
    dataString += buffer[i].toString(16) + " ";
  }
  return dataString;
}
rs485.on('data', function (data) {
  console.log('rs485 receive data is ' +ArrayToString(data));
  var i=0;
  if(data && data.length>=readlen)
  {
    var data_crc = crc16(data,readlen-2);
    if(data[0]==device_addr && data[readlen-2] == data_crc[1] && data[readlen-1] == data_
crc[0])
    {
        var rdata = [];
        for(i=0;i<data[2];i+=2)
        {
            rdata.push(data[3+i]<<8 |data[3+i+1]);
        }
        console.log('data is ' +ArrayToString(rdata));
      var T =rdata[0]/10.0;
      var H =rdata[1]/10.0;
      console.log('T='+T);
      console.log('H='+H);
```

```
        }
    }
});
setInterval(function () {
    var data = modbus_read(device_addr,0,2);
    if(! data)
    {
        var T = data[0]/10.0;
        var H = data[1]/10.0;
        console.log('T='+T);
        console.log('H='+H);
    }
    else
    {
        console.log('read failed! ');
    }
}, 1000);
//rs485.close();
```

虽然采用了 RS485 接口通信，但是代码中并没有与收发切换相关的代码，这是因为 HaaS100 的 RS485 接口已经实现了收发切换，所以在应用代码中就不需要用户做收发切换了。把以上代码刻录到 HaaS 100 设备，然后运行，会在控制台的输出中，看到已经成功读取的温湿度值（如图 1.5.9 所示）。

● 图 1.5.9　温湿度输出

▶▶ 1.5.4　温湿度上传物联网云平台

和 1.4.4 节一样，依然对接阿里云物联网平台 YF3610-TH21 产品下的 TH01 设备。

第一步通过 Wi-Fi 连接上网，相关 Java Script 代码如下：

```
import * asnetmgr from 'netmgr';
var network =netmgr.openNetMgrClient({
    name: '/dev/Wi-Fi0'
});
var status;
status = network.getState();
console.log('status is ' + status);
network.connect({
    ssid: 'YFSoft-Wi-Fi',          //请替换为自己的热点 ssid
    password: 'YFSoft??? '          //请替换为自己热点的密码
});
network.on('error', function () {
    console.log('error ...');
});
```

```
network.on('connect', function () {
  console.log('net connect success');
});
```

阿里云 JavaScript 轻应用和 MicroPython 轻应用一样，也为对接阿里云物联网平台提供了 iot 库。主要函数如下：

（1）device（Object option）。

创建 iot 实例，同时尝试连接阿里云物联网平台。默认开启 TLS 加密。

相关参数如下：

productKey   产品 KEY

deviceName   设备密钥

deviceSecret   设备密钥

region   所在区域   默认值 cn-shanghai

keepaliveSec   心跳包间隔，默认 60 秒

（2）iot. on（String event，Function callback）。

注册事件

event   注册事件的名称

　　　　　　'connect'连接到 iot 平台，触发该事件

　　　　　　'disconnect'连接断开时，触发该事件

　　　　　　'close'连接关闭时，触发该事件

　　　　　　'error'客户端关闭时，触发该事件

Callback 监听事件的回调函数

（3）iot. onService（Object payload）。

监听云端服务下发。

payload 属性如下：

　　　　service_id   服务 ID

　　　　params   服务内容

　　　　params_len   服务内容长度

（4）iot. onProps（Object payload）。

监听云端属性下发。

payload 属性如下：

　　　　params   属性内容

　　　　params_len   属性内容长度

（5）iot. postProps（Object options）。

上报设备属性。

options 属性如下：

　　　　payload   字符串，属性名：属性值，……

（6）iot. postEvent（Object options）。

上报设备事件。

options 属性如下：

    id   事件标识符

    params   要上报的事件参数

（7）iot. close( )。

关闭 IoT 实例。

本小节结合上一节的 Modbus 协议读取温湿度的代码（采用了非事件方式实现），用 iot 库把温湿度数据每隔 3 秒上传到阿里云物联网平台一次，相关代码如下：

```javascript
var iot = require('iot');
var uart = require('uart');
var netmgr = require('netmgr');

var readlen = 0;
var device_addr =1;
var iotdev;
const productkey = 'a1IK35mJ??? ';
const devicename = 'TH01';
const devicesecret = '307e70600ee308f207045cc924b0f??? ';
var on_connected = false;

function iotDeviceCreate()
{
    iotdev = iot.device({
        productKey: productkey,
        deviceName: devicename,
        deviceSecret: devicesecret
    });
    iotdev.on('connect', function () {
        on_connected = true;
        console.log('success connect toaliyun iot server');
    });
    iotdev.on('reconnect', function () {
        console.log('success reconnect toaliyun iot server');
    });
    iotdev.on('disconnect', function () {
        on_connected = false;
        console.log('aliyun iot server disconnected');
    });
}

//--//

console.log('===Wi-Fi connect ===');
var Wi-Fi_network = netmgr.openNetMgrClient({
  name: '/dev/Wi-Fi0'
});
var Wi-Fi_status = Wi-Fi_network.getState();
```

```
console.log('Wi-Fi status is ' + Wi-Fi_status);

Wi-Fi_network.connect({
  ssid: 'YFSoft-Wi-Fi',              //请替换为自己的热点 ssid
  password: 'YFSoft1018'             //请替换为自己热点的密码
});
Wi-Fi_network.on('error', function () {
  console.log('error ...');
});
Wi-Fi_network.on('connect', function () {
  console.log('net connect success');
});

//等待 Wi-Fi 连接成功
while(true)
{
  Wi-Fi_status = Wi-Fi_network.getState();
  console.log('Wi-Fi status is ' + Wi-Fi_status);
  if(Wi-Fi_status === 'network connected' || Wi-Fi_status === 'connected')break;
  sleepMs(1000);
}

//--//
console.log('=== modbusrtu ===');
var rs485 =uart.open({
  id: 'rs485'
});

function crc16(data,len)
{
    if (len > 0) {
        var crc = 0xFFFF;
        for (var i = 0; i < len; i++) {
            crc = (crc ^ (data[i]));
            for (var j = 0; j < 8; j++) {
                crc = (crc & 1) != 0 ? ((crc >> 1) ^ 0xA001) : (crc >> 1);
            }
        }
        var hi = ((crc & 0xFF00) >> 8);   //高位置
        var lo = (crc & 0x00FF);          //低位置
        return [hi, lo];
    }
    return [0, 0];
};

function modbus_read (dev_addr,data_addr,data_num)
```

```
{
    var senddata = new Uint8Array([dev_addr,0x3,(data_addr>>8 & 0xFF),(data_addr & 0xFF),
(data_num>>8 & 0xFF),(data_num & 0xFF),0,0]);

    var crc = crc16(senddata,6);
    senddata[6] = crc[1];
    senddata[7] = crc[0];
    rs485.write(senddata.buffer);
    readlen = 5+data_num* 2;
    console.log('modbus send' +senddata);

    //超时控制为 200ms
    for(var i=0;i<10;i++)
    {
        sleepMs(20);
        var data = [];
        while(true)
        {
            var buffer = rs485.read();
            var oneData = new Uint8Array(buffer);
            if(! oneData || oneData.length== 0)break;
            data.push(oneData[0]);
        }

        if(data && data.length>0)
        {
            console.log('modbus receive' +data);
            if(data.length>=readlen)
            {
              var data_crc = crc16(data,readlen-2);
              if(data[0]==dev_addr && data[readlen-2] == data_crc[1] && data[readlen-1] ==
data_crc[0])
                {
                    var rdata = [];
                    for(i=0;i<data[2];i+=2)
                    {
                        rdata.push(data[3+i]<<8 |data[3+i+1]);
                    }
                    return rdata;
                }
            }
            break;
        }
    }
}
```

```
setInterval(function () {
  var data = modbus_read(device_addr,0,2);
  if(data.length>0)
  {
      var T = data[0]/10.0;
      var H = data[1]/10.0;
      console.log('T='+T);
      console.log('H='+H);
      if(on_connected)
      {
        // Postproperity
        iotdev.postProps(
          JSON.stringify({
              T: T,
              H: H
            })
        );
      }
  }
}, 3000);
console.log('===iot connect ===');
iotDeviceCreate();
```

将程序部署到 HaaS 100，成功运行后（如图 1.5.10 所示），登录物联网云平台，可以看到云平台上已经上传的数据（可参考图 1.3.14 所示）。

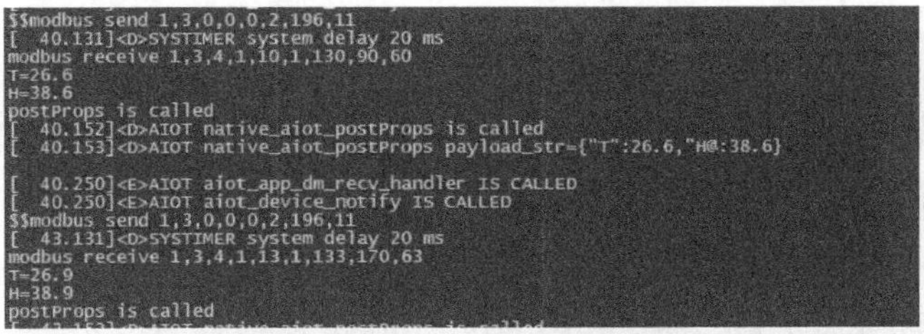

● 图 1.5.10　读取温湿度上云

▶▶ 1.5.5　支付宝小程序温湿度远程监控

我们也可以和 1.4.5 节一样，把 IoT Studio 生成的 Html5 网页嵌入到支付宝小程序里。不过为了更为深入地了解阿里体系小程序和微信小程序的区别，本小节将编写代码去实现和阿里云物联网平台的对接。

支付宝小程序的开发工具和钉钉的小程序开发工具一样，这里不再赘述。不一样的是，需要登录支付宝开放平台，做相应的配置。

登录支付宝开放平台（https：//open. alipay. com），扫码进入后，单击小程序开发，创建一个支付宝小程序。和微信小程序一样，要和阿里云物联网平台成功对接也需要做两步工作。

第一步，设置服务器域名白名单。在支付宝小程序管理页面下的开发服务中的开发设置中设置对应的域名（如图 1.5.11 所示）。

● 图 1.5.11　设置阿里云物联网平台服务器域名

第二步，接口签名。接口签名相关的代码和 1.3.5 节的微信小程序基本一样，这里不再重复。

以上工作完成后，就可以开发支付宝小程序了，本节开发的支付宝版本的 YFIOs 助手，相对于微信版本的 YFIOs 助手（如图 1.3.15 所示）而言是一个简化版本（如图 1.5.12 所示），相关功能的代码基本和微信小程序没有什么差别，所以这里就不进行说明了。

● 图 1.5.12　**YFIOs 助手支付宝版本小程序**

在手机里打开支付宝 App，单击进入我的小程序，单击搜索图标，进入搜索页面，输入"YFIOs 助手"进行搜索，就可以看到 YFIOs 助手小程序了（如图 1.5.13 所示）。

● 图 1.5.13 支付宝搜索 YFIOs 助手小程序

单击 YFIOs 助手小程序，就可以进行操作了，其使用方式和 1.3.5 节的 YFIOs 助手微信小程序类似，这里就不再详述了。

1.6 小结

低代码、零代码开发的初衷很简单，就是在科学技术日益快速发展的今天，一个人只要有想法，就可以不再受限于任何技术细节，从原始需求出发，快速达成一件事。

针对物联网领域而言，云端开发，从自行构建的 C/S 架构和 Web 架构，进化到各种物联网云平台，如阿里云的物联网平台和 IoT Studio；移动端开发，从原生 App 开发、Html5 开发演化到小程序，如腾讯微信小程序和阿里体系小程序；设备端开发，从 C/C++的 while 大循环编程，到让人应接不暇的物联网嵌入式系统，再到当前以硬件快速开发为目标的轻应用，比如阿里云 HaaS 系列的软硬件产品，叶帆科技的 YFIOs 数据组态及 YF 系列的物联网硬件系列。

本章就是从这个角度出发，从端到云，分别采用 C#、Lua、Python 和 JavaScript 等开发语言，在各种低代码和零代码开发平台和智能硬件的基础上，快速构建物联网应用的。可以让开发者窥一斑而知全豹，对物联网领域的低代码、零代码极速开发有一个基于全局的整体认知。

第2章

阿里云物联网平台

2.1 阿里云物联网平台发展简史

2015 年 10 月，亚马逊在全球云计算技术大会上发布了一个物联网平台，可以让数亿台设备连接到 AWS IoT，这应该是最早真正意义上的物联网云平台了。

2.1.1 国内外物联网平台发展一览

紧随其后，微软也在 2015 年 10 月份的 AzureCon 2015 技术大会上宣布 Azure 物联网套件 Azure IoT Suite 正式上市，不到 4 个月，微软又在 2016 年 2 月正式向公众开放了 Azure IoT Hub 服务，它不仅是 Azure IoT Suite 的重要组成部分，更是微软物联网战略的重要基础。

回眸国内，其实百度是国内最早推出物联网平台的公司，在"百度世界 2015"开放云论坛上发布了物联网平台 BaiduIoT，开始吹响进军物联网的号角，希望在物流、能源、制造、农业、建筑、医疗、智能家居等领域，引领物联网浪潮，开启万物智能时代。可是百度在以后的时间里，其重心转移到了人工智能领域，特别是在无人驾驶领域投入重兵，以寻求在这个层面有更大的突破。所以后续百度的天工智能物联网虽然开局不错，但是后续乏力，给人一种雷声大、雨点小的感觉，其影响力也越来越小。

直到 2016 年的下半年，阿里云的物联网平台才姗姗来迟，名称也显得比较低调，称为"物联网开发套件"。

2.1.2 物联网开发套件

虽然现在阿里云物联网平台如日中天，在国内的影响力非常大，但是其发展的起始时间不仅相对于其他国内外同行较晚，功能相对于其他物联网平台也比较简单，就是通过 MQTT 协议，把数据包从设备端上传到云端。数据包内容可以是二进制数据，也可以是 XML 或 JSON 格式的文本数据，具体内容用户自行解释，端到端透明。那时开发团队的人员不多，大概一二十人的规模，早期以不断发布 C/C++ 嵌入式语言的上云 SDK 为主。

与当时物联网平台的早期发展者微软和百度相比，阿里云物联网平台（套件）就显得有些粗陋了，主要就是设备接入和数据导出。不过云端提供了比较丰富的 API 接口，可以非常方便地获取数据，对当时云端能力相对欠缺的智能硬件厂商来说，是一个好消息，相当于阿里云物联网平台充当了一个中间人的角色，方便和第三方进行系统级别的开发合作。

从开发角度来看，当时微软的物联网云平台 SDK 相对完善，提供了各种示例，有设备端的，有网关的，有云端的等。阿里云物联网平台对 MQTT 协议进行了半封装，比如发布、订阅和微软物联网平台一样，预先定义了一些关键字，不过和微软不同，支持 Topic 自定义（如图 2.1.1 所示）。设备端提供了芯片级的接入源码，云端则提供了相对丰富的 API 接口。

● 图 2.1.1　阿里云物联网套件

▶▶ 2.1.3　飞凤物联网平台

使阿里物联网平台上一个台阶的里程碑的事件，是在 2017 年和无锡市政府达成的物联网平台开发合作。据说这个项目之初，先是华为跟进了大概半年多时间，不过最终却花落阿里。

无锡市政府花 1 亿元人民币委托阿里云开发地方性物联网平台——"飞凤"系统，另外一个附加条件就是阿里要在无锡成立一个面向智慧城市的物联网公司。

开发伊始，由于阿里物联网开发团队的产品只是"阿里云物联网套件"，并且开发团队人员只是几十位，所以并不太看好半年内能开发出较好的物联网平台。但是随着开发需求的不断清晰，及开发团队人员的暴增，Alink 协议也逐渐变得越来越完善，像一颗种子慢慢地生根发芽，物模型开始一点点地建立，各种设备的数据开始汇集到物联网 IoT 平台。到了 2017 年底，第一版的"飞凤"正式上线了（如图 2.1.2 所示）。

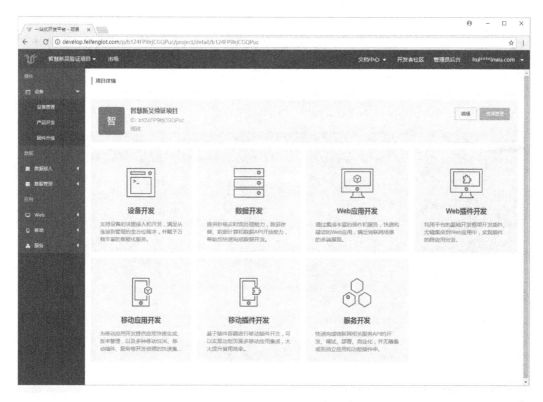

● 图 2.1.2 "飞凤"一站式开发平台

▶▶ 2.1.4 物联网开发平台基础版、高级版、IoT Studio

紧接着以"飞凤"平台为基础，面向全国通用的一站式物联网平台 Link Develop 1.0，在 2018 年初也正式对外发布了（如图 2.1.3 所示），并且把一站式平台的 Link Develop 数据接入部分（以 Alink 协议为核心的物模型接入）专门独立出来，和原有的物联网套件打包在一起，作为物联网的通用接入平台。原有的接入方式称为"基础版"，新的基于 Alink 协议的面向物模型的接入方式为"高级版"，并于 2018 年 4 月正式对外发布。同年 6 月末，"物联网套件"正式更名为"物联网平台"。次年的 4 月 9 日，产品版本正式统一，控制台不再区分"基础版"和"高级版"。

以 Link Develop 为蓝本，或者说是 Link Develop 的一个分支，阿里 link 生活平台 ——"飞燕"，也在 2018 年 5 月正式上线。专门面向智能电器、白色家电设备，不仅提供认证好的嵌入式模组，并且手机 App 也是一站式提供，可以快速打造生活类的物联网智能产品。

Link Develop 平台本身也在飞速发展，解决好了接入及物联网物模型后，面向各种应用的呈现，不仅支持二维平面图显示，同时也支持三维建模，并且 Web 端和手机端也同步支持各种应用呈现。2018 年 9 月 16 日 Link Develop 2.0 正式上线，2019 年初 Link Develop 正式升级为 IoT Studio。

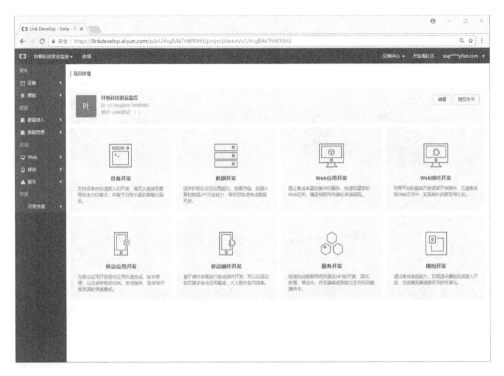

● 图 2.1.3　Link Develop 1.0

▶▶ 2.1.5　阿里云 AIoT 整体发展布局

以"物联网平台"和"IoT Studio"为核心的产品，我们可以看成阿里云物联网战略的中间层，以此为基础，向下和向上阿里都有自己的布局。

面向设备端，阿里在 2017 年 10 月杭州云栖大会上正式发布了阿里自己的物联网嵌入式系统 AliOS Things。2018 年 9 月也是在杭州云栖大会上，第一届天猫"芯片节"开幕，10 家天猫旗舰店同时推出了 AliOS Things 的物联网产品及方案。

2018 年 12 月，阿里高调宣布和高通、联发科等 23 个芯片模组厂商合作，推出了预装 AliOS Things 操作系统的模组。三个月后，在 2019 年 3 月北京云栖大会上，对外宣称基于 AliOS Things 的芯片已经出货 1 亿片。

物联网数据接入的平台之上，大数据存储、挖掘、分析是主角，这也是阿里实力之所在。

2017 年 3 月 29 日，在深圳云栖大会上，阿里推出了 ET 工业大脑。同年 11 月 16 日，ET 城市大脑成为国家 AI 开发创新平台。

2018 年 4 月，阿里牵头启动 supET 工业互联网平台建设。在 6 月 7 日的上海云栖大会上，宣布阿里云 ET 城市大脑全面升级，并同时推出了阿里云农业大脑。浙江省 6 月 14 日也推出了基于 supET 的"1+N"工业互联网平台。8 月 24 日在重庆云栖大会上，阿里和重庆市政府一起发布了"飞象工业互联网平台"。

随着这些平台级产品的不断完善，阿里开始在应用层发力。

2019 年在阿里云北京峰会上，阿里云发布新产品 SaaS 加速器：人工智能、虚拟现实等技术能力被集成为模块，ISV 和开发者只要简单拖拽，就可以快速搭建 SaaS 应用。同时为了百花齐放，更快地让各自应用快速发布，阿里云还在北京峰会上，正式发布了小程序云，并同时联合支付宝、淘宝、钉钉和高德一起共同发布了"阿里巴巴小程序繁星计划"。

从芯片到嵌入式系统，到物联网平台，再到各种 ET 大脑及工业互联网平台，最后到 SaaS 加速器及小程序。短短两到三年的时间，阿里云 AI+IoT 的战略布局已经成形（如图 2.1.4 所示）。未来的战略之路也已经明确，就是全面构建数字新基建。

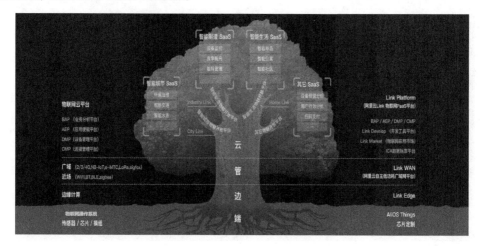

● 图 2.1.4　阿里云 AIoT 整体布局

2.2　物联网平台之产品

本节所提到的产品特指阿里云物联网平台上的产品，而不是泛指阿里云产品，阿里云产品众多，彼此关联，和阿里云物联网平台可以有机地结合在一起，共同构建面对行业的 SaaS 平台系统（如图 2.2.1 所示）。

● 图 2.2.1　阿里云物联网平台及阿里云产品

从技术角度而言，要构建一个完整的行业 SaaS 应用，首先各种传感器数据通过 MQTT 或其他通信协议上传到阿里云物联网平台（或者从阿里云物联网平台下发指令，控制业务现场的智能设备），而后通过数据实时流转 AMQP 技术（或 API 接口直接调用）把相关数据流转到客户的业务服务器，业务服务器构建 SaaS 应用的用户系统，保存并处理相关的业务数据，支持 Web 客户端和各类手机 App 或小程序访问（如图 2.2.2 所示）。

● 图 2.2.2　基于阿里云物联网平台 SaaS 应用框架

这里针对物联网平台下的物联网接入"产品"下一个相对严格一点的定义，产品是设备的集合，通常是一组具有相同功能定义的设备集合。例如，产品指同一个型号的产品，设备就是该型号下的某个设备。也可以这样理解，产品是面向对象编程中"类"的定义，而设备则是这个"类"的具体实例。

▶▶ 2.2.1　Alink 协议简介

Alink 协议是阿里云针对物联网开发领域设计的一种数据交换规范，数据格式是 JSON，用于设备端和物联网平台的双向通信（参见图 2.1.6 中的上报数据和下行指令），规范了设备端和物联网平台之间的业务数据交互。

关于 Alink 协议有几个很重要的概念需要了解。

第一个非常重要的概念是"**三元组**"。所谓三元组，也就是唯一确定一个云端设备的三个要素，分别是产品密钥（ProductKey）、设备名称（DeviceName）和设备密钥（DeviceSecret）。

在物联网云端平台第一步就是需要创建一个"产品"，产品的物模型包含了属性、事件和服务。产品不仅有名称，同时也有一个由平台自动生成的产品密钥（字符串），也就是 ProductKey。产品创建完毕后，就可以基于该产品创建设备了，设备的名称可以由平台自动生成，也可以自行命名，但是需要符合命名规范，且必须保证平台唯一，设备一旦创建成功，设备密钥也随之自动生成。以上就是"三元组"的由来。

每一个三元组确定的云端设备，在物理现实中，都有一个实际的设备与之对应。实际应用中，万一出现多个三元组一样的物理设备，则后上网连接的设备，会让前一个已经上网的设备下线，同一时刻，只有一个具备这样三元组的设备在线。

知道了三元组的概念，接下来还有两个名词需要进一步了解。

一个是"**一机一密**"，顾名思义，就是一个设备（机器）一个密钥。也就是每个设备内部嵌入唯一的三元组信息。嵌入的产品密钥标识产品的类型，设备名称和设备密钥对应具体的云端设备。这样的模式是安全的，每个设备分别对应唯一的密钥信息，缺点是每个设备必须要预先写入三元组信息，给设备的量产带来了一定的困难。

针对量产的设备，为了生产出来不再需要一一写入对应的三元组信息，又提出了**"一型一密"**的概念。所谓一型一密，就是一种产品型号有一个产品密钥（ProductKey），这个时候设备只需要嵌入产品密钥即可，由于写入的信息是一样的，非常有利于设备的大批量生产。

"一型一密"机制，会导致设备数据上传的时候稍微麻烦一些，设备的名称必须是相对唯一的，可以自定义的信息，比如 MAC 地址或者 MCU 的 ID 号，把这个设备名称上传到阿里云 IoT 平台，服务端会自动下发设备的密钥，这个过程称为动态注册，动态注册其实只需要一次，设备获取后，永久保存相关信息，下次上电就不需要动态注册了。最后设备凑齐三元组信息，即可和云端设备正常交互。

第二个比较重要的概念是"透明传输"。为什么把"透明传输"作为第二个比较重要的概念呢，其实未来轻量级的设备或者其他异构设备，很难做到一出厂就直接支持 Alink 协议。透明传输+云端脚本共同构成了一个"桥"，完成了自定义协议到 Alink 协议的嬗变。好处是把硬件层面的问题转换为云端脚本的问题，此外就是透明传输大多是二进制协议，通信的数据量也相对少了，通信比较快捷，且省流量。

第三个概念就是"属性、事件和服务"，这是产品物模型里三个重要的概念，不过我们在这里先一起介绍，后续的章节会分别进行更为详细的阐述。从程序开发的角度，产品的属性、事件和服务，完全对应了程序设计语言中"类"的属性、事件和方法的概念。

"属性"有上传和下发，设备可以把设备中采集的各种传感器数据上传到云端 IoT 平台，也可以在 IoT 平台去操作一些属性，比如一些继电器属性，可以远程控制继电器的闭和开。

"事件"相对简单，可以自定义各种类型，从设备中根据一定的触发条件进行上传，比如设备电量低，温度过高，或者其他报警类信息等。

"服务"其实对应了一系列方法，也就是输入的若干参数，也有出参（返回的若干参数），这个服务命令远程下发到设备后，设备执行对应的方法（可以根据参数进行执行），执行完毕后，返回必要的结果数据。

> **注意**
>
> 详细的官方 Alink 协议介绍请输入如下链接查看：
> https：//help.aliyun.com/document_detail/90459.html？spm=a2c4g.11186623.6.756.4f914831Hw0OWg

▶▶ 2.2.2　产品创建

产品分为三种类型：直连设备、网关子设备和网关设备。直连设备具有 IP 地址，可以直接连接物联网平台，且不能挂接子设备，但是可以作为子设备接入网关。网关子设备，不能直接接入物联网平台，必须通过网关设备接入物联网平台。网关设备，可以挂载子设备的直连设备，具备子设备管理模块，可以维持子设备的拓扑关系，并将子设备的拓扑关系同步到云端。

子设备接入网关的协议，有如下几种：Modbus 协议、OPC UA、BLE（蓝牙）、ZigBee 和自定义。自定义就是除以上提到的协议之外的标准或私有协议。

设备连接物联网平台的方式，有如下几种：Wi-Fi、蜂窝（2G/3G/4G/5G）、以太网、LoRaWAN 和其他。

产品创建的过程，也就是以上内容项进行配置的过程。这里以第 1 章提到的 YF3610-TH21 为例来介绍一下产品的具体创建步骤。

输入以下的阿里云物联网平台链接，进入阿里云物联网页面。首先需要创建阿里云账号，然后单击"立即开通"按钮，开通阿里云物联网平台。

https：//dev. iot. aliyun. com/sale？source＝deveco_partner_yefan

目前阿里云物联网平台支持公共实例和企业实例，登录并进入、阿里云物联网平台后，可以看到如下界面（如图 2.2.3 所示）。公共实例完全免费，不过支持的同时，在线设备数量有限。

● 图 2.2.3　阿里云物联网平台

进入公共实例，在设备管理选项下，单击进入"产品"项，然后单击"创建产品"按键，开始创建产品。填入产品的名称，比如"YF3610-TH21"，品类选择自定义，节点类型选择为网关子设备（也可以选择为直连设备，后续可以借助网关直接上网，不需要创建单独的网关设备了），接入网关的协议选择自定义，其他选项直接默认即可（如图2.2.4 所示）。

单击"确认"按钮后，产品则创建完成。

▶▶ 2.2.3　物模型之属性

我们先了解一下什么是物模型，物模型是阿里云物联网平台为产品定义的数据模型，通过 JSON 格式来定义该数据模型，称为 TSL（即 Thing Specification Language）。它是物理空间中的实体（如传感器、车载装置、楼宇、工厂等）在云端的数字化表示，从属性、服

● 图 2.2.4　创建产品

务和事件三个维度，分别描述了该实体是什么、能做什么、可以对外提供哪些信息。定义了物模型的这三个维度，即完成了产品功能的定义。

属性是物模型中最重要的一个维度，一般用于描述设备运行时的状态，如环境监测设备所读取的当前环境温度等。属性支持 GET 和 SET 请求方式。应用系统可发起对属性的读取和设置请求。

我们以"YF3610-TH21"产品为例，为这个产品添加物模型属性。

创建产品完毕后，会显示以下页面（如图 2.2.5 所示）。单击"前往定义物模型"按钮，开始创建物模型（如图 2.2.6 所示）。

● 图 2.2.5　产品创建完毕页面

● 图 2.2.6　产品功能定义页面

单击"编辑草稿"按钮，在新的页面中的默认模块里面添加自定义功能，比如添加一个温度属性（如图 2.2.7 所示）。

• 图 2.2.7　添加属性

继续添加湿度 H 和温度 2，添加完毕后的属性如下，然后单击"发布上线"按钮，定义的物模型即可生效（如图 2.2.8 所示）。后续如果修改相关的物模型，需要单击功能定义页面提示中的"编辑草稿"链接，进入编辑草稿页面进行编辑，最后不要忘记发布上线，以使修改后的物模型生效。

至此，产品物模型的属性创建完毕。

● 图 2.2.8　编辑草稿

▶▶ 2.2.4　物模型之事件

"事件"是物模型另外一个维度，是设备的功能模型之一，设备运行时的事件。事件一般包含需要被外部感知和处理的通知信息，可包含多个输出参数。例如，某项任务完成的信息，或者设备发生故障或告警时的温度等，事件可以被订阅和推送。

在工控领域，通信的实时性非常重要，所以有所谓的工业以太网（时间敏感网络 TSN）。5G 之所以成为未来物联网的基石，也是因为时延非常低（ms 级），才能使无人驾驶落地成为可能。

不过在一些典型的物联网领域，其上传数据的频率却没有那么快，比如环境的温湿度，一般都是分钟级别上传。这就带来一个问题，如果上传的间隔比较大，有些需要及时处理的信息，就不会得到及时的处理。比如温度突然超标，负压突然异常，甚至更为紧急的停电报警。这个时候事件的作用就比较大了，出现异常时，即时上传事件信息。

我们以 YF3300 物联网智能网关为例，创建物模型之事件。

事件分为三种类型"信息""告警"和"故障"，我们分别定义一种，其中事件的标识符比较重要，事件上传的 Topic 中就需要含有该标识符。

和创建物模型中的"属性"一样，我们在 YF3300 产品的"功能定义"页面进行物模型创建，同样需要"编辑草稿"，添加自定义功能，不过功能类型选择为"事件"。如图 2.2.9 所示，创建一个"信息"事件。

功能名称为"信息"，事件标识符填写为"Event_Info_Device"，确保事件类型为"信息"，然后为该事件添加两个输出参数，单击图 2.2.9 中的"增加参数"链接，在弹出的"编辑参数"页面里，增加"状态码"参数，然后增加"状态信息"参数（如图 2.2.10 所示）。

• 图 2.2.9　添加事件

• 图 2.2.10　新增参数

我们分别再添加告警事件"Event_Alert_Device"和故障事件"Event_Error_Device",除了名称、标识符和事件类型不一样外,参数都一样。添加完毕后的事件功能表如图 2.2.11 所示。

功能类型	功能名称 (全部) ▽	标识符 ↓	数据类型	数据定义	操作
事件	设备信息 (自定义)	Event_Info_Device	-	事件类型: 信息	编辑 | 删除
事件	设备告警 (自定义)	Event_Alert_Device	-	事件类型: 告警	编辑 | 删除
事件	设备故障 (自定义)	Event_Error_Device	-	事件类型: 故障	编辑 | 删除

● 图 2.2.11　物模型之事件功能表

▶▶ 2.2.5　物模型之服务

"服务"是物模型另外一个比较重要的维度,也是设备的功能模型之一,设备可被外部调用的能力或方法,可设置输入参数和输出参数。相比于属性,服务可通过一条指令实现更复杂的业务逻辑,如执行某项特定的任务。

操作方式和创建物模型中的"属性"和"事件"一样,在 YF3300 产品的"功能定义"页面添加"服务"功能。

我们为 YF3300 产品添加两个服务,一个是"控制服务",一个是"参数服务",和事件的标识符一样,服务的标识符也非常重要,Topic 订阅中需要该标识符。

"控制服务"是功能服务的名称,标识符为"Server_Control_Device",调用方式选择"同步",因为远程控制操作能实时反馈相关操作结果(如图 2.2.12 所示)。

为该服务添加两个输入参数,分别为"命令字"和"参数信息"(如图 2.2.13 所示)。

● 图 2.2.12　添加服务

● 图 2.2.13　为该服务添加两个输入参数

服务的输出参数和图 2.2.10 所示的事件输出参数类似，只是名称由 "状态码" 变为 "执行状态"，"状态信息" 变为 "状态描述"，其他都一样，这里不再赘述。

添加完毕 "控制服务" 后，我们再按上述的方法添加 "参数服务"，服务的标识符为 "Server_Parameter_Device"，其他参数都和 "控制服务" 一样。添加完毕后的服务列表如图 2.2.14 所示。

● 图 2.2.14　物模型之服务列表

2.3　物联网平台之设备

创建 "产品" 完毕后，则可以在该产品下创建具体的设备了。

▶▶ 2.3.1　设备创建

我们以 YF3300 产品为例，创建该产品下的设备。首先找到该产品，进入该产品的详情页面（如图 2.3.1 所示）。

● 图 2.3.1　YF3300 产品详情页面

单击上图 "设备数" 后面的 "前往管理" 链接，进入设备页面，然后单击 "添加设备" 按钮，进行设备添加（如图 2.3.2 所示）。

或者直接在 "设备管理" 栏单击 "设备" 项，在设备页面单击 "添加设备" 按钮，进行设备添加，和上面操作不同的是，需要选择具体的产品名称（如图 2.3.3 所示）。

我们在 DeviceName 文本框输入 "YF3300Device1"，在 "备注名称" 文本框输入 "YF3300 网关设备

● 图 2.3.2 产品设备管理之添加设备

● 图 2.3.3 设备页面之添加设备

1"，然后单击"确认"按钮创建设备。在弹出的页面中，单击"一键复制设备证书"进行三元组保存。也可以进入该设备详情页面，获取设备的三元组信息（如图 2.3.4 所示）。

注意图 2.3.3 页面设备名称后面有"未激活"标识，我们通过三元组信息填入实际的硬件设备来对接云端下的"YF3300Device1"设备，一旦对接成功，设备即可激活。

● 图 2.3.4 设备详情页面

▶▶ 2.3.2 设备对接（三元组）

在第 1 章介绍了多种方法来对接阿里云物联网平台，分别采用 C#、Lua、Python 和 JavaScript 等开发语言，通过 MQTT 协议，把温湿度等数据送到云端。

这里采用 YFIOs 数据组态来对接阿里云物联网平台（后续章节将详细介绍 YFIOs 数据组态）。

打开 YFIOsManager 软件，在"驱动"->"用户设备"里新建 YF3300Device1 设备（如图 2.3.5 所示）。

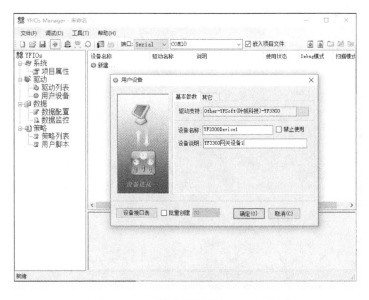

● 图 2.3.5 新建 YF3300Device1 设备

创建完 YF3300Device1 设备后，在"策略"->"策略列表"里新建上云策略。在系统策略里选择"［系统策略］阿里云物联网高级版"，然后在"云配置"面板填入 YF3300Device1 设备的三元组（如图 2.3.6 所示），最后在"IO 配置"里勾选要上传到云端的 IO 变量。

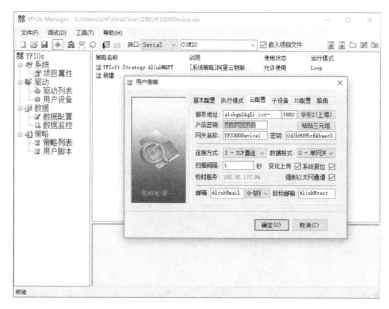

● 图 2.3.6　新建阿里云物联网平台上云策略

配置完毕后，通过 USB 通道把相关驱动、策略和组态配置部署到 YF3300Device1 设备，然后重启设备，如果一切正常，则发现设备已经成功对接阿里云物联网平台（如图 2.3.7 所示）。

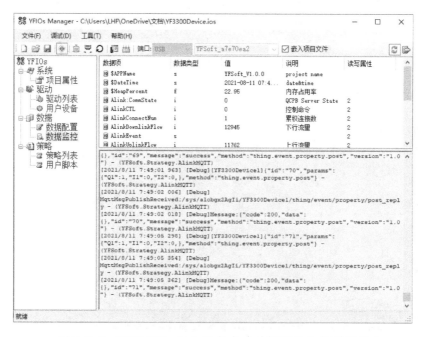

● 图 2.3.7　YF3300Device1 设备成功对接阿里云物联网平台

此时登录阿里云物联网平台，进入 YF3300Device1 设备详情页，可以看到设备已经在线，并且相关 IO 变量已经上传到云端（如图 2.3.8 所示）。

● 图 2.3.8　YF3300Device1 云端设备详情

▶▶ 2.3.3　设备调试

这里提到的"设备"特指云端产品下创建的设备。我们还是以 YF3300Device1 为例，介绍一下在阿里云物联网平台，如何用在线调试的方式对接云端设备。

找到 YF3300Device1 设备，单击进入设备详情页面，然后单击进入"在线调试"功能页面（如图 2.3.9 所示）。

● 图 2.3.9　YF3300Device1 在线调试

单击"前往查看"按钮前往在线调试页面，然后设置继电器为开，此时应该可以看到 YF3300 硬件上的继电器已经闭合，并且 YFIOsManager 管理软件上的数据监控画面也监控到相关 IO 变量的变化（如图 2.3.10 所示）。

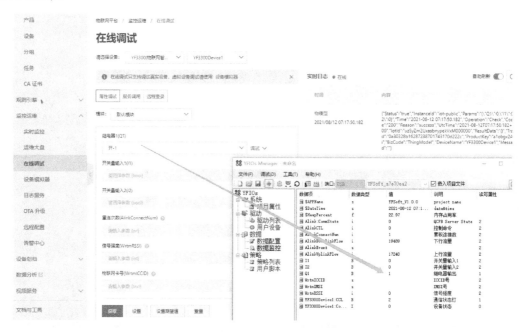

● 图 2.3.10　YF3300Device1 真实设备在线调试

此外如果没有硬件实体，该如何进行测试呢？为此阿里云物联网平台提供了设备模拟器，单击在线调试页面的"设备模拟器"链接进入，也可以通过左侧的树形目录"监控运维"->"设备模拟器"进入调试页面（如图 2.3.11 所示）。

● 图 2.3.11　YF3300Device1 模拟器设备在线调试

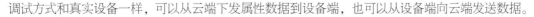

调试方式和真实设备一样，可以从云端下发属性数据到设备端，也可以从设备端向云端发送数据。

注意 ——

注意如果真实设备已上线，就无法再用模拟器调试了，必须让真实设备下线，然后进行设备模拟器调试。

2.4 物联网平台数据访问

设备一旦接入阿里云物联网平台，就可以通过多种方式将设备上报消息、设备状态变化通知、设备生命周期变更、物模型历史数据上报、OTA 升级状态通知、网关发现子设备上报、设备拓扑关系变更等消息流转到指定的服务器（如图 2.4.1 所示）。

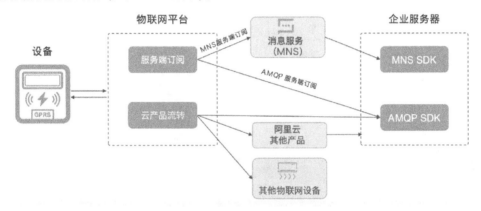

● 图 2.4.1　阿里云物联网平台数据流转

▶▶ 2.4.1　直接 API 调用

阿里云物联网平台提供云端管理产品、设备、分组、Topic、规则、设备影子和从云端发布消息的 API 接口。可以使用阿里云提供的各种开发语言的云端 SDK，向 API 服务端指定的 URL 地址发送 HTTPS/HTTP GET 或 POST 请求，并按照 API 接口说明，在请求中添加相应参数来调用 API。

各种不同功能的 API 总共加起来近 200 个，其调用方式类似，请求结构如下：

http：//Endpoint/？Action＝xx&Parameters

参　　数	说　　明
Endpoint	格式：iot. $ ｛RegionId｝. aliyuncs. com RegionId 为区域码，比如华东 2（上海）cn-shanghai，美国（硅谷）us-west-1
Action	API 接口的名称
Parameters	请求参数，参数用 & 符号分隔

比如以调用 Pub 接口向指定的 Topic 发送消息为例，其结构如下：

```
http://iot.cn-shanghai.aliyuncs.com/? Action=Pub
&Format=XML
&Version=2018-01-20
&Signature=Pc5WB8gok* * * 1dgI%3D
&SignatureMethod=HMAC-SHA1
&SignatureNonce=15215528852396
&SignatureVersion=1.0
&AccessKeyId=LTAI4* * * iW5j3
&Timestamp=2021-08-08T12:00:00Z
&RegionId=cn-shanghai
...
```

API 接口不仅提供了详细说明，还支持在线调试功能。在每个 API 详情页，都有一个 ▣ 调试 按钮，直接单击，就可以进入调试页面，可以免签名进行 API 功能测试（如图 2.4.2 所示）。

● 图 2.4.2　阿里云物联网平台 API 在线调试

我们可以自行写代码，根据 API 接口说明，进行 API 的调用。当然更好的方式是直接采用阿里云提供的各个语言包的 SDK。目前已经提供 Java、Python、PHP、.NET、Go 和 Node.JS 等语言的 SDK。除了 API 本身的 SDK 外，还提供了 SDK 使用说明和 SDK Demo 示例。

注意

【官方文档】阿里云物联网平台>云端开发指南>云端 API 参考>API 列表：
https：//help. aliyun. com/document_detail/69893. html? spm=a2c4g. 11186623. 6. 828. 2dad3f83oPPz95
OpenAPI 物联网相关链接：https：//next. api. aliyun. com/document/Iot/2018-01-20/overview

根据需要选用合适语言的 SDK，就可以调用云端 API 发送指令到设备，实现远程操控设备的目的（如图 2.4.3 所示）。

● 图 2.4.3　阿里云物联网平台的 SDK 调用

API 接口支持两种方式的调用，一种是异步方式，另外一种就是同步方式（RRpc 接口调用）。另外为了批量控制设备，也支持通过 PubBroadcast 接口向产品下的全量设备发布广播消息，实现批量控制设备。

调用 API 接口最主要的目的，就是为了远程操控设备，这个可以通过调用物模型 API 接口来实现，可以设置设备属性和向设备推送服务请求。

1. 控制单个设备

1）调用 SetDeviceProperty 向单个设备发送设置属性值的指令。

云端下发属性设置命令和设备收到并执行该命令，二者是异步执行的。设备是否成功设置属性值，以设备上报属性为准。

2）调用 InvokeThingService 向单个设备发送调用服务的指令。

服务是同步调用还是异步调用，取决于自定义服务时选择的调用方式。

如果该服务的调用方式是同步，调用 InvokeThingService 后，会同步返回结果。如果是异步，则 InvokeThingService 不会同步返回结果。设备响应结果，可以通过规则引擎获取设备的响应消息。

2. 批量控制设备

1）调用 SetDevicesProperty 向多个设备发送设置属性值的指令。

2）调用 InvokeThingsService 向多个设备发送调用服务的指令。

▶▶ 2.4.2　服务端订阅

服务端可以直接订阅产品下多种类型的消息，例如设备上报消息、设备状态变化通知、设备生命周期变更、网关发现子设备上报、设备拓扑关系变更等。配置服务端订阅后，物联网平台会将产品下所有设备中已订阅类型的消息，转发至指定服务器。

服务端订阅分为两种类型：一种是 MSN 订阅，一种是 AMQP 订阅。

1. MSN 订阅

物联网平台将订阅的消息推送到消息服务（MNS）的队列中，所属服务器 MNS 客户端通过监听 MNS

队列接收设备消息（如图 2.4.4 所示）。

• 图 2.4.4　MNS 服务端订阅消息

MSN 订阅支持的具体消息类型有，设备上报消息、设备状态变化通知、网关子设备发现上报、设备拓扑关系变更、设备生命周期变更、物模型历史数据上报和 OTA 升级状态通知。

根据需要可以下载自己熟悉语言的 SDK 及对应 Demo 代码，进行 MNS 订阅开发。

注意

【官方文档】消息服务 MSN：

https：//help. aliyun. com/product/27412. html？ spm＝a2c4g. 11186623. 6. 540. ad141271vEoqA3

2. AMQP 订阅

AMQP（Advanced Message Queuing Protocol）即高级消息队列协议。配置 AMQP 服务端订阅后，物联网平台将订阅的消息直接推送到指定服务器（如图 2.4.5 所示）。

• 图 2.4.5　AMQP 服务端订阅消息

相对于 MNS 订阅，AMQP 订阅的优势如下：

1）支持多消费组。同一个账号，可以在开发环境下使消费组 A 订阅产品 A，同时在正式环境下使消费组 B 订阅产品 B。

2）方便排查问题。支持查看客户端状态、查看堆积和消费速率。

3）线性扩展。在消费者能力足够，即客户端机器足够的情况下，可轻松线性扩展推送能力。

4）实时消息优先推送，消息堆积不会影响服务。

5）即使消费者的客户端宕机，或因消费能力不足堆积了消息，消费端恢复后，设备生成的消息也可以和堆积消息并行发送，使设备优先恢复实时推送消息状态。

AMQP 订阅支持的具体消息类型有，设备上报消息、设备状态变化通知、网关子设备发现上报、设备拓扑关系变更、设备生命周期变更、物模型历史数据上报、OTA 升级设备状态通知、设备标签变更、OTA 模块版本号上报和 OTA 升级批次状态通知。

当前阿里云物联网平台服务端订阅仅支持 AMQP 1.0 版协议标准，目前仅支持 TLS 加密通道进行连接。读者可以根据需要下载自己熟悉的 SDK，进行 AMQP 订阅开发。

注意

【官方文档】消息服务 AMQP：

https：//help. aliyun. com/document_detail/142376. htm？spm＝a2c4g. 11186623. 2. 9. 6bfe6843o1dtW9

▶▶ 2.4.3 云产品流转

所谓云产品流转，就是当设备基于 Topic 进行通信时，在数据流转的时候，编写 SQL 语句，对 Topic 中的数据进行处理，并配置转发规则，然后将处理后的数据转发到其他设备的 Topic 或阿里云其他服务（如图 2.4.6 所示）。

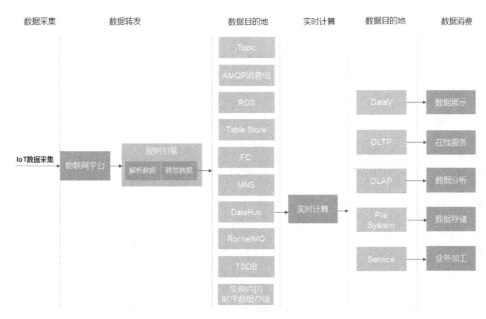

• 图 2.4.6 云产品流转

1）将数据转发到另一个设备的 Topic 中，可以实现设备间的 M2M 通信。

2）将数据转发到 AMQP 服务端订阅消费组，您的服务器通过 AMQP 客户端监听消费组中的消息。AMQP 客户端配置操作指导，请参见 AMQP 客户端接入说明。

3）将数据转发到 RDS、表格存储、TSDB、企业版实例内的时序数据存储中进行存储。

4）将数据转发到 DataHub 中，然后使用实时计算进行流计算，使用 MaxCompute 进行大规模离线计算。

5）将数据转发到函数计算进行事件计算。

6）可以转发到消息队列 RocketMQ、消息服务实现高可靠消费数据。

云产品流转与服务端订阅均可以实现设备数据流转，区别是云产品流转可以对设备数据进行过滤并转换，然后流转到其他阿里云产品实例。服务端订阅是直接通过客户端获取设备信息。二者对比如表 2-1

所示。

表 2-1　二者对比

流转方式	使用场景	优 缺 点
云产品流转	(1) 复杂场景 (2) 海量吞吐场景	优点： (1) 功能相对完备 (2) 支持在规则运行时，调整流转规则 (3) 支持对数据进行简单过滤处理 (4) 支持将数据流转到其他阿里云产品 缺点： 需要编写 SQL 和配置规则，使用相对复杂
服务端订阅	(1) 单纯的接收设备数据的场景 (2) 服务端接收产品下已订阅的全部设备数据	优点：相对简单易用且高效 缺点：缺少过滤和转换能力

> **注意**
>
> 【官方文档】云产品流转：
>
> https://help.aliyun.com/document_detail/68677.html? spm=a2c4g.11186623.6.655.4be8e067ahHd2a

2.5　物联网平台业务场景联动

场景联动是规则引擎中一种可视化的业务逻辑编辑方式，它定义了相关设备之间的联动规则，该规则可以部署到云端或边缘端。

▶▶ 2.5.1　场景创建

我们定义一种这样的场景，温度高于 30℃时打开风扇，低于 20℃时关闭风扇。采用 YF3300 智能网关、YF3610-TH21 温湿度传感器和小风扇模块等设备来构建物联网系统并实现该场景（如图 2.5.1 所示）。

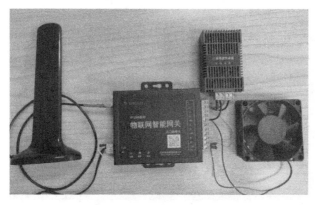

● 图 2.5.1　YF3300 温度控制场景

在阿里云物联网平台创建一个 YF3300-THQ "直连设备" 的产品，物模型包含 3 个属性，分别是 T 温度、H 湿度和 Q1 继电器（如图 2.5.2 所示）。同时创建一个产品 THQ1 的设备，然后复制该设备的三元组备用。

功能类型	功能名称（全部）▽	标识符 ⇅	数据类型	数据定义
				布尔值：
属性	继电器（自定义）	Q1	bool（布尔型）	0 - 关 1 - 开
属性	湿度（自定义）	H	float（单精度浮点型）	取值范围：0 ~ 100
属性	温度（自定义）	T	float（单精度浮点型）	取值范围：-100 ~ 100

● 图 2.5.2　YF3300-THQ 物模型

打开 YFIOsManager 管理软件，创建一个 YF3300 设备和 YF3610-TH21 设备。然后在"数据配置"中依次修改如下 IO 变量的名称："YF3300：Q1"修改为"Q1"，"TH21：T"修改为"T"，"TH21：H"修改为"H"（如图 2.5.3 所示）。

● 图 2.5.3　YF3300-THQ 物模型

添加一个"阿里云 MQTT 客户端（精简版）"系统策略，在"云配置"页面填入 THQ1 设备的三元组，然后在"IO 配置"页面勾选"Q1""T"和"H"变量，单击"确定"按钮进行保存。最后通过

USB 接口把相关配置部署到 YF3300 设备。

设备正常运行后，我们在阿里云物联网平台 THQ1 详情页，可以看到设备已在线，相关数据也已经上传到云端（如图 2.5.4 所示）。

● 图 2.5.4　THQ1 设备详情之物模型数据

接下来开始创建场景联动，在阿里云物联网平台公共实例的左边栏"规则引擎"下面单击"场景联动"项，进入场景联动页面（如图 2.5.5 所示）。

● 图 2.5.5　场景联动页面

单击"创建规则"按钮，在弹出的创建场景联动规则对话框里，填写规则的名称为：温度大于 30℃ 开风扇，然后开始编辑该规则，填入如下信息（如图 2.5.6 所示）。

同样再创建一个"温度小于 20℃ 关风扇"的规则。创建完毕后，启动两个规则（如图 2.5.7 所示）。

● 图 2.5.6 打开风扇规则

● 图 2.5.7 启动场景联动规则

▶▶ 2.5.2 场景联调

当温度大于 30℃ 时，我们会发现继电器被打开，风扇开始旋转（如图 2.5.8 所示）。同样当温度低于20℃，继电器会关闭，风扇停止旋转。

湿度	查看数据	温度	查看数据	继电器
53.5 %RH ⓘ		**32** ℃ ⓘ		**1** (开) ⓘ
2021/08/20 07:33:24.155		2021/08/20 07:34:33.962		2021/08/20 07:34:35.208

● 图 2.5.8 继电器被打开

在场景联动对应的规则里，单击"日志"链接，就可以打开运行日志，可以看到规则执行的情况（如图 2.5.9 所示）。

● 图 2.5.9 场景联动之运行日志

2.6 物联网平台实用工具

为了更便捷地使用阿里云物联网平台和更好地让 YFIOs 数据组态和阿里云物联网平台对接，叶帆科技开发了一系列物联网工具，比较重要的有两款，其中一款是 YFIOs 阿里云物联网平台专用工具-YFAli-IoTTools，另外一款是嵌入在 YFAliIoTTools 之中，可以独立运行的阿里云物联网平台设备模拟器-AliI-oTSimulator。**YFAliIoTTools 阿里云物联网平台专用工具、YFIOsManager 数据组态和 YFIOs 助手小程序一起可以称为阿里云物联网平台的"三剑客"。三者互相配合，可以非常快速地对接各种智能设备到阿里云物联网平台，并且可以在手机端直接进行远程操控，真正实现了端到端的快速对接。**

▶▶ 2.6.1 阿里云物联网平台专用工具

截止 YFAliIoTTools 物联网平台专用工具开发的时候，阿里云物联网平台相关的 API 为 151 个（目前已经超过该数字），该工具共采用了 77 个 API，以阿里云物联网平台提供的 .NET SDK 为基础进行开发。

YFAliIoTTools 工具基本涵盖了阿里云物联网平台提供的主要管理功能，可以方便用户创建产品、设备、物模型，查看设备实时属性、事件、发送服务和查看服务日志等。

1. 云平台参数配置

如果是第一次运行 YFAliIoTTools 工具，会直接弹出一个"云平台参数配置"对话框（如图 2.6.1 所示）。需要用户填写目标平台名称、平台访问 ID、访问密钥等相关信息。

为了获取相关信息，我们需要登录阿里云物联网平台，把鼠标移动到账号图标，在弹出的菜单里，单击"AccessKey 管理"菜单项（图 2.6.2 所示）。

进入 AccessKey 管理页面（如图 2.6.3 所示），如果没有 AccessKey，则需要新创建一个。

● 图 2.6.1 "云平台参数配置"对话框

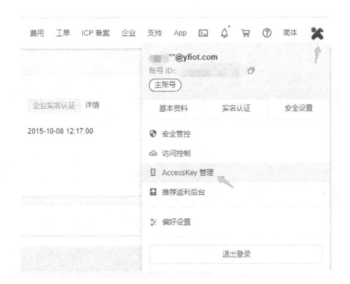

● 图 2.6.2 阿里云物联网平台 AccessKey

● 图 2.6.3 阿里云物联网平台 AccessKey 管理页面

创建完毕后，把 AccessKey ID 和 AccessKey Secret 相关信息填入图 2.6.1 的"云平台参数配置"对话框中即可。由于 AccessKey ID 和 AccessKey Secret 信息非常重要，本软件不以明文和配置文件的方式存入 YFAliIoTTools 程序目录，而是加密后直接嵌入使用者本地的计算机中，此外提供的目标平台标识符和用户加密关键字，就是对相关信息进行二次加密用的。

注意

　　【警告】云账号 Acce.ssKey 是用户访问阿里云 API 的密钥，具有账户的完全权限，请用户务必妥善保管！不要以任何方式公开 AccessKey 到外部渠道（例如 Github），避免被他人利用造成安全威胁。强烈建议用户遵循阿里云安全最佳实践，使用 RAM 用户（而不是云账号）的 AccessKey 进行 API 调用。

对话框右下方有一个"二维码"按钮，这个按钮很有意思，单击后，会弹出一个大的二维码（如图 2.6.4 所示），如果使用 YFIOs 助手小程序（可以直接在微信或支付宝等程序中搜索"YFIOs 助手"获得该小程序），单击小程序上的"单击扫描二维码"按钮（如图 1.3.15 所示），扫描该二维码就可以添加平台信息（如图 2.6.4 所示）。然后用小程序直接扫描 YFAliIoTTools 工具上对应设备的二维码，就可以查看设备详情，远程监控该设备了（也可以用微信直接扫描设备对应的二维码，微信会自动打开小程序上该设备的详情页）。

● 图 2.6.4　目标平台信息的二维码

除了上述添加平台信息的方法外，还可以在 YFAliIoTTools 工具的主界面单击"二维码"按钮，弹出对应平台的二维码，然后 YFIOs 小程序或微信直接扫码添加即可（如图 2.6.5 所示）。

2. 批量创建并且监控设备

YFAliIoTTools 工具和 YFIOs 数据组态的优势就是批量且快速创建设备和管理设备，我们用一个实际的例子来进行介绍。

● 图 2.6.5　物联网云平台二维码展示

还是以 YF3610-TH21 为例，在云平台批量创建并管理 300 个 YF3610-TH21 设备（如图 2.6.6 所示），通过 YF2020 或 YF3028 网关（自带 4 路 RS485 接口），借助 YFAliIoTTools 和 YFIOsManager 让 YF3610-TH21 快速入云。

1）首先在阿里云物联网平台创建 YF3610-TH21 产品及对应的物模型（物模型比较适合在阿里云物联网平台创建，YFAliIoTTools 工具比较适合跨账户产品物模型复制和多设备监管）。创建完毕后，打开 YFAliIoTTools 工具批量创建 YF3610-TH21 设备（如图 2.6.7 所示）。然后单击"复制三元组"按钮，复制 300 个设备三元组信息备用。

● 图 2.6.6　YF3610-TH21 批量上云

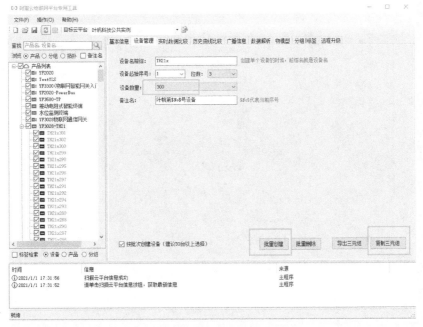

● 图 2.6.7　批量创建 YF3610-TH21 设备

2）打开 YFIOsManager 数据组态管理程序，批量添加用户设备（如图 2.6.8 和图 2.6.9 所示，实际操作的时候，考虑到一个 RS485 口可带 30 个设备，一个网关 4 个 RS485 口，一共可以接 120 个设备）。创建完毕后，单击"数据配置"项，可以看到自动添加的用户设备 IO 项。

● 图 2.6.8　批量创建 YF3610-TH21 用户设备 1

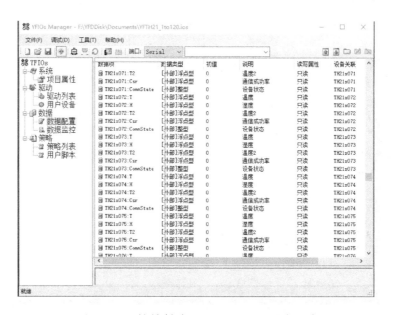

● 图 2.6.9　批量创建 YF3610-TH21 用户设备 2

3）添加阿里云物联网平台上云策略，在子设备配置中单击"粘贴"按钮，批量添加入云网关的子设备（第一步中，我们已经单击"复制"按钮，复制了 300 个子设备的三元组信息），如图 2.6.10 所示。

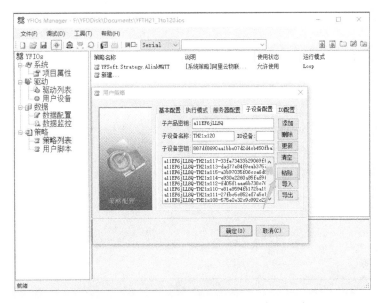

● 图 2.6.10 批量添加 TH21 云端子设备

4）通过 USB 接口把相关配置部署到网关，重启网关后，在 YFAliIoTTools 工具中单击 YF3610-TH21 产品，可以发现相关设备的标签项已经变绿（标识设备在线），基本信息面板也显示了设备的在线数量和在线情况（如图 2.6.11 所示）。

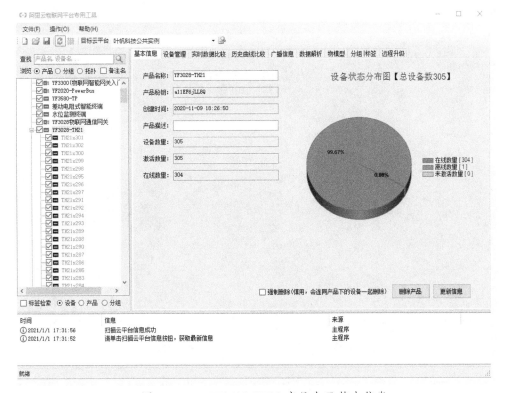

● 图 2.6.11 YF3610-TH21 产品上云基本信息

5) 除了可以查看产品上云的基本信息外，还可以进行多设备实时数据比较（如图 2.6.12 所示)。

● 图 2.6.12　TH21 多设备实时数据比较

6) 不仅可以批量查看设备的实时数据列表，还可以对多设备实时数据的历史曲线进行比较（如图 2.6.13 所示)。

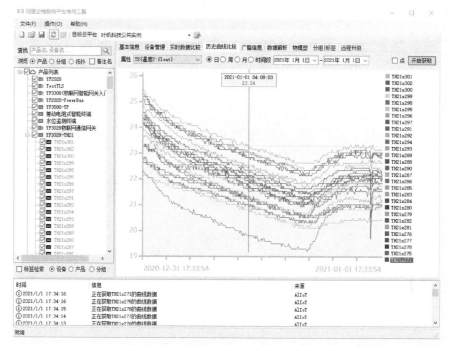

● 图 2.6.13　TH21 多设备历史曲线比较

7）不仅可以通过"产品"类型查询多设备，还可以通过分组或拓扑的方式查看设备（如图 2.6.14 所示）。

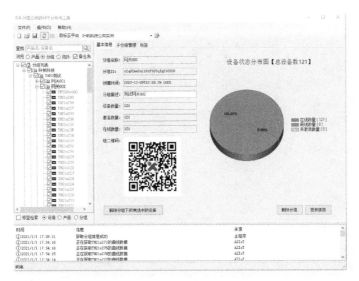

● 图 2.6.14　分组查看多设备

8）单击树形控件中的设备名称，可以查看设备的各种信息（如图 2.6.15 所示），在设备基本信息页面，我们也可以在微信中添加"YFIOs 助手"小程序，扫描二维码添加设备（当然更简单的办法就是用微信直接扫描，会自动下载并打开 YFIOs 助手小程序），实现远程监控设备的目的（可以参考第 1 章相关内容）。

● 图 2.6.15　设备的各种信息

9）另外需要提及的是，YFAliIoTTools 工具可以非常方便地管理产品的物模型，并且可以非常方便、快速地添加或移除叶帆科技专门配合 YFIOs 数据组态所定义的属性、事件和服务（如图 2.6.16、图 2.6.17 和图 2.6.18 所示）。

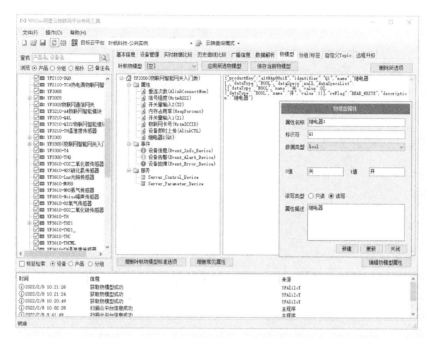

● 图 2.6.16 产品物模型-编辑属性

● 图 2.6.17 产品物模型-叶帆标准物模型选项

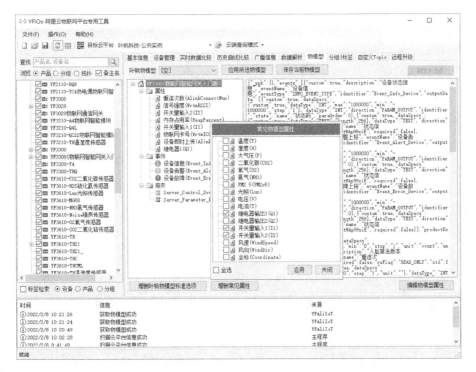

● 图 2.6.18　产品物模型-常见属性选项

3. 设备事件和服务监管

在设备事件面板，可以查看当前设备上传到云端的事件，事件可以是设备上次复位的原因，也可以是用户自定义的各类事件（如图 2.6.19 所示）。

● 图 2.6.19　设备事件日志

可以通过"服务"通道向设备发送各种服务指令，比如获取系统时间（如图 2.6.20 所示），也可以查看服务日志（如图 2.6.21 所示）。

● 图 2.6.20　设备服务请求

● 图 2.6.21　设备服务日志

（10）手机端小程序快速远程监控，首先对产品的设备根据需要进行分组管理，如图 2.6.22 和图 2.6.23 所示。

● 图 2.6.22　产品的设备批量分组操作

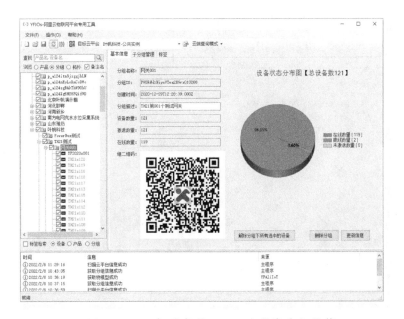

● 图 2.6.23　扫码实现 YFIOs 小程序分组监管

打开微信，扫描图 2.6.23 所示的分组二维码，会自动打开如下小程序界面，单击分组列表对应的分组，可以自动显示该分组下的所有设备，在"网关 001"分组列表界面下单击具体的设备，则弹出设备详情，可以查看设备当前实时属性值，在对应的属性值上进行单击，可以弹出曲线图界面（如图 2.6.24

所示)。

● 图 2.6.24 YFIOs 分组列表及设备监管

▶▶ 2.6.2 阿里云物联网平台设备模拟器

如果用户没有实际的物理设备,可以考虑在阿里云物联网平台使用官方自带的模拟器进行调试。不过也可以通过叶帆科技开发的阿里云物联网平台设备模拟器 AliIoTSimulator 进行调试,AliIoTSimulator 可以独立运行(需要单独加载物模型配置信息),也可以由 YFAliIoTTools 工具直接启动。启动模拟器之前,需要确保对应的设备在离线状态,对应的设备项在实时数据面板有一个"启动模拟器"按钮,单击该按钮就可以弹出设备模拟器程序,在模拟器中可以直接修改要上传数据的内容(如图 2.6.25 所示)。

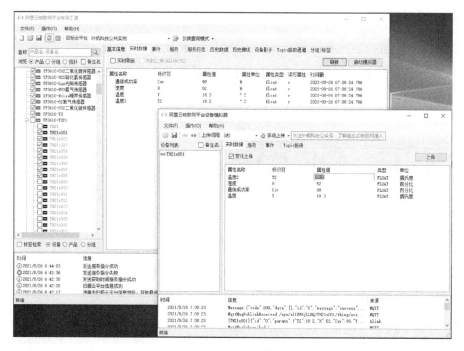

● 图 2.6.25 实时数据交互

除了支持属性的上行和下发外，还支持云端服务的接收（如图 2.6.26 所示）。

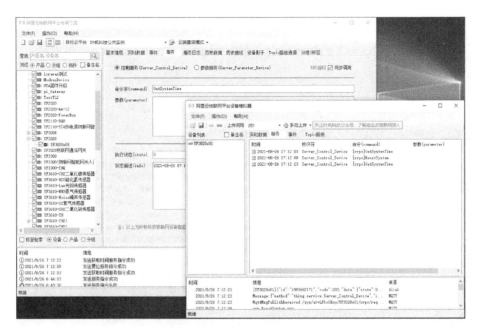

● 图 2.6.26　模拟器服务交互

不仅支持服务功能的模拟器，还支持各种事件的上传（如图 2.6.27 所示）。

● 图 2.6.27　模拟器事件上传

▶▶ 2.6.3　其他物联网工具简介

1. 设备状态分析器

该工具对阿里云物联网平台的设备进行分析，判断设备上下线情况，并以条状图的方式，直观呈现在线时段和离线时段（如图 2.6.28 所示）。

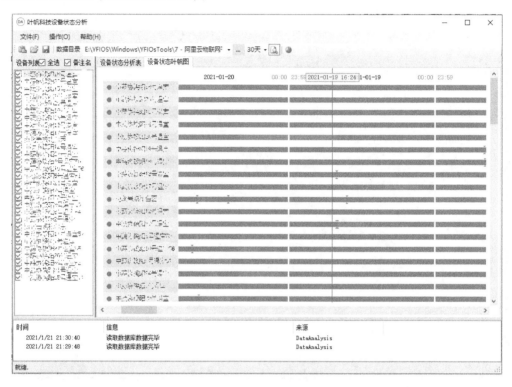

● 图 2.6.28　设备状态分析器

2. 叶帆设备模拟器

阿里云物联网平台模拟器是模拟的直接上云设备，而我们还有一种需求是已经具备了实际的网关设备，但是缺少连接网关的子设备，叶帆设备模拟器（虚拟为一个 Modbus Slave 的设备）就是来模拟这类通过 RS485 或 RS232 连接网关的子设备的。打开该程序，通过 RS485 和 RS232 连接到网关，根据需要添加对应的变量和阈值范围，打开串口后，相关的变量会在阈值范围内自动变化，或者拖动滚动条手动变化（如图 2.6.29 所示）。

3. ModbusRTU 调试助手

在实施物联网项目的过程中，我们会接触各种各样的智能仪表和设备，大部分设备都是支持 Modbus RTU 协议的，这些设备在接入网关之前，往往需要用调试工具接入 PC，去判断好坏或者判断其数据是否可靠和准确。所以一款得心应手的调试工具必不可少。ModbusRTU 调试助手就是这样的工具，可以设定任意数据类型，并且可以配置字节序，还可以保存相关配置为 XML 文件，方便后续直接加载使用（如图 2.6.30 所示）。

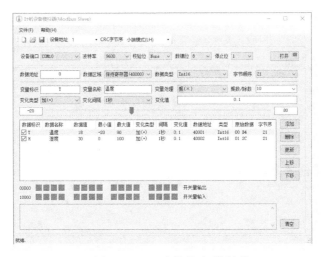

● 图 2.6.29　叶帆设备模拟器

● 图 2.6.30　ModbusRTU 调试助手

2.7　小结

本章相对系统地介绍了阿里云物联网平台的发展历史和主要功能，通过本章的介绍，读者可以从全局的视角对阿里云物联网平台有一个整体的认知，可以根据书中介绍，进行一些云平台产品和设备的创建、构建物模型、智能网关和智能设备入云的工作，并且还可以通过调用云平台的 API 自行开发或者借助第三方移动工具对设备进行远程操控。为后续以阿里云物联网平台为基础，构建复杂的物联网系统打下坚实的基础。

阿里云 IoT Studio 应用开发

物联网应用开发（IoT Studio）是阿里云针对物联网场景提供的生产力工具，是阿里云物联网平台的一部分。可覆盖各个物联网行业核心应用场景，帮助用户高效经济地完成设备、服务及应用开发，加速物联网 SaaS 构建。**物联网开发服务提供了可视化应用开发、服务开发等一系列便捷的物联网开发工具，解决物联网开发领域开发链路长、技术栈复杂、协同成本高、方案移植困难的问题。**

以上是阿里云官方的一个定义。曾几何时，阿里云物联网平台从 IoT Studio 的前身独立出来，成为阿里云物联网开发平台，后续又发展成为今天的物联网平台，最后 IoT Studio 立足于阿里云物联网开发平台，成为阿里云物联网平台的一部分。

● 图 3.1.1 IoT Studio 发展历史

最初的 IoT Studio 版本提供了移动可视化开发、Web 可视化开发、服务开发与设备开发等一系列便捷的物联网开发工具。IoT Studio 2.0 则整合了 AIoT 数据分析、业务逻辑开发、可视化开发三大核心能力。IoT Studio 3.0 重构了移动可视化能力，基于低代码物联网开发方式，一次搭建可以生成多种应用（H5/钉钉/公众号/小程序），把最传统的泛工业设备运维管理带进移动互联网时代。此外还强化了物联网场景中常见的反向控制、管道绘制和视频支持等功能。

> 注意
>
> 由于 IoT Studio 平台一直在进化，新功能和新特性越来越多，所以本章内容以素描的方式简单勾勒了 IoT Studio 大概样貌，让读者可以快速把握 IoT Studio 精髓，然后参考后续章节具体实现案例的说明和阿里云 IoT Studio 详尽的说明文档，尽情去开发心中的物联网项目。官方文档帮助链接如下：
> https：//help. aliyun. com/document_detail/106087. html

▶▶ 3.1.1　功能简介

物联网应用开发提供了 Web 可视化开发、移动可视化开发、业务逻辑开发与物联网数据分析等一系列便捷的物联网开发工具，以解决物联网开发领域开发链路长、定制化程度高、投入产出比低、技术栈复杂、协同成本高、方案移植困难等问题。

▶▶ 3.1.2　功能架构

IoT Studio 架构图如图 3.1.2 所示，已经把物联网企业级生产力的数据分析、业务逻辑开发、可视化开发三个工具融合为一。可以快速实现各种业务场景，帮助企业完成设备上云的最后一 km。

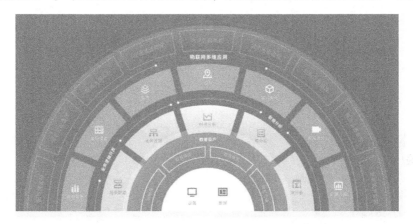

● 图 3.1.2　IoT Studio 架构图

▶▶ 3.1.3　功能特点

1. 可视化搭建

IoT Studio 提供可视化搭建能力，可以通过拖拽、配置操作，快速完成设备数据监控相关的 Web 应用、API 服务的开发。让用户专注于核心业务，从传统开发的烦琐细节中脱身，有效提升开发效率。

2. 与设备管理无缝集成

设备相关的属性、服务、事件等数据均可从物联网平台设备接入和管理模块中直接获取，IoT Studio 与物联网平台无缝打通，大大降低了物联网开发工作量。

3. 丰富的开发资源

IoT Studio 拥有数量众多的解决方案模板和组件。随着产品迭代升级，解决方案和组件会愈加丰富，大大提升了项目的开发效率。

4. 组件开发

IoT Studio 提供了组件开发能力，可以开发、发布和管理自己研发的组件，并将其发布到 Web 可视化工作台中，用于可视化页面搭建。大大满足了开发者的需求，提升了组件丰富性，为可视化搭建提供无限可能。

5. 无须部署

使用 IoT Studio，应用服务开发完毕后，直接托管在云端，支持直接预览、使用。无须部署即可交付使用，免除额外购买服务器等产品的烦恼。

3.2 IoT Studio 项目管理

IoT Studio 应用开发平台的入口在其历史发展过程中变化过多次，最近的一次是 2021 年 3 月底，IoT Studio 作为阿里云物联网平台的增值服务出现。进入物联网平台，单击右侧栏的"增值服务"项，就可以看到 IoT Studio 选项卡，单击"前往使用"按钮即可。

IoT Studio 目前分为三大栏目，首先是最常用的"应用开发"，其次是"项目管理"，最后是 3.0 版本，也是非常重要的一个功能"解决方案"。

由于先有项目管理，而后才进行项目管理下的应用开发，所以本节先介绍项目管理。

▶▶ 3.2.1 项目创建

项目创建有两个入口，第一个是单击"项目管理"栏，进入项目管理页面，然后单击"新建项目"进行创建。第二个就是在创建应用的时候，所属项目栏旁边会有一个"新建项目"链接，单击该链接就可以进入项目管理下的新建项目页面。

单击对应按钮进行空白项目创建，在弹出的对话框中只需添加项目名称和描述即可（如图 3.2.1 所示）。

项目和项目之间是数据隔离的，便于向不同的客户进行交付。

新建一个项目并单击进入后，首先看到的是项目"主页"（如图 3.2.2 所示）。

● 图 3.2.1 新建项目

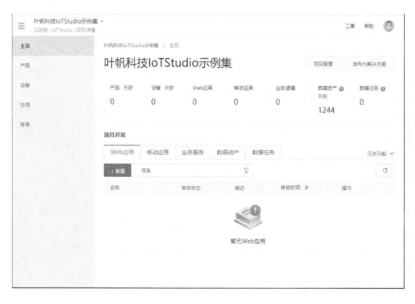

● 图 3.2.2 项目"主页"页面

可以在"主页"页面查看并管理整个项目相关的内容。在该页面下直接有"Web 应用""移动应用"和"业务服务"等功能版块的入口，在该入口创建的各种功能应用，自动归属于该项目。

▶▶ 3.2.2　产品和设备

产品和设备是和阿里云物联网平台打通的，根据项目需要，可以进行直接关联。当然也提供了产品和设备的创建入口，可以直接进行产品和设备创建，在该入口创建的产品和设备自动归属该项目。

也许有读者会问，为什么不直接使用物联网平台的产品和设备，笔者认为原因有二，第一是从安全角度出发，做到项目和项目的隔离，产品和设备自然要做区隔。第二是在实际做应用开发的时候，需要绑定设备对应的各种属性，如果基于物联网平台，由于各种项目的产品和设备都集中于此，每次从多个设备中进行选择也是一件非常烦琐的事。

其实除了单个的项目外，还有一个"全局资源项目"，其产品和设备就和物联网平台保持一致了。这个项目的存在是为了便于物联网项目方案提供商对所有的项目设备进行统一监管。

由于我们在第 2 章相对详细地介绍了产品和设备的创建，这里就不再赘述。

▶▶ 3.2.3　空间

"空间"就是物联网设备所在的一个区域范围，便于后续设备的监管和维护，可以直接定位设备所在的物理位置。

由于有"全局资源项目"的存在，所以对不同项目而言，"空间"可以复用，也就是说同一个空间可以存在多个不同的项目。

单击"新增空间"即可创建"空间"，然后根据说明一步一步绘制空间即可（如图 3.2.3 所示）。

● 图 3.2.3　绘制空间

▶ 3.2.4 账号

"账号"功能比较重要,是一个业务平台必不可少的功能(如图 **3.2.4** 所示)。

一键开通项目账号功能,享受以下功能

项目内账号统一 账号管理 授权管理
项目内的应用/服务共享一套账 可以新增/管理用户账号,提供 可以添加角色并绑定权限灵活
号体系 给项目交付对象使用 管理应用与服务

● 图 3.2.4 项目账号

开通账号后,会有一个专门的后台管理链接(可域名绑定),登录进入后,可以进行账号、角色和权限管理(如图 3.2.5 所示)。

● 图 3.2.5 后台管理

3.3 Web 可视化开发

Web 可视化开发工作台是 IoT Studio 中的工具之一。无须写代码,只需在编辑器中拖拽组件到画布上,再配置组件的显示样式、数据源及交互动作,以可视化的方式进行 Web 应用开发。

可以从两个入口新建 Web 应用。一是从"应用开发"页面新建 Web 应用,从这个入口创建应用弹出的对话框会有一个所属项目的选择(如图 3.3.1 所示);二是从项目页面新建 Web 应用,这个时候默认所属项目就是当前项目,所以就没有所属项目了。

项目创建完毕会自动进入 Web 应用编辑器。

● 图 3.3.1 新建 Web 项目

▶▶ 3.3.1　Web 应用编辑器

Web 应用编辑器就是 Web 可视化开发的工具，可以帮助用户开发一个基于网页的控制界面，无须编写代码，只需要拖拽和配置即可。

Web 应用编辑器分为如下几个功能区（如图 3.3.2 所示），左侧导航栏用来切换几个主功能，如页面、组件、设备绑定管理和应用设置。中心的区域就是画布，可以显示标尺、网格和参考线，也可以缩放画布大小或让画布以合适的大小显示。右侧配置栏随着选中不同的组件，会显示不同的界面，可以进行样式配置，也可以进行交互配置等。顶部操作栏最左侧"三"样的图标是项目管理图标，单击后会弹出项目管理相关选项，右侧的工具按钮分别是保存、预览、发布等功能。

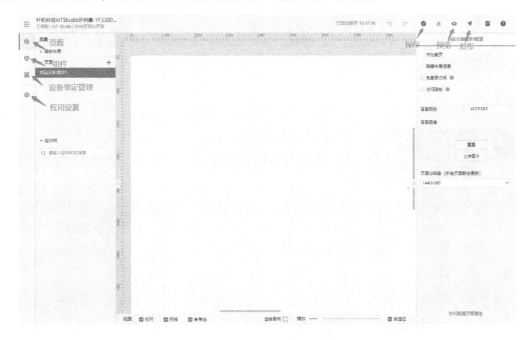

● 图 3.3.2　Web 应用编辑器

▶▶ 3.3.2　页面

一个 Web 应用可以有多个页面（根据需要可以配置任何一个页面为首页），支持页面的增加、删除和修改操作。每个页面可以设置不同的背景，可以免登录，也可以进行访问限制。

页面支持四种导航布局，分别是无导航、顶部导航、左导航和顶部+左导航。可配置导航栏的大小、颜色、字体，还可以编辑主菜单。

单击页面栏右侧的"+"就可以新建页面了，可以创建空白页面，也可以用模板来创建，比如常见的模板有设备管理、设备属性、设备地图和环境监控页面等，还可以把页面直接创建为大屏页面（如图 3.3.3 所示）。

页面支持分辨率设置，不过一旦设置，所有的页面分辨率必须保持一致。页面创建完毕后，就可以在中间画布区拖拽组件进行页面布局了。

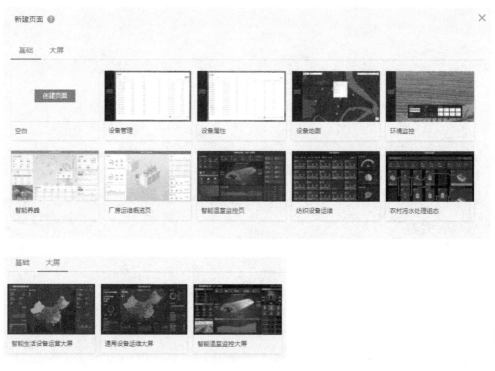

● 图 3.3.3 新建页面（基础+大屏模板）

▶▶ 3.3.3 组件

组件承载了 Web 应用编辑器的核心功能，是构成 Web 应用的基本要素。可以比较方便地在页面上添加各种组件，然后配置组件的数据源、样式或交互动作。

当前组件列表有五种类型，如表 3-1 所示。

表 3-1 当前组件列表有五种类型

类　　型	描　　述
常用组件	集成常用组件，方便用户快速使用
个人开发组件	仅开发者使用，自行开发的功能组件
基础组件	包含基础、控制、图表和表单
工业组件	包含仪表、滚动条、管道、设备和开关组件
交配电组件	第三方开发，公共组件

除了"个人开发组件"外，其他组件都已经开放给用户，每种类型下都有若干图元供用户使用，比如基础组件（如图 3.3.4 和图 3.3.5 所示)、工业组件（如图 3.3.6 和图 3.3.7 所示)。

● 图 3.3.4　基础组件选项卡

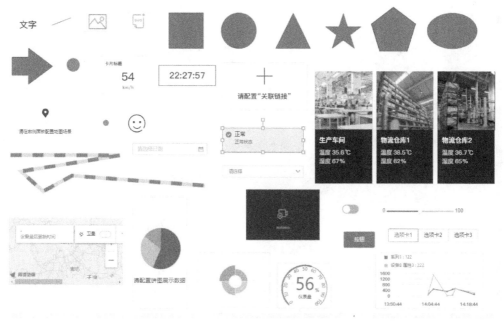

● 图 3.3.5　基础组件展示

● 图 3.3.6 工业组件选项卡

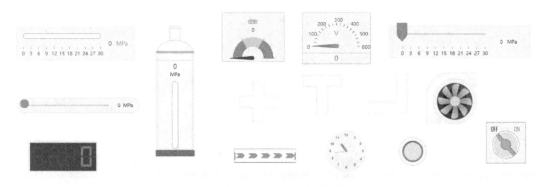

● 图 3.3.7 工业组件展示

"个人开发组件"比较特殊,是当系统提供的组件不能满足需求的情况下,自行开发的组件。可以采用 SVG 或 Html5 的 Canvas 进行绘制,和标准的前端开发非常类似。

所有的组件一般都具备一个数据源或者组件的每一个属性都具备一个数据源。数据源的类型一般是设备、接口或者应用推送。比较常见的数据来源就是设备,可以和项目下的设备属性直接绑定,显示对应的数据值或者相应动画。

▶▶ 3.3.4 设备绑定管理

IoT Studio 有一个非常实用的功能,那就是应用绑定设备功能。这样就不需要在页面上重新修改每一个组件,进行相对烦琐的设备绑定操作了。通过新建一个配置,重新填写一份绑定设备的名称即可,这样的配置可以是多份(如图 3.3.8 所示)。

如果需要批量配置设备,可以单击"批量配置设备"按钮,下载 Excel 模板,批量修改相关的设备名称即可。

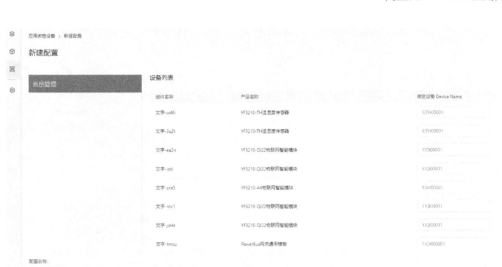

● 图 3.3.8　应用绑定设备

▶▶ 3.3.5　应用设置

应用设置当前有四个选项卡，第一个选项卡是"应用鉴权"，相对比较重要，有三种鉴权方式可选，一是不需要，二是账号，三是 Token。第一种最简单，就是不需要任何鉴权，在浏览器中输入 url，可以直接访问。第二种是账号，需要配置登录界面，并构建账户体系，每个页面根据需要勾选访问限制选项。第三种是 Token，其他 Web 应用调用 API 内嵌相关网页。

第二个选项卡是"域名管理"。需要添加并绑定一个域名，这样发布后，就可以通过对应的域名直接访问（如图 3.3.9 所示）。

● 图 3.3.9　域名管理

第三个选项卡是"基本信息"。这个比较简单，填写一下应用名称和应用描述即可。

第四个选项卡就是"发布历史"，也就是当前应用所有发布版本的历史记录。

▶▶ 3.3.6　应用发布

在"页面"选项页的右上角，有四个操作按钮比较重要，从左到右分别是：保存、调试、预览和发布（如图 ⊙ ⊶ ◔ ◂）。

"保存"按钮：把当前的应用保存到云端。同时也支持自动保存，系统每隔一定时间，自动保存当前的应用。

"调试"按钮：如果当前应用有 bug，状态则变得可以单击，并且显示 bug 数。单击后，会显示一个 bug 清单。

"预览"按钮：该功能比较常用，即应用正式上线前，随时单击该按钮，来查看当前应用的情形，这和发布后看到的网页完全一样。

"发布"按钮：单击后会弹出一个对话框，可以在"版本内容"对话框中填写本次发布版本的说明（这也是"应用设置"中发布历史显示的内容）。填写完毕单击"确定"按钮后，接下来弹出的对话框（如图 3.3.10）会显示本应用的一个临时 url（或者显示已经绑定的域名），此外还可以设置 Token 或者修改已经绑定的设备。

● 图 3.3.10　应用发布

3.4　移动端可视化开发

移动应用开发其实和 Web 端发布的一样早，但是中间进行了不少改版，所以现在依旧是"体验版"。最初移动端开发是可以直接生成安卓或 iOS 端 App 的，可以直接在手机上运行。当前的移动可视化开发做了很大的调整，主要是思想变了，移动应用以小程序为主题，为小程序而服务，以生成的页面嵌入到其他 App 或者小程序为主。

和 Web 应用的开发一样，有两个入口新建移动应用。一是从"应用开发"页面新建移动应用，从这个入口创建应用弹出的对话框会有一个所属项目的选择（如图 3.4.1 所示）；二是从项目页面新建移动应用，这个时候默认所属项目就是当前项目，所以就没有所属项目了。

● 图 3.4.1　新建 Web 项目

项目创建完毕会自动进入移动应用编辑器。

3.4.1　移动端组件介绍

移动应用编辑器和 Web 应用编辑器毫无二致，所以这里不再赘述。移动端的组件相对于 Web 应用开发的组件来说，基础组件相差不大，但是缺少了工业组件等扩展组件（如图 3.4.2 所示）。

● 图 3.4.2　移动端组件选项卡

和 Web 应用编辑器一样，在移动端编辑器中，直接拖拉组件到页面上即可。不过和 Web 应用的页面有所不同，不能随意把相关组件拖放到界面任意位置，必要的时候需要进行分栏，把相关组件放在合适的位置（如图 3.4.3 所示）。

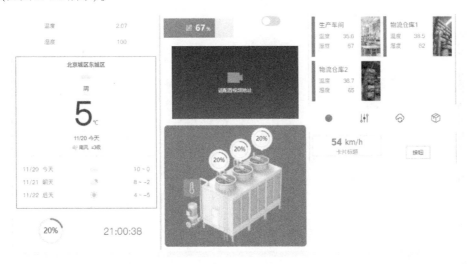

● 图 3.4.3　移动端组件展示

3.4.2 移动端应用设置

和 Web 应用设置类似，不过移动端应用设置有 5 项。第一个是"应用鉴权"，配置和 Web 应用类似，这里不做过多介绍。第二个是域名管理，绑定对应域名后，可以直接通过域名访问移动页。第三个是"基本信息"，填写一下应用名称和应用描述。第四个就是"发布历史"，是当前应用所有发布版本的历史记录。

最后一个是"小程序设置"，进行校验文件配置，以方便支付宝或微信小程序直接访问对应页面（如图 3.4.4 所示）。

● 图 3.4.4　小程序设置

3.4.3 移动页面发布

在"页面"选项页的右上角，同样有 4 个操作按钮，从左到右分别是：保存、调试、预览和发布（如图），功能和 Web 端开发环境完全一致。

单击"发布"按钮即完成应用发布操作（如图 3.4.5 所示）。

● 图 3.4.5　移动应用发布成功

3.5　组件开发

无论是 Web 端还是移动端，官方提供的组件还是不那么充分，当真正开发一个相对复杂的具体业务应用的时候，有时候还是需要开发一些符合自己心意的自定义组件的。IoT Studio 平台已经开放了组件开发功能。目前分个人组件和公共组件包，个人组件仅能在自己的项目中使用。公共组件包可以发布到市场上，让更多的人使用。

组件类型也分为 Web 端和移动端，不过二者的开发差异不大，所以我们讲解的时候统一进行介绍了。

3.5.1 开发环境

IoT Studio 组件采用的是 react 技术栈。理论上任何一个 react 组件都可以成为 IoT Studio 组件。IoT

Studio 赋予了 react 组件一些强大的能力，如为组件配置接口数据源，定时调用接口，根据接口的返回结果，动态设置组件本身的字体、颜色等样式；或赋予组件对外提供自定义好的服务功能，以供外部调用。

首先登录物联网应用开发控制台（IoT Studio），单击组件开发，在组件开发里的个人组件页单击"新建组件"，在弹出的对话框中填写组件的基本信息（如图3.5.1所示）。

创建完毕后，则进入如下开发界面（如图 3.5.2 所示）。

根据左图所示的流程，我们就可以一步步开发组件了。首先需要准备开发环境。

第一步：安装 Node. js 运行环境，需要 8.9LTS 以上版本。

第二步：安装 npm 包管理工具。

● 图 3.5.1 新建组件

● 图 3.5.2 组件开发界面

第三步：安装 material-cli。这里阿里云提供了一个方便开发 IoT Studio 组件的脚手架工具。

第四步：创建项目。

注意

由于当前组件开发在内测和不断调整中，所以没有列出具体的操作步骤，详情请参见官方最新的帮助文档（单击准备代码中的"准备环境"链接，即可看到最新的操作说明）。

本地开发测试

安装完开发环境，用脚手架 material-cli 创建完一个组件框架后，就可以在本地进行测试了。

打开 DOS 命令窗口，进入项目所在的目录，输入 npm run start 指令，则自动打开浏览器，显示组件的初始状态，该页面可以测试组件的开发效果（如图 3.5.3 所示）。

● 图 3.5.3　组件本地测试

组件代码中主要有 3 个文件，specs.json 文件定义了组件的属性、事件和服务信息；index.scss 定义了组件页面需要的样式；index.tsx 是主代码程序，实现了所有的逻辑及组件页面呈现（如图 3.5.4 所示）。

● 图 3.5.4　组件本地开发

▶▶ 3.5.3　上传组件包

本地测试完毕后，就可以打包组件上传到 IoT Studio 平台，进行实际的项目应用开发了。

在组件项目的根目录下，输入 npm run pack 命令，则自动生成一个和项目名相同的 zip 文件包。

此外再截取一个当前组件运行时的界面，作为组件被预览时显示的界面。然后分别单击"点击上传"按钮和"上传图片"按钮上传 zip 包和组件截图（如图 3.5.5 所示）。

此外组件 icon 需要在右上角进行上传，单击图 3.5.6 的"组件 icon"，这会显示在开发环境的组件条上。

● 图 3.5.5　上传 zip 包和组件截图　　　　● 图 3.5.6　上传组件 icon

▶▶ 3.5.4　组件发布

上传完图标、截图和 zip 包后，单击右上角的【🖈发布】按钮，在弹出的对话框中填写发布日志，然后单击"确定"按钮就完成了组件发布操作（如图 3.5.7 所示）。

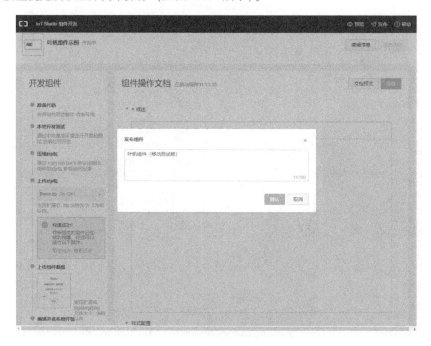

● 图 3.5.7　组件发布

组件发布后，在组件页面选择"个人开发组件"就看到我们开发的组件了（如图 3.5.8 所示）。

● 图 3.5.8　个人开发组件

3.6　业务逻辑

无论做多么小的项目，都要做一些业务逻辑。比如一个根据室内湿度的变化，调湿的小系统，就会进行逻辑判断，根据温度的高低，打开或者关闭加湿器。

阿里云物联网平台提供了业务逻辑开发版块，通过简单的拖拉和配置就可以实现比较复杂的逻辑。业务逻辑版块是和可视化开发、组件开发同一级别的，我们可以在类似的入口找到"业务逻辑"版块。业务逻辑开发提供了若干模板，可以从功能相近的模板去创建业务逻辑服务程序，也可以创建一个空白的业务逻辑服务程序（如图 3.6.1 所示）。

● 图 3.6.1　业务逻辑开发

下面我们将以一个简单的调湿例子来介绍一下业务逻辑的开发。

3.6.1 创建服务

单击"新建"按钮,就可以新建一个业务逻辑的服务了,单击进入后,会有一个服务列表,如果有多个业务逻辑服务,都会在列表里显示。单击左侧的 ▤ "节点"按钮,在工具面板会有很多"节点"组件供选择(如图 3.6.2 所示)。

• 图 3.6.2 节点组件

业务服务有很多类型,可以是 http 请求,供 Web 页面访问和调用,实现数据处理,保存等功能。还可以循环触发和设备触发,定时读取数据进行处理。

3.6.2 业务编排

在调湿的小例子里面,我们选择设备触发,把"设备触发"节点组件拖动到编辑区,然后单击该节点,进行配置,选择 YF3610-TH 产品下的 TH01 设备,触发条件就是属性-湿度(如图 3.6.3 所示)。

• 图 3.6.3 设备触发节点配置

逻辑判断也比较简单，湿度小于 30% 则打开加湿器，湿度大于 60% 则关闭加湿器。我们添加一个"路径选择"节点，分别设置这两个判断条件（如图 3.6.4 所示）。

● 图 3.6.4　路径选择节点配置

然后拖拉设备 YF2110-DQ8 进入，在第一个路径，小于 30%，关闭继电器输出，在第二个路径打开继电器输出（如图 3.6.5 所示）。

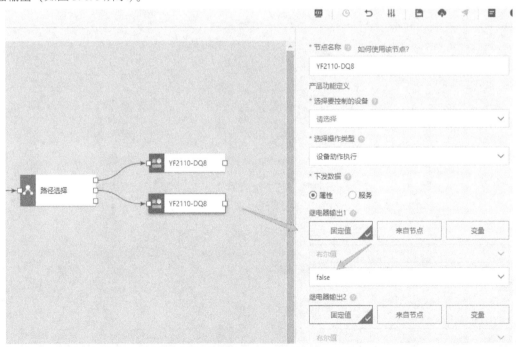

● 图 3.6.5　继电器开闭配置

▶▶ 3.6.3　服务发布

业务逻辑编写配置完毕后，先单击"保存"按钮，然后单击"部署"按钮，部署成功后，"发布"

按钮才有效。然后单击"发布"按钮，就完成了业务逻辑服务程序的发布（如图 3.6.6 所示）。

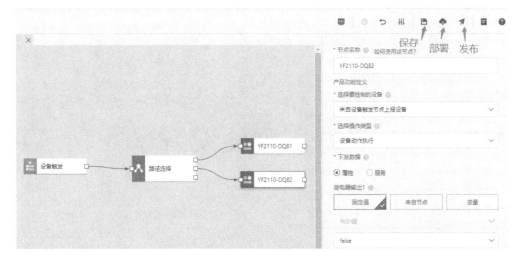

●图 3.6.6 业务逻辑发布

3.7 小结

考虑到阿里云 IoT Studio 官方帮助文档相对完善，并且平台功能也一直在不断完善中，所以本章详细介绍，让大家对 IoT Studio 有一个总体印象，仅起到抛砖引玉的作用，大家如果有兴趣，可以通过查看官方帮助，结合后面章节的详细示例，可以事半功倍地构建物联网系统。

第4章

物联网硬件设备

▶▶▶▶▶▶

4.1 物联网硬件一览

2020年度的物联网行业深度调查报告称，2010~2018年间，全球物联网设备由20亿个激增至91亿个（国内23亿个），复合年增长率为20.9%，预计2025年物联网设备全球将高达252亿个。

物联网设备数量不仅多，类型也各种各样。本章将从常见的传感器讲起，简单介绍一下物联网各种类型的设备。

▶▶ 4.1.1 传感器

广义上讲，**传感器是一种把物理量、化学量或生物量变成可测量电信号的器件**。国际电工委员会（IEC：International electrician council）的定义是"传感器是测量系统中的一种前置部件，它将输入变量转换成可供测量的信号"。按照德国Gopel公司的说法，传感器是包括承载体和电路连接的敏感元件。

通常按基本感知功能分为热敏元件、光敏元件、气敏元件、力敏元件、磁敏元件、湿敏元件、声敏元件、放射线敏感元件、色敏元件和味敏元件十大类。

如果对传感器进行分类，则是五花八门，这里选取了一个相对简单的分类说明。传感器按照输出信号可以分为：模拟传感器、数字传感器、膺数字传感器、开关传感器等。按照制造工艺可以分为：集成传感器、薄膜传感器、厚膜传感器、陶瓷传感器等。按照测量目可以分为：物理型传感器、化学型传感器、生物型传感器。按结构可以分为基本型传感器、组合型传感器、应用型传感器。按照作用形式可以分为：主动型传感器、被动型传感器。

传感器大小不一，封装也千差万别，有的是芯片式，有的是模组，有的是设备。通信方式也是各种各样，有的是I2C，有的是单总线，有的是TTL串口，还有的是RS485的（如图4.1.1所示）。

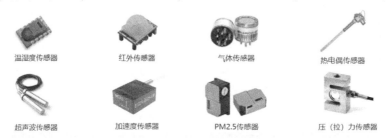

温湿度传感器　　　　红外传感器　　　　气体传感器　　　　热电偶传感器

超声波传感器　　　　加速度传感器　　　PM2.5传感器　　　压（拉）力传感器

● 图4.1.1　传感器

▶▶ 4.1.2　物联网智能设备

物联网智能设备，从某种意义上说，物联网智能设备也可以称为传感器，不过体积都相对较大，有外壳，可以实现一组或多组指定信号的采集（如图 4.1.2 所示）。

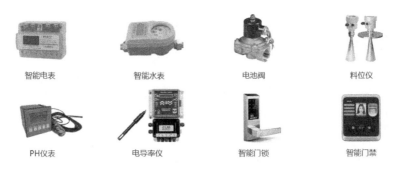

智能电表　　　智能水表　　　电池阀　　　料位仪

PH仪表　　　电导率仪　　　智能门锁　　　智能门禁

● 图 4.1.2　物联网智能设备

▶▶ 4.1.3　物联网智能网关

物联网智能网关可以实现感知网络与通信网络，以及不同类型感知网络之间的协议转换。既可以实现广域互联，也可以实现局域互联。此外物联网智能网关还需要具备设备管理功能，运营商通过物联网智能网关设备可以管理底层的各感知节点，了解各节点的相关信息，并实现远程控制。

网关的类型也各种各样，种类繁多。有工业网关，也有民用网关，有带显示的，也有语音控制的，接口也是各式各样，满足不同的应用需求（如图 4.1.3 所示）。

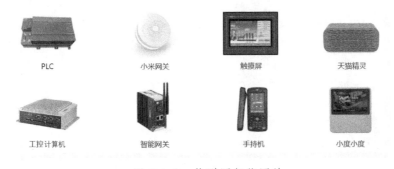

PLC　　　小米网关　　　触摸屏　　　天猫精灵

工控计算机　　　智能网关　　　手持机　　　小度小度

● 图 4.1.3　物联网智能网关

4.2　物联网通信介绍

通信，指人与人或人与自然之间通过某种行为或媒介进行的信息交流与传递，从广义上指需要信息的双方或多方在不违背各自意愿的情况下采用任意方法、任意媒介，将信息从某方准确安全地传送到另一方。所谓的物联网通信，更倾向于物与物之间的通信。

网络中两个节点之间的物理通道称为通信链路。通信链路的传输介质主要分两种，一种是有线链路，一种是无线链路。

▶▶ 4.2.1　通信链路之有线通信

有线通信的种类非常多，我们分别介绍一下数字有线通信、模拟量有线通信及开关量通信等几种通信链路。

首先介绍芯片级有线通信链路，然后介绍工业或民用领域常见的数字有线通信链路。

1. 数字有线通信之芯片级有线通信链路

● TTL 串行通信，所谓串行通信是指相对于并行通信而言的，并行通信位数越多，需要的连接线就会越多，所以自然就衍生出了串行通信，串行通信一般只需要三根线 TX、RX 和 GND，通信双方按位进行，是遵守时序的一种通信方式。串行通信分为同步通信和异步通信。同步通信是一种连续串行传输数据的通信方式，一次通信只传一帧数据，一般由同步字头、数据和校验三部分构成。相对常用的是异步通信，通信双方只需要设定相同的通信波特率，不需要同步时钟信号，通常以字符或字节为单位组成的数据帧进行通信，从起始位开始、经数据位、校验位到停止位结束，完成一个字符或一个字节的传输（如图 4.2.1 所示）。

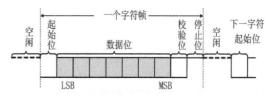

● 图 4.2.1　串行异步通信

所谓 TTL 串行通信，就是基于 TTL 电平进行的通信（可参考后续的 RS-232 和 RS-485 串行通信介绍），TTL 电平一般是 0~5V 或 0~3.3V。一般情况下低于 0.8V 认为是逻辑"0"，高于 2V 认为是逻辑"1"。TTL 串行通信一般常用在芯片级通信中，通信距离最远十几 cm。

● SPI 串行通信，英文全名为 Serial Peripheral Interface，也就是串行外设接口。它是摩托罗拉公司（Motorola）提出的一种同步串行数据传输标准。SPI 是基于 TTL 电平的四线制通信，分为串行时钟（SCLK）、串行数据输出（SDO）、串行数据输入（SDI）和片选线（CS）。SPI 是主从全双工通信，一般可以接若干个从设备，通过片选信号选择与之通信的从设备（如图 4.2.2 所示）。

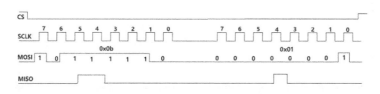

● 图 4.2.2　SPI 串行通信时序图

● I2C 串行通信，英文名 Inter Ic bus，也就是 IC 芯片之间的通信总线。是由飞利浦公司（Philips）开发的两线制半双工的双向同步串行总线，在微电子通信控制领域应用比较广泛。

相对于 SPI 串行通信，I2C 串行通信的时序比较复杂（如图 4.2.3 所示），

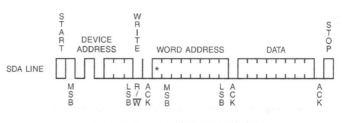

● 图 4.2.3　I2C 串行通信时序图

虽然也是主从通信协议，但是通信线仅为两条串行数据线（SDA）和串行时钟线（SCL），主设备通过指定从设备的地址进行双方通信，由于是半双工通信，所以通信速率没有 SPI 高。

2. 数字有线通信之常用有线通信链路

RS-232 又名 EIA RS-232，是比较常用的一种串行通信标准，其全名是"数据终端设备（DTE）和数据通信设备（DCE）之间串行二进制数据交换接口技术标准"。该标准规定采用一个 25 个引脚的 DB-25 连接器，规定了每个引脚的信号内容和电平，后来 IBM 的 PC 机将 RS232 简化成了 DB-9 连接器，从而成为事实标准（如图 4.2.4 所示）。而工业控制的 RS-232 口一般只使用 RXD、TXD、GND 三条线。

● 图 4.2.4　九针和九孔 RS-232 接头

RS-232 采用的是负逻辑传送，规定逻辑"1"的电平为−5～−15V，逻辑"0"的电平为+5 V～+15 V。RS-232 的噪声容限为 2V，接收器将能识别高至+3V 的信号作为逻辑"0"，将−3V 的信号作为逻辑"1"。通信波特率常用是 9600 或 115200Baud，通信距离最远一般不超过 30m。

RS-485，又名 TIA-485-A、ANSI/TIA/EIA-485 或 TIA/EIA-485，也是一种比较常见的串行通信标准。RS485 有两线制和四线制两种接线，四线制只能实现点对点的通信方式，现在很少采用（称为 RS-422），多采用的是两线制接线方式。RS-485 的数字信号采用差分传输方式，能够有效减少噪声信号的干扰。RS-485 总线标准定义了两个导线之间的压差所表达的逻辑值，正电平在+2～+6V，表示逻辑为"1"的状态；负电平在−2～−6V，则表示逻辑为"0"的状态。其通信介质主要是屏蔽双绞线，通信波特率一般为 4800Baud，最大通信距离可达 km 以上。RS-485 链路主要是主从通信，理论上一个 RS485 接口可以接 32 个从设备（如图 4.2.5 所示）。

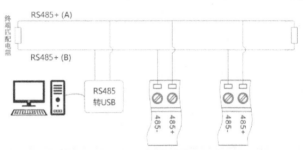

● 图 4.2.5　RS-485 通信总线

以太网是目前世界上应用最普遍的一种计算机网络。IEEE 组织的 IEEE 802.3 标准制定了以太网的技术标准，它规定了包括物理层的连线、电子信号和介质访问层协议的内容。以太网分 10M/100M 自适应和 1000M 的网络，10M 或 100M 只需要 4 根线即可，1000M 需要 8 根线的超五类或 6 类双绞线才可以。最远通信距离，一般在 100m 以内。再远的距离就需要通过光纤网络进行转换了。

CAN 总线，CAN 是控制器局域网络（Controller Area Network，CAN）的简称，是由以研发和生产汽车电子产品著称的德国 BOSCH 公司开发的，并最终成为国际标准（ISO 11898），是国际上应用最广泛的现场总线之一。和 RS485 的主从通信相比，CAN 总线可以多主通信，有通信冲突的时候，通过优先级的不同，决定谁优先进行通信。链路层通信自带校验，通信一旦发起，默认直到通信成功为止。通信介质、通信距离和 RS485 类似，但是有一个优势，就是一个设备挂起，不会影响整个总线的通信。

M-Bus 是欧洲标准的二总线协议，主要用于消耗测量仪器（诸如水、电、气表）的数据采集。M-Bus 也是主从协议，和 RS-485 不同，M-Bus 总线既能通信又能供电，并且两根线还不分极性。通信波特率不高，一般是 300～9600Baud 的波特率。

单总线是美国 DALLAS 公司推出的外围串行扩展总线技术。与 SPI、I²C 串行数据通信方式不同，它采用单根信号线，既传输时钟又传输数据，而且数据传输是双向的，具有节省 I/O 口线、资源结构简单、成本低廉、便于总线扩展和维护等诸多优点。主设备口可以直接驱动 200m 范围的从设备，传输速率一般为 16.3Kbit/s，最大可达 142 Kbit/s。我们常用的 DS18B20 温度芯片就是采用了单总线通信链路（如图 4.2.6 所示）。

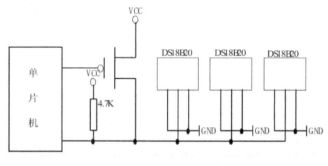

● 图 4.2.6　单总线通信

电力载波：它是一种利用现有电力线，通过载波方式将模拟或数字信号进行高速传输的技术。最大特点是不需要重新架设网络，只要有电线，就能进行数据传递。不过缺点也比较明显，配电变压器对信号有阻断作用，只能在一个配电变压区内通信，并且电力线对载波信号高消减，当电力线负载很重的时候，传输距离只有几十 m 远。

PowerBus 是国内自主设计、发明的一种供电总线芯片，属于低压直流载波供电总线芯片。非常类似于 M-Bus 总线技术，相对于 RS-485 四线（两根供电线路、两根通信线路）而言，将供电线与信号线合二为一，实现了信号和供电共用一个总线的技术，由于其无极性接线任意拓扑的性能，避免了在施工中出现的接线错误，从而使施工设计更加简化。其优点如下（如图 4.2.7 所示）。

PowerBus 总线为半双工通信，传输速度为 2400 或 9600 可选，最远通信距离可达 3000m。

3. 模拟量有线通信链路

工业通信中，一般模拟量通信有三种类型，0~5V、0~10V 和 4~20mA，其中 4~20mA 最常用（GB/T3369.1-2008/IEC60381-1：1982）。采用电流信号的原因是不容易受干扰，因为工业现场的噪声电压的幅度可能达到几伏大小，但是噪声的功率很弱，所以噪声电流通常为 nA 级别，因此给 4~20mA 传输引入的误差很小。另外电流源内阻趋于无穷大，导线电阻串联在

● 图 4.2.7　PowerBus 的优点

回路中不影响精度，因此在普通双绞线上可以传输数百 m。

上限取 20mA 是因为防爆的要求，20mA 的电流通断引起的火花能量不足以引燃瓦斯。下限没有取 0mA 的原因是为了能检测断线，正常工作时不会低于 4mA，当传输线因故障断路，环路电流降为 0mA（常取 2mA 作为断线报警值）。

4. 开关量有线通信链路

开关量有线通信分为两种，一种是开关量输入，工业级一般是 0~24V 电压输入，另一种是开关量输出（也就是继电器输出）。

所谓的开关量，就是只有开和关、通和断或者高电平和低电平两种状态的信号，相当于二进制的 0 和 1。

▶▶ 4.2.2　通信链路之无线通信

Wi-Fi 是 Wi-Fi 联盟制造商的商标，作为无线产品的品牌认证，是一个创建于 IEEE 802.11 标准的无线局域网技术。它是目前笔记本计算机、手机等移动智能设备最常用的无线通信技术。

视频频段主要是 2.4G 和 5G，通信距离在 100m 以内。

蓝牙是一种短距离通信的无线电技术，一般通信距离在 10m 以内，除了笔记本计算机、手机等智能设备常用外，智能穿戴设备更是需要低功耗的蓝牙技术。蓝牙技术是世界著名的 5 家大公司：爱立信（Ericsson）、诺基亚（Nokia）、东芝（Toshiba）、国际商用机器公司（IBM）和英特尔（Intel），于 1998 年 5 月联合宣布的一种无线通信新技术。随着蓝牙版本的不断升级，进化到 4.0 版本之后，功耗大大降低，并且通信距离也接近了 100m。到了 5.0 版本之后，通信距离理论上更是高达 300m，传输速度更快，功耗也更低，更适合可穿戴低功耗设备的使用。目前蓝牙和 Wi-Fi 不同，只有 2.4G 频段。

ZigBee 是一种低速短距离传输的无线网上协议，底层是采用 IEEE 802.15.4 标准规范的媒体访问层与物理层。ZigBee 最大的优势就是多节点自动路由，最大的应用场景就是智能家居中的各种智能设备互联。最初 ZigBee+RFID 就构成了典型的物联网，但是随着时间的推移，ZigBee 技术有些没落了，价格上也没有了优势，通信距离在 100m 以内，功耗也比低功耗蓝牙高，逐渐有被蓝牙 Mesh 网络完全取代之势。

LoRa 是一种远距离窄带通信技术，是商升特（Semtech）公司开发的一种低功耗局域网无线标准，最大优势是在同样的功耗条件下比其他无线方式传播的距离更远，实现了低功耗和远距离的统一。所以 LoRa 的出现，让其他远距离窄带通信黯然失色。不过 LoRa 是美国 Semtech 公司的独家技术，并且需要应用厂家自行构建网络，受制于没有统一的网络基站的建设规划，所以网络彼此之间不一定没有同频干扰。这也是相对于 NB-IoT 技术来说比较没有竞争力的地方。不过二者各有所长，在未来很长的时间里，都会彼此共存。

LoRa 的通信距离：在城市建筑密集地区通信距离在 2~5km，空旷地区可以高达 15km。

2G/3G/4G/5G 蜂窝网络是一种通用分组无线服务技术，属于广域网通信（如图 4.2.8 所示）。这也是我们最熟悉的一种通信技术，人手一至多部手机的核心通信链路就是基于此。

目前 2G 已经陆续退网，3G 也不再发展，未来蜂

● 图 4.2.8　蜂窝通信技术

窝技术将以 4G 为基础，向 5G 快速发展。

NB-IoT 是物联网领域一个非常有特色的技术，属于窄带广域网通信，支持低功耗设备在广域网的蜂窝数据连接，带宽不大，但是支持设备节点数比较多。相对于其他蜂窝技术，由于考虑到低功耗应用，所以不太适合要求实时的双向通信的控制领域，比较适合远程抄表、烟感消防检测等仅单向传输的应用领域。

433M/470M 无线通信：小功率经济型无线数传通信，通信距离一般在 1000m 左右。

数字无线电台：借助 DSP 技术和无线电技术实现的高性能专业数据传输电台，免申请频段为 2.4G，通信波特率为 9600~19200Baud，根据功率不同，一般通信距离在 1km~15km。

LTE Cat.1 通信：由于 2G 的陆续退网，及 3G 的不再发展，仅支持 4G 制式的 Cat.1 发展较为迅速。相对于 4G 全网通模块，Cat.1 模组价格比较低廉，体积也越来越小，未来必将取代 2G 和 3G，在非低功耗领域，特别是需要双向通信的远程通信领域，也将取代 NB-IoT。

▶▶ 4.2.3　通信协议

物联网设备种类繁多，数量巨大，通信链路有线、无线等，令人眼花缭乱，同样通信协议也非常多。这里我们选取一些相对常用的通信协议进行简单介绍。

ModbusASCII/RTU/TCP 是莫迪康公司（Modicon，已被施耐德电气 Schneider Electric 公司收购）于 1979 年为可编程逻辑控制器（PLC）制定的通信协议，目前已经成为工业领域的业界标准。Modbus RTU 主要应用在 RS-485/RS-232 通信链路，Modbus TCP 主要应用在以太网通信链路上，都是目前应用比较广的通信协议，大部分智能设备，特别是工业智能设备都支持 Modbus 协议。

CJ/T188-2004 是我国城镇建设行业标准，主要用在抄表系统中。

DL/T645-2007 是国家电力行业电测量标准化技术委员会颁布的多功能电能表通信协议。

TCP/IP 是当前网络中最常用的一种通信协议，它起源于 20 世纪七八十年代的美国，英文名称为 Transmission Control Protocol/Internet Protocol，也就是传输控制协议/网际协议。TCP/IP 协议是指一个由 FTP、SMTP、TCP、UDP、IP 等协议构成的协议簇，只是因为在 TCP/IP 协议中 TCP 协议和 IP 协议最具代表性，所以被称为 TCP/IP 协议。TCP 是有连接协议，UDP 是无连接协议，二者在应用通信开发中应用最广。

标准 OSI 通信模型共有七层，TCP/IP 简化为四层（如图 4.2.9 所示）。

HTTP/HTTPS：超文本传输协议，所有的 WWW 文件都必须遵守这个标准，协议构建在 TCP/IP 协议之上。我们看到的大部分网页基本都是基于 HTTP 协议的。

MQTT（Message Queuing Telemetry Transport，消息队列遥测传输协议），是一种基于发布/订阅（publish/subscribe）模式的轻量级通信协议。该协议基于 TCP/IP 协议，由 IBM 在 1999 年发布。

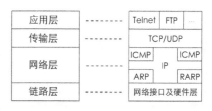

● 图 4.2.9　TCP/IP 协议栈

MQTT 最大优势是以极少的代码和有限的带宽，为连接远程设备提供实时可靠的消息服务。作为一种低开销、低带宽占用的即时通信协议，使其在物联网、小型设备、移动应用等方面有较为广泛的应用。目前已经成为主流物联网平台默认使用的通信协议。

CoAP 是 6LowPAN 协议栈中的应用层协议。可以理解为精简的 HTTP 协议，主要在资源受限的物联网设备上使用。

PPI/MPI 是西门子公司专为 S7-200/S7-300/S7-400 系列 PLC 开发的通信协议。

Profibus 是一个用在自动化技术的现场总线标准，在 1987 年由德国西门子公司等 14 家公司及 5 个研究机构推动。它是一种国际化、开放式、不依赖于设备生产商的现场总线标准。

CANopen 是一种架构在控制局域网络（Controller Area Network，CAN）上的高层通信协议，包括通信子协议及设备子协议，常在嵌入式系统中使用，也是工业控制常用到的一种现场总线。

KNX 是 Konnex 的缩写，1999 年 5 月，欧洲三大总线协议 EIB、BatiBus 和 EHSA 合并成立了 Konnex 协会，推出了 KNX 协议。KNX 是被正式批准的住宅和楼宇控制领域的开放式国际标准。

Alink 是阿里云推出的一种物联网通信协议，主要基于 MQTT 协议栈，用于物联网智能设备对接阿里云物联网平台。以 JSON 文本的方式定义了属性、事件和服务等物模型的通信数据格式，方便物联网平台和物联网智能设备进行各种交互。

▶▶ 4.2.4　物联网通信常见问题

针对不同的通信链路，在实际项目实施过程中，经常会遇到通信失败等一些问题，下面简单说一下：

RS-485：理论上 RS-485 通信距离可以达到 km 以上，但是这有一个前提，第一通信线缆要满足需求，也就是需要选用屏蔽双绞、线径较大的电缆；第二通信波特率不宜过高，比如采用 2400 或者 4800Baud。此外当通信失败还应检测总线的设备是否过多（建议最多不要超过 30 个），终端匹配电阻是否合适，另外偏值电阻也比较重要，默认一般是 4.7K，可以适当减小，以提高驱动能力。

CAN：通信线缆上 CAN 和 RS-485 类似，也需要终端匹配，节点数也不宜过多。另外 CAN 总线由于是多主通信，还有通信风暴之说，所以需要合理评估 CAN 总线上各设备的通信情况，做好对应的规划。

ZigBee：理论上 ZigBee 的节点数可以很多，但是考虑到节点发送数据频次，同时上报的冲突也将大大增加，所以节点数需要合理控制。此外选用 ZigBee 也考虑 ZigBee 的低功耗特性，但是相对于路由节点而言，如何实现同步休眠，也是一个难题。

蜂窝通信：不同运营商的信号质量、自动断线机制和基站接入总量限制都会导致通信失败，需要建立自动重连，统计连接次数等机制。

M-Bus：理论上 M-Bus 是可以总线供电的，但是有些厂商不一定靠总线供电，而是仅靠电池供电，所以读写次数会影响表具的寿命。

以太网：五类线通信距离不宜超过 80m，不同路由器和设备之间会有兼容性问题，另外有些路由器连续运行一个月以上，通信效率会下降，断线率也比较高，需要断电复位处理。再远的通信则需要通过光纤进行传输。

4.3　叶帆物联网产品体系

随着互联网、移动互联网和物联网的普及，在大数据、深度学习等人工智能技术的发展带动下，每个行业都将涌现出一批优秀的 SaaS 平台。可以成功开发出行业 SaaS 平台的客户，一是有多年行业经验，二是有相对比较强大的互联网基因，二者结合在一起，为开发一款优秀的行业 SaaS 平台奠定了基础。但是随着接入的设备越来越多，越来越复杂，如何让 SaaS 平台真实落地成为一个难点。

从产品角度而言，物联网传感器、智能设备众多，通信链路多样，通信协议林林总总，如何快速对接各种传感器和智能仪表，并且把相关数据送入到 SaaS 平台，这就是打造叶帆物联网通用产品体系的主要任务之一。

另外从商业模式上来说，SaaS 软件平台往往以收取相对低价的年费为主，所以自然对如下需求比较迫切，第一：需要快速大量的为客户进行系统构建和部署；第二：设备稳定可靠，可以长期无故障运行；第三：综合性价比高，项目大量实施和维护的时候成本最低。针对这个三个需求，根据项目需求进行硬件定制，不仅可以降低硬件成本，也大大降低实施和维护成本。

以下篇章将对叶帆体系下的物联网通用产品和定制产品进行相对系统的介绍。

注意

物联网产品过于繁杂，很难一一介绍，希望进一步了解物联网相关产品的读者可以下载选型手册查看：http://cloud.yfiot.com/file/叶帆科技产品选型手册.pdf

▶▶ 4.3.1　物联网智能网关

实际的物联网项目比我们想象的要复杂得多，需要对接各种设备，每个设备的通信链接、通信协议和数量不等，并且对采集的时间间隔也有不同的要求。工业级的网关往往要求宽电压输入、通信链路光电隔离、高安全高可靠。有的网关需要安装在室内，希望导轨安装，有的是需要直接安装在室外，防雨防晒。各种需求林林总总，所以为了满足现场实际需要，网关的样式和功能也是各种各样。

从功能上，同时兼顾性价比，通用网关分为三种类型：入门型网关、轻量级网关、标准网关。

所有叶帆系列的网关一般都支持两种开发方式，一种是 YFIOs 组态式开发，低代码或者零代码，通过搭积木的方式进行物联网快速开发。另外一种是对技术能力有一定要求，采用原生 C#语言，从零开始物联网开发，参考现有开源的各种示例代码进行开发。

1. 入门型网关

入门型网关，又称为学习型网关。我们在第 1 章介绍了 YF3300 4G-Cat1 网关，网关自带一个移动的 ML302 模块，包含 1 路 RS485、1 路 RS232，三路状态灯，此外还包含 2 路开关量输入，1 路开关量继电器输出（如图 1.2.19 所示）。

考虑到性价比和具体的需要，YF3300 不仅支持 4G，还支持 2G、全网通等各种通信制式，所以衍生出不少 YF3300 系列产品（如图 4.3.1 所示）。

由于 YF3300 是学习型网关，所以学习资料和文档相对比较多，既可以采用 YFIOs 进行组态式开发，也可以在 SDK 相关示例的基础上进行原生开发，可以发挥开发者更多的想象力，做出更复杂、更实用的物联网应用。

需要注意的是，由于 YF300 属于轻量级网关，资源有限，所以支持的 YFIOs 的 IO 数量还有云平台通信的策略都是精简型的，比如阿里云物联网平台的通信策略就不支持子设备模式，此时需要连接多个智能设备，一种方法是可以直接选择使用 YF3028 这种标准网关，第二种方法是需要对 IO 变量名和云端

● 图 4.3.1　**YF3300 系列**

物模型进行匹配性处理了（大网关模式，所有的子设备属性都汇总在网关）。

注意

喜欢 YF3300 入门级网关开发的读者，可以下载开发包：http://cloud.yfiot.com/file/YF3300SDK.rar。

2. 轻量级网关

轻量级网关更侧重于具体业务，特别是相关硬件客户需求量比较大的时候，客户又想成本低，又想完成更多的功能，所以网关除了 4G 通信模块外，又集成了很多路输入输出，这样便于接线、维护，性价比更高，客户可以更快、更上量地部署物联网系统。

不过轻量级网关和入门级网关一样，资源相对有限，仅限于相对确定的功能，有针对性地优化，以便于在低资源的情况下，也能实现最终所要的功能。

轻量级网关相对 YF3300 大一些，以便布局更多的接口（如图 4.3.2 所示）。

● 图 4.3.2　轻量级网关系列

3. 标准网关

标准网关相对轻量级网关，资源丰富，并且支持扩展，特别是 YF2020 系列的网关，子母板结构，丰富的子板数量，及扩展模块，可以搭配出近百种功能网关（如图 4.3.3 所示）。

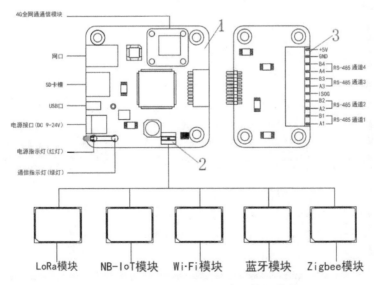

● 图 4.3.3　YF2020 子母板+扩展模块

比如 YF2020-UL 的接口如下（如图 4.3.4 所示）。

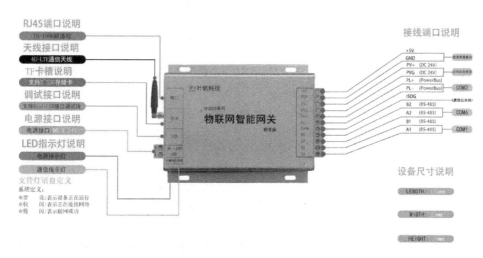

● 图 4.3.4　YF2020 PowerBus+RS485

为了适应各种现场需求，组合出最高性价比的网关，YF2020 子板众多，目前已经超过 30 余种（如图 4.3.5 所示）。

除了众多的子板外，还支持很多的扩展模块，如 LoRa、4G、蓝牙和 ZigBee 等通信模块外，还支持 RTC 和存储等模块（如图 4.3.6 所示）。

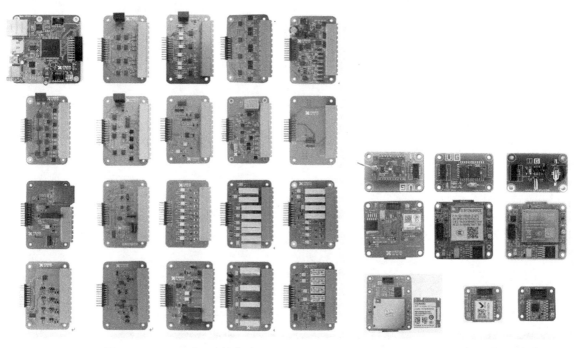

● 图 4.3.5　YF2020 子板集合　　　　　● 图 4.3.6　智能扩展模块

在目前无线通信更为普及的今天，为了让物联网设备更加一体化，集成度更高，推出了 YF3028 系列的物联网智能网关（如图 4.3.7 所示）。

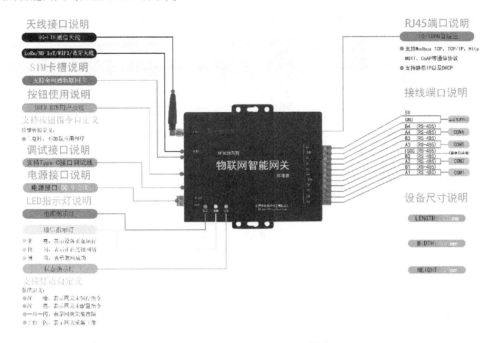

● 图 4.3.7　YF3028-U4 网关

　　YF3028 系列也有多种，是各种 RS485、CAN、RS232 和 PowerBUS 接口的组合产品，即使是同样的对外接口，有的是非隔离，有的是磁隔离，也有的是光隔离（如图 4.3.8 所示）。

　　此外为了满足工控类 3.5 寸导轨安装的需要，推出了导轨型 YF3008-In 系列的网关。网关有两种，一种是含 LED 点阵屏+4 个操作按钮，可以显示所接设备的在线状态、通信成功率，还可以查看 YFIOs IO 变量信息等；另外一种就是无 LCD 网关（如图 4.3.9 所示）。

● 图 4.3.8　YF3028 产品系列　　　　　● 图 4.3.9　YF3008-In 导轨网关

　　网关自身带 2 路光隔 RS-485，还可以扩展一路 PowerBus，9~30V 宽电压供电（采用 PowerBus 总线的时候，建议在 24V 以上）。

YF3008-In 网关也是组态式积木架构，可以层叠很多功能模块，比如 4G 通信模块、LCD 显示模块、PowerBus 接口板等（如图 4.3.10 所示）。

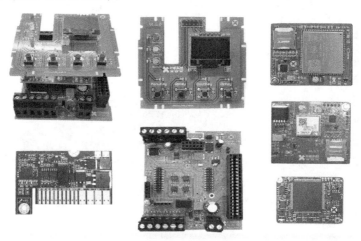

● 图 4.3.10　YF3008-In 网关内部模块

另外有些网关直接安装在室外，需要防雨防晒，针对这一需求，推出了 YF3008-Out 系列的网关（如图 4.3.11 所示）。

● 图 4.3.11　YF3028-Out 网关

YF3008-Out 网关 220V 供电，支持 RS485、RS232 或 PowerBus 总线，可扩展 4G、LoRa 或其他无线通信模块。

▶▶ 4.3.2　物联网智能终端

物联网智能终端从某种意义上也可以称为轻量级网关，智能终端可以通过扩展接口接入 4G、NB-IoT、LoRa 等通信模块。不过更常用的对外接口是 RS-485、PowerBus 和 CAN。

和物联网智能模块不同的是，物联网智能终端和网关一样，支持二次开发，也支持精简的 YFIOs 组态应用。

YF2110 系列的物联网智能终端和 YF2020 系列的网关一样，也是子母板结构，不过 YF2110 有多种母版（如图 4.3.12 所示）。

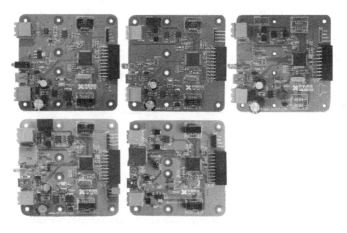

● 图 4.3.12　智能终端母板

标准型物联网智能终端的子板基本上兼容网关大多数子板（通信子板仅支持部分通信通道）。通信型物联网智能终端的母板专为对接 YF2020 网关通信子板设计，兼容 YF2020 网关所有的通信子板，可以当作轻量级通信网关来用，相关子板可参考图 4.3.5。

4.3.3　物联网智能模块

物联网智能模块是比物联网智能终端还轻量级的智能模块，主要功能和智能终端有些类似，只不过和智能终端最大的差别就是，物联网智能模块不支持二次开发（无论是 .NET 原生开发，还是 YFIOs 组态式开发）。物联网智能化模块的软件系统采用 C/C++ 编写的实时多线程操作系统，直接固化在 MCU 芯片里。

物联网智能模块根据安装方式的不同，主要分为两种，一种是导轨型物联网智能模块，一种是金属壳物联网智能模块。YF2240 系列的金属壳物联网智能模块母板与子板和智能终端类似，区别主要是 MCU 采用资源更少，更便宜的芯片。YF3210 导轨型智能模块根据上行通信信道，分为 RS-485 和 PowerBus 两种类型，通信协议均为标准的 Modbus-RTU 协议。

智能模块的接口也有很多种，有多路继电器、有多路开关量输入、有多路模拟量输入、有综合接口的模块，此外还有 3 相交流检测模块（如图 4.3.13 所示）。

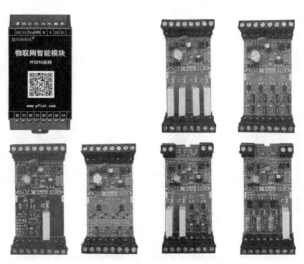

● 图 4.3.13　YF3210 物联网智能模块

4.3.4　物联网传感器设备

无论是物联网智能网关、物联网智能终端，还是物联网智能模块，最终目的是连接接口不同、功能各异的传感器。针对不同的现场需要，除了连接众多的第三方传感器外，还可以有针对性地设计一些传感器，诸如解决通信链路不畅，或者综合性价比不高的问题。

RS-485 这么多年在自动化领域一直经久不衰，绝大部分传感器和智能仪表都支持 RS-485 通信链路。虽然理论上，一条 RS-485 总线上最多可以连接 32 个设备，但是在实际实施和长期的运行过程中，有时总线的一个 RS-485 设备因为设备故障，会导致整个总线挂起。另外 RS-485 虽然看似简单，但是对传输电缆有一定要求，特别是长距离，多设备通信，需要添加终端匹配电阻，甚至需要调整偏置电阻的大小。另外如果 RS-485 通信电缆，抑或是屏蔽双绞线和强电部署在一起，或者周围有强电磁干扰设备，也很容易导致通信失败。

所以叶帆系列的传感器设备，既支持 RS-485 总线，也支持 PowerBus 总线。相对于 RS-485，只需要两根通信电缆，无须担心强电磁干扰，不需要终端匹配电阻，星型、总线型接线都可以，具体 PowerBus 总线的优点可以参见图 4.2.7。

叶帆系列的通用传感器分为三类，一类是简单型传感器，另一类是复合型传感器，还有一类是六方塔系列的智能传感器采集设备。

1. 简单型传感器

YF3610 系列的简单型传感器，仅集成一个传感器芯片或模块，支持 RS-485 或 PowerBus 通信接口，标准 Modbus RTU 通信协议。支持常见的温湿度、氧气、氨气、二氧化碳、负压、颜色和噪声等指标的采集（如图 4.3.14 所示）。

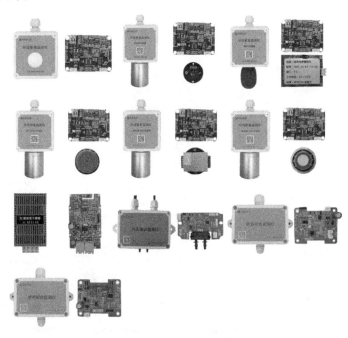

● 图 4.3.14　YF3610 简单型传感器设备

2. 复合型传感器

YF3610 系列的复合型传感器，集成多个传感器芯片或模块，可以同时采集多个传感指标，支持 RS-

485 或 PowerBus 通信接口，标准 Modbus RTU 通信协议。比如双温度+湿度采集、温湿度+CO2 采集和温湿度+双通道 CO2+PM2.5 采集等（如图 4.3.15 所示）。

● 图 4.3.15　YF3610 复合型传感器设备

3. 六方塔智能传感器

六方塔智能传感器，目前主要有环境综合检测仪产品，该系列产品主要由四大部分组成，①电源板块：220V 电源板、9~24V 电源板和太阳能供电板；②主控板（含一路 RS485）：标准主控板、低功耗主控板；③通信板：4G 通信板、NB-IoT 通信板、LoRa 通信板、LoRaWAN 通信板和 PowerBus 通信板；④传感板：综合传感器板（温湿度、大气压、二氧化碳和光照强度）、PM2.5 传感板和噪声板，如图 4.3.16 所示。

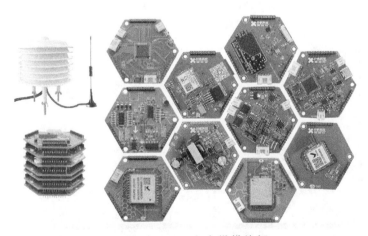

● 图 4.3.16　六方塔模块板

六方塔智能传感器可以通过 RS-485、PowerBus 或 LoRa 等通信链路连接到物联网智能网关，然后上云，或者通过 4G 或 NB-IoT 等通信模块直接上云。

▶▶ 4.3.5　低代码或零代码二次开发

叶帆系列物联网智能网关、物联网智能终端和六方塔部分主控产品的二次开发有两种方式，一种是原生低代码开发，也就是 1.2 节所介绍的 .NET（C#/VB.net）低代码开发，这里不再赘述。另外一种就是 YFIOs 组态式零代码开发，我们将在第 5 章详述。

4.4 物联网定制设备开发

市面上我们见到的大部分物联网产品基本都属于通用产品，比较适合设备使用量不大，对硬件成本不敏感的物联网场景。随着互联网、移动互联网和物联网的普及，在大数据、深度学习等人工智能技术的发展带动下，每个行业都将涌现出一批优秀的 SaaS 平台。在各行业 SaaS 公司崛起的今天，传统的工控式自动化项目开发、实施和维护模式，已经不太适合大多数物联网项目开发。

有针对性地对行业进行的智能硬件定制开发，结合行业 SaaS 平台，从软到硬，完全适配行业垂直落地应用，性价比不仅高，也便于实施、维护，使大批量 SaaS 项目应用快速落地成为可能。

▶▶ 4.4.1 环境综合采集器

国内养殖领域的现状和我们大多数人想的不同，完全自动化的养殖场所不是不存在，只是占比太小。大部分还是以散户养殖为主，养殖棚的价格在几十万元不等。最开始实施一套物联网监控系统大概需要十几万元，后续进一步降低成本到五六万元，不过针对几十万元的养殖棚成本和散户养殖的承受能力，

五六万元也是天价。针对这一现状不断优化物联网环境监控设备，从最初的三合一（温湿度＋光照强度＋二氧化碳）、七合一（温湿度＋光照强度＋二氧化碳＋PM2.5＋氧气＋氨气＋臭氧），到最终的九合一（湿度＋光照强度＋二氧化碳＋3 路温度＋PM2.5＋氧气＋氨气），如图 4.4.1 所示。

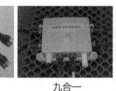

三合一　　　　七合一　　　　九合一

● 图 4.4.1　环境综合采集器进化史

该产品之所以硬件成本和实施成本大大降低，是因为把传统的众多传感器的变送器环节拿掉，主控板直接对接传感器探头，芯片级对接。另外连接线也大幅减少，系统配置也变得简单，一次配置，就可以采集近十种传感指标（如图 4.4.2 所示）。

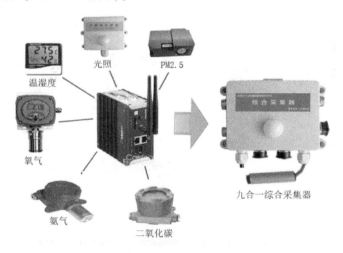

● 图 4.4.2　环境综合采集器

另外随着物联网综合采集器的不断升级优化，该产品的通信接口也从最初的 RS-485，升级到便于接线的 PowerBus，最后直接集成 2G 或 4G 通信模块，不再通过网关，而是直接入云，大大降低了物联网项目成本，从两三万元，降低到数千元（如图 4.4.3 所示）。

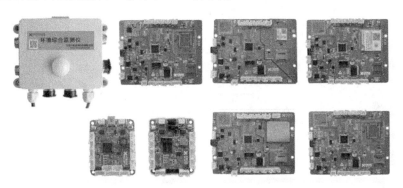

● 图 4.4.3　环境综合采集器

▶▶ 4.4.2　水质采控一体机

为水处理行业研发推出的水质采控一体机，也是基于物联网环境综合采集器一样的逻辑，从硬件、实施及维护三个层面，综合降低成本，并且更为彻底，不仅仅取代了 PLC、触摸屏，也取消了变送器、显示仪表，还定制和改善了用户业务逻辑，大大降低了开发、实施成本（如图 4.4.4 所示）。

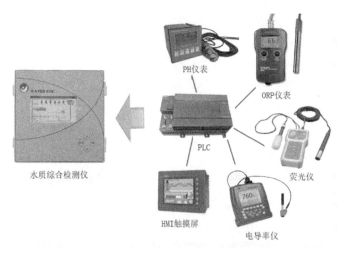

● 图 4.4.4　水质采控一体机成本优势

水质采控一体机，由显示控制屏、主控板、接口板、传感模块和通信模块五部分构成，传感模块和接口板可以直接对接各种水质传感器探头；通信模块可以直接把数据上传到云端；HMI 显示屏则可以直接显示业务逻辑画面；继电器控制各种加药泵。

为了进一步让开发人员从众多的业务场景配置中解放出来，比如抽象出了循环水、双循环水、RO 和锅炉等常用的业务场景。其业务画面及业务逻辑，仅需要用工具进行适当选择，就可以配置（如图 4.4.5

和图 4.4.6 所示)。

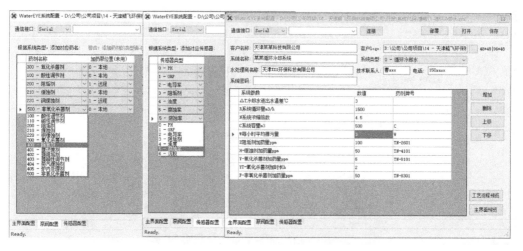

● 图 4.4.5　水质采控一体机业务逻辑配置

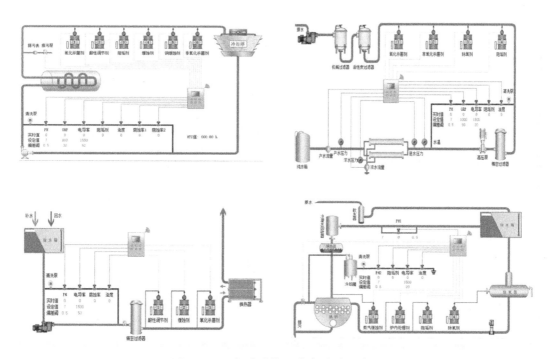

● 图 4.4.6　水质采控一体机业务逻辑画面

▶▶ 4.4.3　大棚智能管控终端设备

种植物联网领域和养殖物联网领域类似,种植大棚由于成本更为低廉,所以需要性价比更高的物联网控制系统。最新为种植物联网系统打造的大棚智能管控终端设备,含 8 路继电器输出,15 路开关量输入（支持脉冲水表数据采集），2 路 RS485，1 路无线通信模块。满足大部分种植物联网场景需求（如图 4.4.7 所示）。

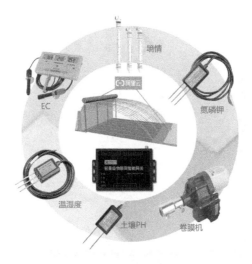

● 图 4.4.7　大棚智能管控终端设备

此外智能设备支持二次开发，最终客户完全根据自己的需求进行业务逻辑的编写，充分挖掘行业客户自身的内在价值。

▶▶ 4.4.4　大坝桥梁状态监测仪

大坝桥梁的状态监测，是属于相对专业的应用领域。由于大坝和桥梁建成之后，其使用寿命为数十年甚至上百年。所以坝体和桥梁内预理的传感器必须非常可靠才行。所以为了满足这一需求，传感器原始且简单，比如差动电阻、振弦钢丝。为了专门对接这一类传感器，研发出了 1~5 路的多通道差动电阻智能终端和多通道振弦智能终端（如图 4.4.8 所示）。

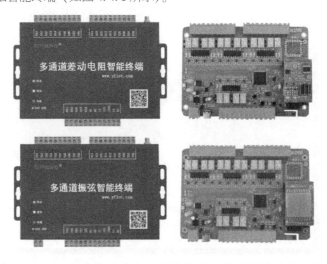

● 图 4.4.8　多通道差动电阻智能终端和多通道振弦智能终端

多通道差动电阻智能终端支持 3 线和 5 线制差动电阻传感器的接入。多通道振弦智能终端适配多种振弦式传感器的接入，低电压起振，不损害振弦钢丝，让振弦式传感器寿命更持久。

除了传感器采集通道外，上传通信信道可以选型为 RS485 或者 PowerBus 通信链路，也可以是 LoRa 无线通道。此外设备上还集成了 1 路开关量输入（0~24V）、1 路继电器和温湿度传感器。考虑到现场安装的条件相对比较苛刻，比如潮湿，可以直接通过设备上集成的温湿度值，通过继电器控制一些加热设备进行除湿操作，并且可以获取当前采集控制箱的状态（比如是否开闭等）。

数据可以定时采集，也可以根据需要按需采集，采集完毕的数据可以通过物联网智能网关上传到客户指定的物联网云平台。

4.5 小结

本章从物联网传感器、智能设备和网关讲起，介绍了数量众多的物联网设备和繁多的物联网通信链路及物联网通信协议。为了快速且简捷地对接这些接口各异、不同协议的物联网传感器和智能设备，推出了适合不同应用场景的通用物联网智能网关、物联网终端和物联网智能模块。为了适应 SaaS 平台的发展，及批量部署和实施物联网项目的需要，研发并推出了物联网综合传感器及面向行业的定制类物联网产品。

总之一言以蔽之，**在物联网时代，物联网设备不仅硬件成本更为敏感，实施成本和维护成本也更为关键**。各种通用物联网产品和定制类物联网产品的推出就是为了迎接这一挑战而来的。

第5章

YFIOs 组态式低代码开发

5.1 YFIOs 数据组态

工业组态最早从分散控制系统-DCS（Distributed Control System）发展而来。

▶▶ 5.1.1 从工业组态进化到物联网组态

20世纪80年代，美国的 Wonderware 公司研发出了世界上第一款商用组态软件 Intouch。紧随其后的是 Intellution 公司研发的 iFix，通用电气的 Cimplicity，以及德国西门子的 WinCC 等。国内组态系统的发展相对较晚，最早的是亚控公司的 KingView 组态王及昆仑通态的 MCGS，而后还有三维力控公司推出的力控组态软件。

最初的组态软件主要是解决人机界面的问题，但是现场总线技术的成熟，更是促进了组态软件的使用。组态软件具有实时多任务、接口开放、使用灵活、运行可靠等特点。其中最突出的就是实时多任务特性，可以在一台计算机上同时完成数据采集、信号处理、现场图形显示、实时曲线、数据存储、历史数据查询、实时通信和人机交互等多个任务。

组态软件的使用者是自动化工程人员，组态软件可以在使用者完成自己需要的应用系统时不需要修改软件源代码，通过拖拉配置，就可以实现（如图5.1.1所示）。

组态软件的出现彻底解决了软件重复开发的问题，实现模块级复用，好处不仅仅是提高了开发效率，降低了开发周期，更大的优势是成熟模块的复用，大大提高了系统稳定性和可靠性。

我们在前面提到了组态（Configuration），就是模块化任意组合（类似乐高积木），对其三个特点：延展性、易用性和通用型也分别进行了阐述。

但是无论是基于 PC 平台的组态软件，还是基于 ARM 系统的嵌入式组态软件，其组态粒度都显过大，大部分通过串口、网口、CAN 等通道把各系统模块连接在一起，在一定程度上增加了系统构建的成本和代价。在工业自动化领域对成本不敏感，所以这样做也无可厚非，但是在物联网时代，物联网智能设备越来越多，附加值越来越低，如何最大程度地节省成本，成为摆在我们面前最大的问题。

而以 .NET Micro Framework 为依托构建的轻量级嵌入式物联网组态软件 YFIOs 就很好地解决了上述问题，除支持常规的串口、网口、CAN 外，还支持 USB、WiFi、ZigBee、SPI、I2C、单总线、GPIO 等通道，SPI、I2C 片级总线的支持加上强大的托管代码（C#、VB. net）开发能力，使嵌入式硬件系统真正组态

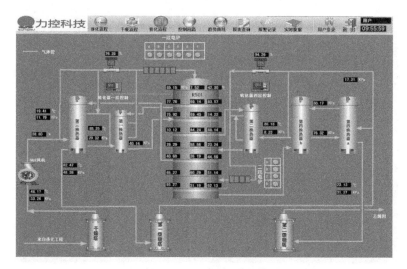

● 图 5.1.1　力控组态软件

化、模块化成为可能，这项技术的推出，无疑为快速打造形态各异、功能不同、价格低廉的产品提供了最有力的支撑。

在物联网、云计算时代，一切以数据为中心，不同的传感器通过不同的方式接入网络，通过云计算的方式为不同的终端用户提供服务。所以相对于工业自动化领域，在物联网时代，为了更适应新形势的发展，方便对接各种物联网云平台，及加速和降低各种传感器、智能模块的入网代价，具有物联网时代特色的 YFIOs 组态软件的出现成为必然（如图 5.1.2 所示）。

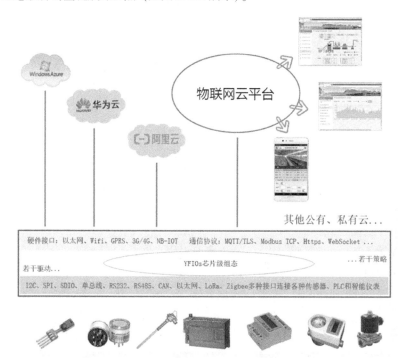

● 图 5.1.2　物联网时代的组态 YFIOs

▶▶ 5.1.2 YFIOs 架构和技术优势

YFIOs 由三大部分构成，一是 YFIOs 运行时，包含 YFIODB、YFIOBC、驱动引擎和策略引擎（如图 5.1.3 所示）；二是应用模块，包含驱动、策略和 IO 数据；三是 YFIOs 管理程序（YFIOs Manager），该工具和 YFIOs IDE 或 Microsoft Visual Studio 开发工具一起共同完成驱动、策略的开发、配置及部署工作。

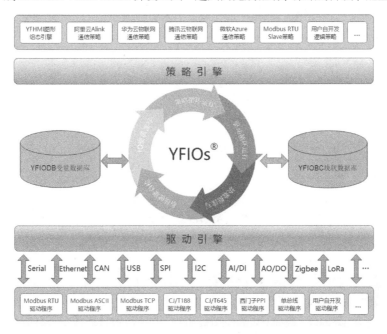

● 图 5.1.3 YFIOs 架构图

YFIOs 由两种代码编写组成，一种是 C/C++代码，底层核心代码的支持库，供核心引擎及驱动或策略代码调用；另一种是 C#托管代码，YFIOs 运行时（亦即 YFIOs 引擎）、驱动和策略代码。C#托管代码通过 Interop 接口，调用 C/C++编写的代码，以提高系统的运行效率或直接操控底层硬件（如图 5.1.4 所示）。

YFIOs 数据组态同传统组态或其他物联网、嵌入式等方案相比，有如下优势：

1）芯片级轻量组态，零代码或低代码就可以实现大部分物联网场景构建。此外支持远程参数设定、远程升级和远程调试。

2）组态粒度小，可基于 I2C、SPI 和单总线等芯片级接口进行项目组态构建。

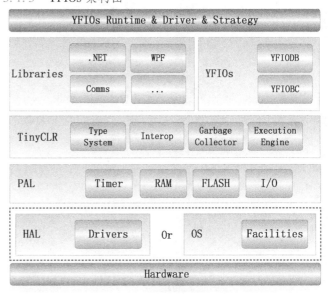

● 图 5.1.4 YFIOs 系统结构图

3）添加用户设备的同时，自动添加物模型 IO 数据项，可直接对接阿里云、华为云、腾讯云、微软 Azure 和亚马逊等物联网云平台，支持云平台的事件和服务机制。

4）支持二次开发，可采用 Microsoft Visual Studio 模板进行驱动和策略开发，开发门槛较低，和 Windows 平台的开发别无二致；此外还支持基于 Modbus ASCII/RTU 和 CJ/T-188 等协议的仪器仪表相关驱动的零代码快速开发。

5）策略可以和驱动联动，不仅可以直接调用驱动，还可以和驱动进行关联，事件触发的方式执行策略；策略不仅可以调用驱动，彼此之间还可以互相调用。

6）驱动和策略可以加密，也可以绑定指定硬件运行，不仅可以保护用户的知识产权，还可以在此基础上为第三方客户提供增值服务。

7）近二十年的技术积淀，2004 年脱胎于工控组态项目，历经 Windows 版、WinCE 版和 . NET Micro Framework 版，越来越轻量，越来越物联网化。

▶▶ 5.1.3　YFIODB & YFIOBC

YFIODB 和 YFIOBC 分别是 YFIOs 引擎的核心组成部分，一个是内存实时数据库，用于解耦驱动和策略的数据交换，另外一个是大数据量的读写访问，也是用来解耦驱动和策略的数据交换，只是数据量相对比较大，以块数据为主。下面分别介绍一下 YFIODB 和 YFIOBC。

YFIODB 是一个在内存实现的数据库，主要存放 IO 数据，供驱动程序、策略程序直接访问，从而起到跨模块交换数据的目的。其 IO 数据一般可分为两种，一种是内部 IO 数据，该种 IO 数据不绑定任何设备驱动，主要作为中间变量或临时变量来使用；另一种是设备 IO 数据，该种 IO 数据和实际的驱动程序进行绑定，该 IO 数据的值映射驱动所对应的设备参变量的值。

YFIODB 的库结构如图 5.1.5 所示。

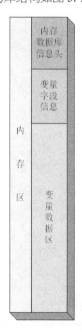

```
struct YFIODBHead              //记录头

{

    char Flag[8];              //标志 YFIODB

    UINT32 Ver;                //版本 01

    UINT32 MaxNoteCount;       //记录条目数最大数

    UINT32 NoteCount;          //记录条目数

    UINT32 NoteLength;         //记录长度 所有字段宽度之和

    UINT32 FieldCount;         //字段的个数

    UINT32 FieldOffset;        //字段信息所在的位置偏移
```

● 图 5.1.5　YFIODB 的库结构

针对轻量级嵌入式组态的特点，**YFIOs** 把通用组态中所谓的"点"进行了简化，把常规组态中每个"点"的 30 多个字段，优化为最常用的 9 个，如表 5-1 所示。

表 5-1　常规组态中的字段

序号	变量名称	字节长度	说　明
1	Name	32	变量的名称
2	Type	2	数据类型：B-布尔型 I-整型 F-浮点型 S-字符串
3	Value	32	变量的值
4	Comment	26	注释
5	RWMode	2	读写类型：0 只读 1-只写 2-读写（自动读）3-读写（手动读）4-只读（手动）
6	RWFlag	2	读写标志：字符 R-自动读 W-自动写 r-手动读 n-读不操作 N-写不操作
7	LO	16	下限
8	HO	16	上限
9	DateTime	8	时写戳：YYYY（2B）MM（1B）DD（1B）HH（1B）mm（1B）SS（1B）
统计		136	1000 个点（IO 数据项）需要约 132.8 K Byte 的内存

YFIODB 本身仅是一个数据库操作引擎，并不包含以上的字段信息，也不包含任何数据。**YFIOs** 启动后，会根据以上字段定义的信息，创建指定大小的内存数据库表，并且把预先定义好的系统 IO 变量和设备 IO 变量填充到内存数据库中去。

YFIODB 访问接口被操作类接口（IOperate）进一步封装，而操作类接口是驱动和策略标准函数接口的第一个参数，所以任何一个驱动和策略程序都可以操作 **YFIODB**。

相关操作接口定义如下：

```
//读数据
string IORead(string name);
int IOReadInt(string name);
float IOReadFloat(string name);
//读数据(扩展方式  变量名.字段名)
string IOReadEx(string name);
//写数据(内部写)
int IOWrite(string name, string data);
int IOWrite(string name, int data);
int IOWrite(string name, float data);
//写数据(扩展方式  变量名.字段名)
int IOWriteEx(string name, string data);
//外部写(直接写变量)
int Extern_IOWrite(string name, string data);
//变量读写模式
string IOReadMode(string name);
```

需要说明的是，该接口提供的是对 **YFIODB** 的写操作，并不是直接对 **YFIODB** 数据库某表某字段进行写操作，而是根据一定的逻辑算法，对各表项综合操作（注意：扩展方式写操作，是直接对表中具体的项进行操作的）。驱动函数要采用内部写模式，执行后，会自动复位"W"标志位，而对策略函数来说，属于用户层面操作，所以要写 **YFIODB** 的时候，需采用外部写函数，执行后，函数会自动复位 "W" 标志位。

写 **YFIODB** 数据库操作分内外的意义在于：策略函数仅仅是把变量的值写入内存数据库，而驱动才会真正把该变量的值写入实际的设备中去。而通过复位和置位 "W" 标志可以获知是否要写入实际设备，或是否写入完成。

和 **YFIODB** 不同，**YFIOBC** 是用来供驱动程序和策略程序存储与交换大块数据而用的，如摄像头的图像数据。该结构设计如同文件系统，可新建、删除和读写，其内容大小仅受设备内存的限制。

YFIOBC 的库结构如图 **5. 1. 5** 所示。

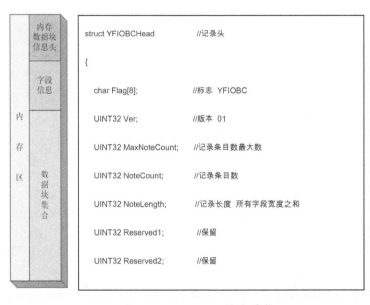

● 图 5.1.5　YFIOBC 的库结构

和操作 **YFIODB** 接口一样，操作 **YFIOBC** 的接口也封装到操作类接口（**IOperate**）中，所以驱动和策略程序都可以操作 **YFIOBC**。

操作接口定义如下：

```
//删除内存数据条目
int IOBC_Del(string name);
//size=0 打开,size>0 创建
int IOBC_Create(string name, uint size);
//获取指定条目所分配的内存大小
int IOBC_GetLength(int hander);
//读写偏移设置
int IOBC_Seek(int hander, int offset);
//读内存数据
int IOBC_Read(int hander, byte[] buffer, int offset, int count);
//写内存数据
int IOBC_Write(int hander, byte[] buffer, int offset, int count);
//关闭
int IOBC_Close(int hander);
```

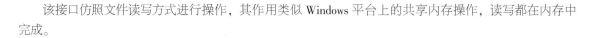

该接口仿照文件读写方式进行操作，其作用类似 Windows 平台上的共享内存操作，读写都在内存中完成。

▶▶ 5.1.4　YFIOs Manager 简介

顾名思义 YFIOs Manager，就是 YFIOs 桌面端的物联网项目开发管理工具。YFIOs Manager 的主要功能就是管理用户驱动、IO 变量和用户策略，把项目打包部署到物联网智能设备中，可以实时监控智能设备中 IO 变量的实时值，可以查看，也可以在线设置，还可以实时输出设备运行的日志，供用户进行问题诊断（如图 5.1.6 所示）。

● 图 5.1.6　YFIOs Manager 软件主界面

新建、打开和保存项目文件（.ios 扩展名的文件）与常规软件无异，这里不再赘述。YFIOS Manager 软件和设备紧密相连，有些功能项，只有设备成功连接后，方可正常使用。

目前支持三种设备接口：串口、USB 和网口。具体视设备支持的调试口而定。

添加完必要的用户设备、IO 数据变量和用户策略后，可以对项目单独进行编译，以便进行远程升级，也可以直接部署到智能设备中去。

1. 项目属性

项目属性有三个选项页面，分别是基本属性、参数配置和信息输出控制（如图 5.1.7 所示）。

● 图 5.1.7　YFIOs 项目属性

在基本属性页面，填写项目名称、项目版本和项目说明。其中项目名称和项目版本用来做远程升级的标识，和升级包的版本必须保持一致。

参数配置，其中 YFIODB 的条目数，也就是所谓工控术语中的"点"数，一个"点"136 个字节，对资源有限的轻量级设备，尽可能把"点"的个数设置小一些，以便于节省内存。YFIOBC 是数据块访问，如果项目中不需要，设置为 0 即可。如果现场环境复杂，电磁干扰比较恶劣，或者是担心自己写的用户策略运行过程中可能跑飞，可以开启看门狗选项（YFIOs 引擎和通信策略中已经内嵌了看门狗相关功能，用户自行写的策略中，还可以使用 3 路看门狗通道对自己的程序进行监控）。日志功能主要用于通信策略，会把关键日志写入 TF 卡中，以便于联网失败时，故障诊断用（网关需要支持 TF 卡才可以开启该功能）。

信息输出控制共分为八级，根据实际需要打开或者关闭相关选项，系统日志会根据该配置进行不同级别的信息输出。

2. 用户设备

当前 YFIOs 提供了大约 200 余种智能设备的驱动，可以单击用户设备列表项，然后双击"新建…"项，即可创建和添加用户设备（如图 5.1.8 所示）。

● 图 5.1.8　YFIOs 用户设备

单击"…"按钮，可以在弹出的树形列表中选择要添加的设备驱动。如果智能设备需要上传到物联网云端，则设备名称最好和云端设备名称保持一致。串口号或其他具体的接口，需要和实际保持一致。如果是叶帆系列的多接口智能设备，也可以通过单击"设备接口表"按钮，选择对应的接口，则自动填写串口号。

在"其他"页面，变量自动添加选项比较重要，勾选后，会自动添加设备的 IO 变量（如图 5.1.9 所示）。DEBUG 模式勾选后，项目属性中信息输出控制的"系统调试信息"项被勾选，则日志信息里，会输出网关和智能设备之间发送和接收的 16 进制字节数组信息。其他字段参数是否有效主要看驱动程序本身是否支持该参数。

3. IO 数据

单击树形列表"数据配置"后，可以看到添加用户设备时自动添加的 IO 变量（如图 5.1.9 所示），也可以双击"新建…"项，自行根据需要在弹出的对话框中添加四种类型的 IO 变量数据（如图 5.1.10 所示）。

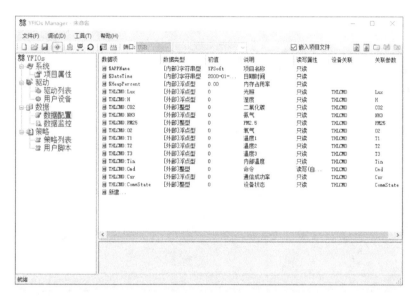

● 图 5.1.9　YFIOs 数据配置（自动添加 IO 变量）

● 图 5.1.10　YFIOs 新建 IO 变量数据

四种数据类型分别是：布尔型、整型、浮点型和字符串型，分内部变量和外部变量。所谓外部变量就是该 IO 变量和用户设备相关，需要和用户设备中的变量参数进行绑定，然后用户设备驱动会自动操作这些 IO 变量；内部变量仅仅作为中间变量数据和实际的物理设备并不相关，一般来源于用户自行创建或者系统策略或驱动自动添加的一些 IO 变量。

4. 设备策略

单击树形列表"策略列表"，双击右侧栏里的"新建…"项，即可添加用户策略或者系统策略。如果是添加用户策略，则需要单击"…"按钮，选择对应的用户策略相关的文件即可。如果是添加系统策略，则需要单击"SYS"按钮，在弹出的菜单中选择需要添加的系统策略即可（如图 5.1.11 所示）。

● 图 5.1.11　YFIOs 添加系统策略

如果业务逻辑比较简单，则无须编写相对复杂的用户策略程序，直接在用户脚本里编写相关逻辑代码即可（如图 5.1.12 所示）。

此外针对用户策略开发，在 YFIOs Manager 的"工具"菜单中，额外又提供了一款"YFIOs 开发环境"工具，可以用来快速开发多个相对复杂的用户策略（如图 5.1.13 所示）。

注意

　　YFIOs Manager 学习版下载地址如下（标准版需要 USB Key 才能启动）：http://cloud.yfiot.com/file/YFIOs/YFIOsManagerLE.rar

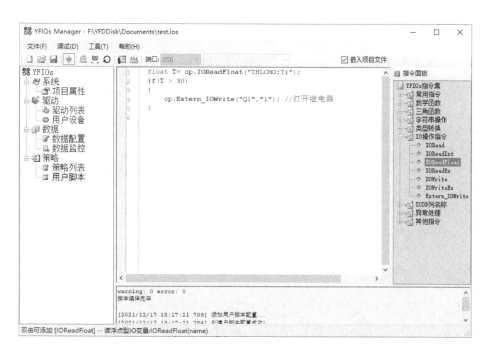

● 图 5.1.12　YFIOs 编写用户脚本

图 5.1.12　YFIOs 编写用户脚本

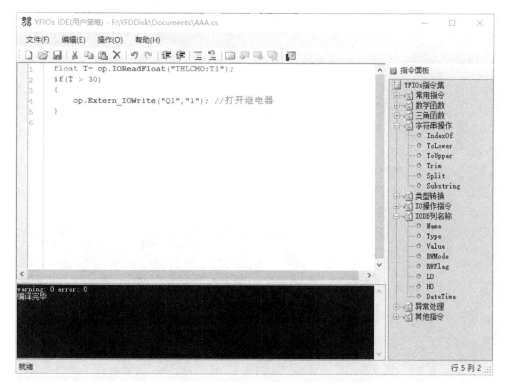

● 图 5.1.13　YFIOs 用户策略开发环境

5.2 设备驱动

和 Windows 或 Linux 等操作系统一样，要想让接入的硬件设备正常工作，必须有对应的设备驱动程序。YFIOs 的驱动程序在正常情况下，一个驱动程序对应一种设备。不过如果硬件有一定的兼容性，一个驱动程序也可以对应一类设备。或者是驱动程序做特别的处理，也可以一个驱动程序通过不同的配置、自动识别等，支持一类或者一系列硬件设备。

和传统的组态驱动不同，YFIOs 绝大多数驱动都不是通用驱动，何为通用驱动？比如 Modbus 通信协议，大多数厂家的智能设备都不同程度地支持（比如支持 3 号或 16 号指令），凡支持该协议的设备，都可以通过同一个设备驱动进行访问，唯一不同的就是设备地址、数据类型、起始地址和数据长度等参变量，每个 IO 变量有针对性地配置即可。

YFIOs 设备驱动由于支持 IO 变量自动添加，所以通信协议本身反而不那么重要，重要的是智能设备本身的"属性"，比如智能设备可以采集温度、湿度、大气压等指标属性。

恰恰因为 YFIOs 很早就采用这种面向对象的思想去构建设备驱动，所以自然地和当前主流的物联网平台相匹配，从设备到云端都可以采用一致的物模型去构建物联网项目。

驱动程序除了按设定的扫描时间周期执行外，还可以把扫描时间设置为 0，表示不会自动运行。设置为该模式的驱动，一般被策略程序直接调用而得以执行。

另外驱动还可以设置为 Disabled，这样该驱动任何方式的调用将被禁止，如该驱动不存在一样。

▶▶ 5.2.1 驱动开发环境搭建

有两种方法开发设备驱动，一种是在 YFIOs 开发环境（如图 5.1.9 所示）中针对 Modbus 或者 CJ/188 协议的智能设备，只需要简单配置就可以自动生成对应的驱动。另外一种就是在 Microsoft Visual Studio 开发环境里进行开发。

针对第一种，只要下载了 YFIOs Manager，打开运行后，在菜单"工具"->"YFIOs 开发环境"中就可以打开 YFIOsIDE 程序，或者在 YFIOs Manager 所在的目录下进入"Tools \ F-YFIOsIDE"目录就可以看到"YFIOsIDE.exe"，双击打开即可。

针对第二种，我们在第 1 章中介绍了 Visual Studio 2010 C#学习版和 .NET Micro Framework SDK 的安装。在此基础上安装 YFIOs 开发模板，下载地址如下：

http：//cloud.yfiot.com/file/YFIOs/YFIOsVS2010.rar

下载 YFIOsVS2010.rar 后，解压到合适的目录（文件目录最好不要有中文，不要有空格，安装后不能移动），以管理员身份运行 install_vs2010_template.exe，或在有超级用户权限的 DOS 命令窗口执行该命令，以便于查看调试信息（如图 5.2.1 所示）。

安装完毕后，打开 Microsoft Visual

● 图 5.2.1　YFIOs 开发模板安装

C# 2010 学习版，在"文件"菜单下单击"新建项目"命令弹出如下对话框（如图 5.2.2 所示）。

• 图 5.2.2　VS2010 中的 YFIOs 开发模板

从上图可以看出 YFIOs 模板下有两个模板，一个是"YFIOs Driver"，这是驱动开发的模板，另外一个是"YFIOs Strategy"，这是策略开发的模板。这一步安装完毕后，后续将介绍 YFIOs 驱动和策略开发的相关内容。

▶▶ 5.2.2　Modbus 驱动开发向导

YFIOs IDE 开发环境提供了 Modbus 驱动开发向导和 CJ/188 驱动开发向导，这里着重介绍 Modbus 驱动开发向导相关内容，CJ/188 相关的开发和 Modbus 类似，这里就不再进一步介绍了。

我们以叶帆科技的 YF3610-TH21 温湿度传感器为例，进行驱动开发及网关接入。对任何智能设备，首先需要获取该设备的说明书，了解模块供电电压范围、电源和通信接线说明（如图 5.2.3 所示）。

其次获得通信协议，了解通信参数及需要读取的数据的寄存器地址（如图 5.2.4 所示）。

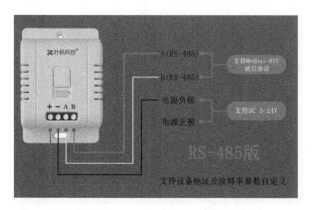

• 图 5.2.3　YF3610-TH21 接线说明

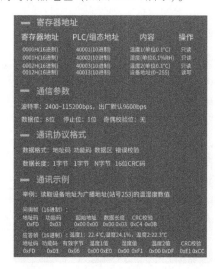

• 图 5.2.4　YF3610-TH21 通信协议

在前面的 .NET 低代码开发中,我们已经详细介绍了 YF3300 和 YF3610-TH21 的接线及 Modbus 协议。参考第 1 章 1.2 节相关内容和图 5.2.3 进行设备接线,让 YF3300 和 YF3610-TH21 连接在一起(如图 5.2.5 所示)。

我们只获取一路温度和湿度。温度的寄存器地址:40001,湿度的寄存器地址:40002。

运行 YFIOsIDE 程序,在菜单"文件"下单击"Modbus 驱动开发向导"菜单项,在弹出的对话框中,根据通信协议的说明,填写和添加相关的选项(如图 5.2.6 所示)。

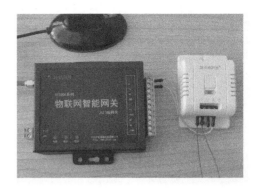

● 图 5.2.5　YF3300 和 YF3610-TH21 连接图

● 图 5.2.6　Modbus 驱动开发向导

驱动名称、版本、作者、说明、制造商和设备类型根据实际进行填写即可(填写什么并没有硬性规定,只是驱动名称不要和已有的重复即可)。

添加 IO 变量(物模型中的属性)这一步比较关键,标识符最好和云端物模型保持一致,这样上传云端的时候,无须进行变量映射,就可以上传到物联网云平台了。

数据区域选择保持寄存器(40000),一般情况下数据地址 40001 对应的数据地址为 0,40002 对应的数据地址为 1,以此类推。Modbus 保持寄存器最小的数据单位就是字,也就是两字节,所以数据类型如果是无符号,一般选择 UInt16,有符号选择 Int16。其他具体的类型就根据实际来进行选择了。

另外在字节顺序方面,虽然 Modbus 协议规定是大端传输,高字节在前,但是很多智能设备虽然采用了 Modbus 协议,而 IO 数据并不一定严格遵守这个约定,所以字节顺序可以依次验证一下,直到获取的数据和期望值一样，就可以了。

此外需要说明的是，温度和湿度是含有一位小数的，这需要驱动进行特别处理。因为 Int16 的变量范围为 -32768~32765，含一位小数，范围为 -3276.8~3276.5，也满足温度（-40~1000℃）和湿度（0~100%）的需要。所以运算表达式需要填写 $Value/10.0，$Value 为获取的原始值，除以 10 就是需要的最终值。

我们依次添加了温度 T 和湿度 H 选项，添加完毕后，单击"编译"按钮。选定好输出目录，编译完毕后会输出两个文件："YFTH21.dll"和"YFTH21.pe"。把这两个文件复制到（或者一开始就输出到）YFIOsManager 程序所在目录的"Driver"子目录下。也可以在"Driver"目录下新建目录，然后进行复制。

复制完毕后，重新启动 YFIOsManager 程序，可以在驱动列表中看到我们新添加的驱动 YFTH21（如图 5.2.7 所示）。

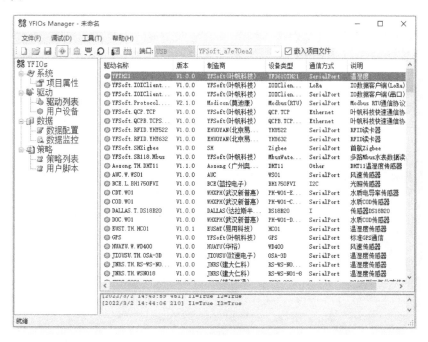

● 图 5.2.7 Modbus 驱动开发向导

单击"用户设备"选项，然后双击"新建…"项，在弹出的"用户设备"对话框中单击"…"按钮，添加一个基于 YFTH21 驱动的用户设备（如图 5.2.8 所示）。

单击对话框框左下角的"设备接口表"按钮，设置串口号。我们采用的网关是"YF3300"，接入的是 RS485 接口，所以是 COM2，双击该选项，则会自动设置串口号为"COM2"（如图 5.2.9 所示）。

设备名称设置为"TH21"，名称可以任意，只

● 图 5.2.8 添加用户设备

要和其他用户设备名称不重复即可。设备地址设置为"253",这是叶帆科技智能设备默认的通用地址,如果 RS485 总线只有一个设备,可以直接设置为这个地址,否则就要设置该设备实际的地址,串口参数采用默认值即可(如图 5.2.10 所示)。

● 图 5.2.9 设置串口号

● 图 5.2.10 用户驱动配置

单击"确定"按钮,则用户驱动完成创建。同时在数据配置中,自动生成 IO 数据变量(如图 5.2.11 所示)。

● 图 5.2.11 自动生成 IO 数据变量

"T"和"H"就是我们在图 5.2.6 Modbus 驱动开发向导中添加的。"Csr"是驱动自动添加的,表示网关和 YF3610-TH21 温湿度传感器之间的通信成功率。"CommState"也是驱动自动添加的,表示智能设备的通信状态,比如 0 就是正常,非 0 就是异常。

单击菜单"调试"下的"部署"选项，或者直接单击工具条上的 ⛁（部署）按钮。部署驱动及相关配置到 YF3300 网关。部署成功重启后，单击"数据监控"，就可以看到温度 T 和湿度 H 都有对应的值了（如图 5.2.12 所示）。

● 图 5.2.12　YFIOs 数据监控

如果通信失败，我们也可以输出对应的调试信息进行调试。双击"项目属性"，在弹出的对话框面板中，单击进入"信息输出控制"，勾选所有的选项。然后单击"用户设备"，双击我们添加的用户驱动"TH21"，在弹出的对话框中单击进入"其他"面板，勾选"DEBUG 模块"，然后单击"确定"按钮关闭对话框（如图 5.2.13 所示）。重新单击"部署"按钮向 YF3300 网关下载相关配置。

● 图 5.2.13　YFIOs DEBUG 调试模式设置

部署完毕重启后，在信息输出区，可以看到网关发出的命令帧及 YF3610-TH21 温湿度设备的响应帧了（如图 5.2.14 所示）。

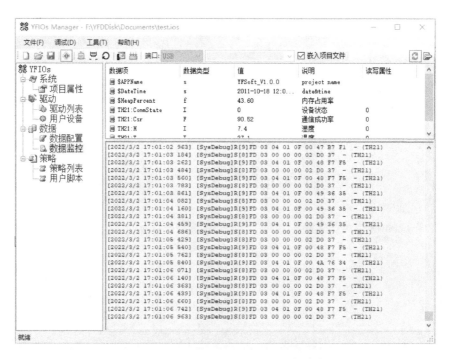

● 图 5.2.14　DEBUG 调试信息输出

▶▶ 5.2.3　Visual Studio 驱动开发

如果基于 Modbus 或 CJ/T188 驱动开发向导无法满足驱动开发的需要，就需要采用 Visual Studio 进行开发了，在 5.2.1 节，已经介绍了驱动开发环境的构建。我们在此基础上进行驱动开发。在图 5.2.2 VS2010 中的 YFIOs 开发模板中，选择 YFIOs Driver 选项，项目名为 "YFIOsDriver"，打开后发现，已经有相关的模板代码了（如图 5.2.15 所示）。

下面我们将系统地介绍整个驱动组成和核心的接口引用。首先所有的驱动类需要继承一个接口类：IDriver。

```
public interface IDriver
{
    DriverInfo GetDriverInfo();
    int OnLoad(Device dv, IOperate op, object arg);
    int OnRun(Device dv, IOperate op, object arg);
    int OnUnload(Device dv, IOperate op, object arg);
}
```

驱动程序必须要实现这 4 个函数接口，其中 GetDriverInfo 仅供 YFIOs Manager 程序调用。

1）GetDriverInfo-返回驱动相关信息（请参见 DriverInfo 驱动配置信息类）。

2）OnLoad-驱动被加载时，将自动调用 OnLoad 方法。用户可以在该函数内，完成一些初始化操作。

3）OnRun-根据配置不同，该函数按指定的时间间隔连续被系统调用（如果时间间隔配置为 0，则系统不会自动调用 OnRun 方法）。同一个接口配置的驱动，将共享一个线程，系统将依次调用该方法。

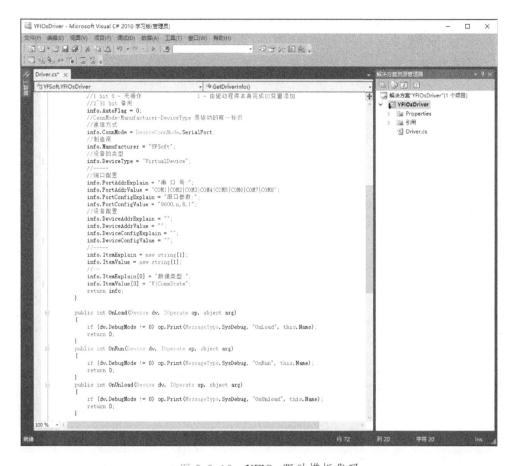

● 图 5.2.15　YFIOs 驱动模板代码

4) OnUnload-驱动被卸载时，系统将调用 OnUnload（目前 YFIOs 系统不支持驱动卸载，所以该函数可以为空）。

● 驱动配置信息类：

```
public class DriverInfo
{
    //32byte,驱动名称(要保证唯一)
    public string Name;
    //16byte,版本信息
    public string Ver;
    //64byte,说明
    public string Explain;
    //16byte,开发者
    public string Developer;
    //16byte,日期
    public string Date;
    //自动化标志
```

```
//0 bit 0-系统为你初始化通信接口    1-由驱动程序本身完成通信接口初始化
//1 bit 0-无操作                  1-由驱动程序本身完成 IO 变量添加
//2~31 bit 备用
public int AutoFlag;
//通信方式
public DeviceConnMode ConnMode;
//64byte,设备制造商
public string Manufacturer;
//32byte,设备类型
public string DeviceType;
//设备参数
//硬件端口名称    空为无效项
public string PortAddrExplain;
//硬件端口默认值 项选择(如果有的话)用" |" 分隔开,默认项为第一个
public string PortAddrValue;
//端口参数名称    空为无效项
public string PortConfigExplain;
//端口参数默认值 项选择(如果有的话)用" |" 分隔开,默认项为第一个
public string PortConfigValue;
//设备地址名称    空为无效项
public string DeviceAddrExplain;
//设备地址默认值 项选择(如果有的话)用" |" 分隔开,默认项为第一个
public string DeviceAddrValue;
//设备参数名称    空为无效项
public string DeviceConfigExplain;
//设备参数默认值 项选择(如果有的话)用" |" 分隔开,默认项为第一个
public string DeviceConfigValue;
//项参数
//8* 32 byte,连接项名称
public string[] ItemExplain;
//8* 4 byte 默认值 项选择(如果有的话)用" |" 分隔开,默认项为第一个
public string[] ItemValue;
//扩展配置信息的长度 如果为 0,则表示没有(上位机管理程序使用)
public int ConfigSize;
}
```

该驱动的配置信息主要供 YFIOs Manager 调用，YFIOs Manager 根据这个配置，自动生成驱动配置参数选项及相关配置信息。用户配置后，相关配置参数连同驱动程序一起被部署到网关设备里。

- 通信接口：

```
public enum DeviceConnMode
    {
        SerialPort = 0,
        Ethernet,
        CAN,
        USB,
        SPI,
```

```
I2C,
SDIO,
ZigBee,
LoRa,
NBIoT,
AD,
DA,
I,
Q,
PWM,
Other,
}
```

接口对应于实际的物理接口，目前 SerialPort、Ethernet、CAN 和 LoRa 接口，驱动引擎底层已经提供了初始化和读写支持，配置好接口类型后，可以直接调用操作类 IOperate 的如下接口进行操作。

```
//打开接口
int Open(Device dv);
//关闭接口
int Close(Device dv);
//清空接收缓冲区
int ClearAcceptBuffer(Device dv);
//清空发送缓冲区
int ClearSendBuffer(Device dv);
//接收缓冲区的数据个数
int AcceptSize(Device dv);
//写入数据
int Send(Device dv, byte[] buffer, int offset, int count);
//读取数据
int Accept(Device dv, byte[] buffer, int offset, int count);
```

除非驱动配置为"由驱动程序本身完成通信接口初始化"，否则 Open 和 Close 接口函数无须用户驱动调用。

- 扩展配置接口：

如果驱动程序提供的标准配置项，不足以配置驱动，则可以自行定制驱动配置项，自行生成配置数据，驱动自行解析。

DriverInfo 信息类中的最后一项 ConfigSize，就是定义该配置信息的大小。驱动的实例类中会含有一个 Config 字节数组，存放 YFIOs Manager 管理程序配置的信息。

```
public interface IConfig
{
    //建议面板大小 319* 203
    Panel[] GetPanel(byte[] InitConfig,ConfigParameter parameter);
    byte[] GetConfig();
}

public class ConfigParameter
```

```
{
    public string[] IODataNames;
    public string[] DeviceNames;
    public string[] StrategyNames;
    public object Sender;
}
```

YFIOs Manager 管理程序会向驱动配置面板提供当前所有 IO 内存变量名称（如图 5.2.16 所示），驱动名称和策略名称等信息。配置程序根据这些信息，进行配置的合理设计，配置数据的具体格式没有硬性规定，和驱动程序约定好即可，一个编码，一个解码。

● 图 5.2.16　YFIOs 驱动扩展配置面板

> **注意**
>
> 驱动高级开发中，如果自动添加 IO 数据变量，则配置数据的格式要做特殊的约定和处理，具体内容可参考驱动高级开发。

从实际操作的角度出发，还是建议先采用 Modbus 驱动开发向导或 CJ/188 驱动开发向导进行基本信息填写和 IO 数据变量的添加，单击"导出为 C#工程"按钮，导出该驱动程序的 C#项目源文件，然后在这个基础上进行驱动源码的增删。

我们导出图 5.2.6 所示的项目，下面着重介绍一下主要的代码功能。选定目录导出后，会有两个目录，一个是驱动公共基础库"Driver_Library"，里面主要放有一些基础库，特别是 Modbus 通信相关的库。如果很多驱动都导入同一个驱动源文件目录，则"Driver_Library"文件夹只导出一个副本。另外一个目录是"YFTH21"，这个目录的名称和驱动的名称保持一致。目录下有两个文件夹，一个是"YFTH2"，一个是"YFTH21_Interface"，第一个目录是驱动实现的主体，release 目录下的 le 目录提供 pe 文件，下载到智能硬件设备。另外一个是接口文件，主要实现 DriverInfo 类，其 release 目录下的 dll 文件供 YFIOs

Manager 调用，配置驱动程序用。

先介绍一下接口文件中的 GetDriverInfo 函数，代码如下：

```
public DriverInfo GetDriverInfo()
{
    DriverInfo info = new DriverInfo();
    //驱动名称
    info.Name = this.Name;
    //版本号
    info.Ver = "V1.0.0";
    //说明
    info.Explain = "温湿度";
    //开发者
    info.Developer = "叶帆";
    //开发日期
    info.Date = "2022-03-03";
    //自动化标志
    //0 bit 0 -系统为你初始化通信接口    1-由驱动程序本身完成通信接口初始化
    //1 bit 0 -无操作                    1-由驱动程序本身完成 IO 变量添加
    //2~31 bit 备用
    info.AutoFlag = 0 |0x2;
    //ConnMode-Manufacturer-DeviceType 是驱动的唯一标识
    //通信方式
    info.ConnMode = DeviceConnMode.SerialPort;
    //制造商
    info.Manufacturer = "YFSoft(叶帆科技)";
    //设备的类型
    info.DeviceType = "YF3610TH21";
    //端口配置
    info.PortAddrExplain = "串口号:";
    info.PortAddrValue = "COM1 |COM2 |COM3 |COM4 |COM5 |COM6 |COM7 |COM8";
    info.PortConfigExplain = "串口参数:";
    info.PortConfigValue = "9600,n,8,1";
    //设备配置
    info.DeviceAddrExplain = "设备地址";
    info.DeviceAddrValue = "1";
    info.DeviceConfigExplain = "";
    info.DeviceConfigValue = "";
    info.ItemExplain = new string[5];
    info.ItemValue = new string[5];
    info.ItemExplain[0] = "数据类型:";
    info.ItemValue[0] = "T |H |Csr |CommState";
    //IO 类型
    // b-[内部]布尔型 i-[内部]整型 f-[内部]浮点型 s-[内部]字符串
    // B-[外部]布尔型 I-[外部]整型 F-[外部]浮点型 S-[外部]字符串
    info.ItemExplain[1] = "";
```

```
info.ItemValue[1] = "I |I |F |I";
//IO 读写模式
//0 -只读   1-只写 2-读写(自动读)3-读写(手动读)4-只读(手动)
info.ItemExplain[2] = "";
info.ItemValue[2] = "0 |0 |0 |0";
//IO 初值
info.ItemExplain[3] = "";
info.ItemValue[3] = "0 |0 |0 |0";
//IO 说明
info.ItemExplain[4] = "";
info.ItemValue[4] = "温度 |湿度 |通信成功率 |设备状态";
return info;
}
```

端口配置和设备配置会和用户设备配置的面板上的参数项一一对应，也就是说用户设备上的参数名称，默认值都来源于此（如图 5.2.17 所示）。

● 图 5.2.17　YFIOs 驱动参数面板

如果默认的参数不足以配置用户驱动，那么可以参考前面介绍的"扩展配置接口"的相关内容了。

上面配置的参数会在 OnLoad 或 OnRun 等接口的 Device dv 参数里。以上几项主要对应 Device 类的如下 4 个属性：

```
int PortAddr;        //端口地址 串口:1.串口:1...n 网络:端口号 ...
string PortConfig;   //32byte,端口参数 串口:波特率,数据位,校验方式,停止位
                     如 9600,N,8,1 网络:IP 地址 ...
int DeviceAddr;      //设备地址
string DeviceConfig; //32byte,设备参数
```

在配置参数的时候，支持用"|"符号进行分割，那么配置面板会以枚举的方式呈现出来。

ItemExplain 和 ItemValue 是数组，ItemExplain 是 ItemValue 参数的文字说明，一共可支持 8 组。在传统组态中，这 8 组用来定义一个"点"位数据，比如针对一个寄存器参数：第一项是寄存器类型（比如保持寄存器、模拟量寄存器等）；第二项是数据类型，比如整型、浮点型等；第三项是数据长度，比如 2 个字节、4 个字节等；第四项是数据地址偏移。只需要 4 项基本就定义了一个唯一的"点"。更复杂的维度

表达一个"点",8 组参数也足以满足了。

物联网时代,物联网云平台都支持物模型这个概念,所以在此基础上,驱动程序也支持物模型,并且支持属性自动添加(其实这个功能远在物联网平台出现之前就已经实现了,那个时候是基于面向对象的思路,也是快速构建项目的思路)。采用 5 个 ItemValue 数组项就可以描述设备的若干属性了。第一项,IO 数据名称,也就是标识符;第二项,IO 数据类型,具体含义可以参考注释;第三项,IO 读写模式,参见注释;第四项,IO 初值,也就是 IO 变量的初始值,会被系统自动填入;第五项,IO 说明,也可以当成 IO 变量的名称来用。

配置完毕后,YFIOs Manager 会自动根据这些配置,生成对应的驱动 IO 变量,并部署到设备中去。

下面介绍一下 YFTH21 驱动源代码中的 OnLoad 和 OnRun 接口的实现。

在开发驱动的时候,需要有一个概念,一个驱动副本,或者说一个驱动实例。有可能在实际项目中,接入若干传感器设备,比如一个 YF3300 接入了 10 个 YF3610-TH21 温湿度模块,但是只有这一个驱动实例。所以需要考虑"重入"的问题,以及多个设备用同一个驱动实例的问题,所以定义临时变量的时候需要注意,不能针对特定的一个设备去进行属性定义。另外 Onload 函数在整个生命周期只调用一次,考虑到每个智能设备不仅是设备地址不同,有可能通信参数也不一样,所以借助了每个智能设备唯一对应的一个 Tag 属性来定义 ModbusRTU 类。

```
public int OnLoad(Device dv, IOperate op, object arg)
{
    if (dv.DebugMode ! = 0) op.Print(MessageType.SysDebug, "OnLoad", this.Name);
    dv.Tag = new ModbusRTU(new YFIOs_SerialPort(dv, op));
    return 0;
}
```

和 OnLoad 不同,OnRun 在一个线程中会被循环调用,调用的间隔可以在驱动的配置面板中设置(如图 5.2.18 所示)。

● 图 5.2.18　YFIOs 用户设备其他面板参数配置

默认扫描周期 200ms,也就是每隔 200ms 就会自动调用一次 OnRun。这里需要注意,虽然每个驱动对应一个线程,但是如果多个用户驱动设备的串口号是同一个,意味着这些设备在同一个总线上,由于串口通信只能串行,不能并行通信,所以这些设备驱动在同一个线程中,而不是每个驱动对应一个单独的线程，所以 **OnRun** 的调用间隔和当前串口下多少设备有关。

```
public int OnRun(Device dv, IOperate op, object arg)
{
    ModbusRTU mbus = (ModbusRTU)dv.Tag;
    int ReturnValue = 0;
    try
    {
        ReturnValue = mbus.Read((byte)dv.DeviceAddr, ModbusRTU.ModbusType.V, 0, buffer,
2 );
    }
    catch
    {
        ReturnValue = -1;
    }

    foreach (IOItem item in dv.IOItems)
    {
        string rwFlag = op.IOReadEx(item.Name + "." + "RWFlag");
        if (ReturnValue == 0)
        {
            if (rwFlag == "R")
            {
                switch (item.Param[0])
                {
                    case 0:  //T-温度
                    {
                        Int16 v = (Int16)buffer[0];
                        op.IOWrite(item.Name, GetFloat((float)(v / 10.0)));
                    }
                    break;
                    case 1:  //H-湿度
                    {
                        Int16 v = (Int16)buffer[1];
                        op.IOWrite(item.Name, GetFloat((float)(v / 10.0)));
                    }
                    break;
                };

            }
        }

        if (rwFlag == "R")
        {
            if (item.Param[0] == 2)                //Csr
            {
                op.IOWrite(item.Name, mbus.Csr.ToString("F2"));
```

```
        }
        else if (item.Param[0] == 2+1)  //CommState
        {
            op.IOWrite(item.Name, ReturnValue);
                }
            }
        }
        return ReturnValue;
    }
```

以上代码中：ModbusRTU mbus =（ModbusRTU）dv. Tag；虽然是同一个驱动实例，同一个 OnRun 接口，但是 dv. Tag 不同，所以可以正确读取对应的用户设备，并进行数据解析。

dv. IOItems 存放了所有用户驱动定义的 IO 属性变量，比如 T、H。foreach（IOItem item in dv. IOItems）就是枚举每个 IO 属性变量进行处理。op. IOReadEx（item. Name + " . " + "RWFlag"）读取每个 IO 变量的读写类型，根据读写类型分别进行处理。读 IO 变量不分内部和外部，写变量才分内部和外部，这一点需要注意。

在驱动内部写 IO 变量时，一律用 op. IOWrite，如果该变量有写标志（"W"），会自动复位写标志。获取对应的属性数据后，直接用 op. IOWrite 写入即可。

"Csr" 通信成功率，目前已经成为驱动程序的一个标配了，如果是用户自行写的通信程序，需要用通信成功的次数除以通信请求的次数，然后乘以 100，计算得出通信成功率。

"CommState" 是每个驱动必备的一个属性，标识设备的通信状态，一般 0 为通信正常，非 0 为通信异常。

了解以上的内容后，用户就可以根据自己的实际需要，编写对应的用户驱动了。

5.3 设备策略

可以把 YFIOs 运行时想象成一个支持多任务的操作系统，这样每个策略的 OnRun 接口，都可以当成一个进程的 Main 函数，唯一不同的是，这个 Main 函数被调用的机制多种多样。

策略就是一段代码，一段标准的 C#/. NET VB 程序，可以根据项目的需求充分访问 C#/. NET VB 已有的开发资源（如各类库函数），编写任意功能的代码模块。

1. 策略接口类

```
public interface IStrategy
{
    StrategyInfo GetStrategyInfo();
    int OnLoad(IOperate op, object arg);
    int OnRun(IOperate op, StrategyMode mode, object arg);
    int OnUnload(IOperate op, object arg);
}
```

策略程序必须要实现这 4 个函数接口，其中 GetStrategyInfo 仅供 YFIOs Manager 程序调用。

1）GetStrategyInfo-返回策略相关信息。

2）OnLoad-策略被加载时，将自动调用 OnLoad 方法。用户可以在该函数内，完成一些初始化操作。

3）OnRun-根据配置不同，该函数以事件、循环等方式被系统自动调用。

4）OnUnload-策略被卸载时，系统将调用 OnUnload（目前 YFIOs 系统不支持策略卸载）。

从以上可以看出设备策略和设备驱动差别不大，设备驱动和设备策略主要的差异就是设备驱动和硬件设备密切相关，设备驱动包含 IO 驱动变量。

2. 策略执行模式

```
public enum StrategyRunMode
    {
        None = 0,          //无动作
        Loop,              //循环执行
        System_Loop,       //系统循环执行
        //事件驱动
        Event_System_Launch_Before,
        Event_System_Launch_After,
        Event_System_Error_Process,
        Event_Driver_Run_Before,
        Event_Driver_Run_After,
    }
```

和最初定义的执行模式不同，新版策略执行模块简化了许多。

1）None：策略定义为该模式，意味着需要其他策略来调用才能被执行。系统本身只负责加载策略和调用策略的初始化接口。

2）Loop：系统自动为策略创建一个线程，然后按指定的间隔，连续调用策略的 OnRun 接口。

3）System_Loop：系统不会另外为策略创建线程，而是在主线程里（也就是 Main 函数中的 while 循环里）不断调用策略的 OnRun 接口，如果多个策略配置了该模式，则这些策略的 OnRun 接口将依次执行。建议包含界面的策略配置成这种执行模式，并且只有一个这样的策略配置成这种模式。

4）Event_System_Launch_Before：配置为该模式，策略将在 YFIOs 执行 Launch 函数之前执行该策略。Launch 函数执行的功能主要是初始化驱动、挂载驱动事件策略、创建线程执行驱动、初始化策略和创建线程执行策略。

5）Event_System_Launch_After：策略将在 YFIOs 执行 Launch 函数之后执行。

6）Event_System_Error_Process：当系统出现异常和错误的时候，将会自动调用配置为该模式的策略。

7）Event_Driver_Run_Before：该策略执行模式需要指定关联触发的驱动，在系统调用驱动 OnRun 接口之前，会自动执行配置该模式的策略。注意，当策略调用 DriverRun 接口来执行驱动的 OnRun 函数时，该事件也会被触发。

8）Event_Driver_Run_After 和 Event_Driver_Run_Before：执行模式类似，只是在调用驱动的 OnRun 接口之后，触发该事件。

注意：策略不仅支持一种执行模式，同一个策略可以配置多个执行模式，只要符合条件，该策略将会被调用。

策略除了按策略执行模式外，策略之间还可以互相调用，并且还可以直接调用指定名称的驱动程序的接口函数。策略在配置的时候，也可以设置为 Disabled，这样该策略的所有接口将无法访问。

3. 扩展配置接口

和驱动程序的扩展配置接口相同，请参考前面对应的内容。

▶▶ 5.3.1　系统策略

为了更方便地支持用户开发物联网项目，YFIOs 系统提供了一系列的系统策略，用户可以直接引用。单击"策略列表"选项，双击"新建…"，在弹出的"用户策略"对话框中，单击"策略文件"右侧的 `SYS` 按钮，就可以弹出系统策略菜单。

系统策略主要分三类：

一类是公有云物联网云平台通信策略。

- 阿里云物联网通信策略。
- 华为云物联网通信策略。
- 腾讯云物联网通信策略。
- 百度云物联网通信策略。
- 微软云物联网通信策略。
- 亚马逊云物联网通信策略。

第二类是私有云物联网平台通信策略及通信服务策略。

- 钛鑫云物联网通信策略。
- 天津能耗平台物联网通信策略。
- WebServer 服务端。
- WebSocket 服务端。
- QCPB 上云服务端。
- 叶帆 IO 服务。
- TCP/JSON 状态服务。

第三类是 IO 变量报警、IO 表达式、通信屏显示等策略。

- 叶帆 IO 变量报警处理。
- 叶帆 IO 变量表达式运算。
- 叶帆 IO 自定义变量表达式运算。
- Cube 通用策略。
- Mbus 通用策略。
- 单色 128×64 信息屏。

随着后续版本的不断升级，支持的系统策略也会越来越多。

▶▶ 5.3.2　用户策略开发

和设备驱动一样，用户也可以自行开发设备策略，称为用户策略。从上节我们知道设备驱动开发有两种方式，一种是基于 Visual Studio 2010 进行设备驱动开发，另外一种就是基于 Modbus 或 CJ/T188 驱动向导进行驱动快速开发。用户策略的开发也有两种方式，第一种和设备驱动的开发一样，基于 Visual Studio 2010 进行开发。

我们在图 5.2.2 VS2010 中的 YFIOs 开发模板中选择 YFIOs Strategy 后，和设备驱动开发一样，会创建一个空的策略模板文件。相关源码如下：

```
public class YFIOsStrategy : MarshalByRefObject, IStrategy
{
```

```
public string Name = "YFIOsStrategy";    //策略名称要保证唯一,否则加载时要报错
public StrategyInfo GetStrategyInfo()
{
    StrategyInfo info = new StrategyInfo();
    info.Name = Name;
    info.ConfigSize = 0;
    return info;
}

public int OnLoad(IOperate op, object arg)
{
    op.Print(MessageType.Debug, "OnInit", Name);
    return 0;
}

public int OnRun(IOperate op, StrategyMode mode, object arg)
{
    op.Print(MessageType.Debug, "OnRun", Name);
    return 0;
}

public int OnUnload(IOperate op, object arg)
{
    op.Print(MessageType.Debug, "OnUnload", Name);
    return 0;
}
}
```

相对于驱动程序,用户策略的源码比较简单,特别是 GetStrategyInfo 函数。其他接口的开发类似驱动开发,并且不涉及硬件操作,相对容易。有一点需要提醒的是,IO 数据变量的写操作,要采用外部写,也就是 op. Extern_IOWrite。当然如果有特别的需要,也不排斥直接用 op. IOWrite 内部写操作。

由于上一节已经对 Visual Studio 进行驱动开发做了相对深入的介绍,而用户策略和驱动开发类似,所以这种开发方式这里不再过多阐述了。

另外一种方式就是基于 YFIOs IDE 进行用户策略开发。我们来写一个用户策略版的"Hello World"(如图 5.3.1 所示)。

● 图 5.3.1　YFIOs 用户策略开发

用户策略文件的保存需要注意,文件名不能随意,由字母或数字组成,且以字母开头,文件名会自动作为策略的名称。我们命名为"helloworld",保存完毕后,单击 （编译）按钮。编译成功后,会在策略文件目录生成一个"helloworld. pe"文件。

打开 YFIOs Manager 程序,单击"策略列表",双击右侧面板中的"新建…",在弹出的"用户策略"

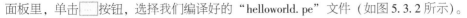

面板里，单击▢▢▢按钮，选择我们编译好的"helloworld. pe"文件（如图 5.3.2 所示）。

"执行模式"采用默认值，200ms 执行一次。

为了能输出"Hello World"信息，还需要做一个配置，选择"项目属性"，双击右侧面板中的"用户调试信息输出"项，在弹出的"项目属性"对话框中，勾选所有的信息输出项（如图 5.3.3 所示）。

● 图 5.3.2　添加用户策略

● 图 5.3.3　信息输出控制

配置完毕后，YF3300 通过 USB 插入计算机，单击 YFIOs Manager 工具栏上的 🖥（连接）按钮，通过 USB 通道连接 YF3300 设备，连接成功后，单击 🖳（部署）按钮下载用户策略到设备（如图 5.3.4 所示）。

部署成功后，重启设备，则可以在信息区看到"Hello World!"的输出（如图 5.3.5 所示）。

● 图 5.3.4　部署用户策略

● 图 5.3.5　策略信息输出

▶▶ 5.3.3 用户脚本编写

如果是简单的用户策略，其实我们没必要用 YFIOs IDE 或者 Visual Studio 2010 来开发用户策略。可以直接在 YFIOs Manager 中单击"用户脚本"进行脚本编写和标准的脚本驱动唯一的区别就是有些参数项不能配置，默认 200ms 运行一次，其他都一样。

和上节一样，我们依然写一个"Hello World"的策略脚本，之后直接单击工具条上的 ▦ （部署）按钮，下载用户脚本到 YF3300 网关，部署完毕后，重启设备，会发现"Hello World"从信息区源源不断地输出（如图 5.3.6 所示）。

● 图 5.3.6　用户脚本编写和信息输出

5.4　从零快速构建温湿度远程监控

我们在 1.3.5 节"微信小程序温湿度远程监控"里提到过，"YFIOs 助手"可以通过填写设备的三元组信息，对接物联网云平台，获得上线设备的各种属性值。另外在 2.6.1 节"阿里云物联网平台专用工具"里，也介绍了"YFIOs 助手"可以通过扫描二维码的方式对接物联网云平台设备，获取相关的属性值。

这就是借助微信小程序"YFIOs 助手"快速实现手机远程监控的例子。本节我们将系统地介绍一个智能设备如何从零开始快速实现远程监控。

▶▶ 5.4.1　连接物联网云平台

我们假定用户是第一次接触阿里云物联网平台，可参考 2.2.2 节，输入如下网址，单击"立即开通"按钮，开通阿里云物联网平台（如图 5.4.1 所示）。

https：//dev. iot. aliyun. com/sale？ source＝deveco_partner_yefan

● 图 5.4.1　开通阿里云物联网平台

开通物联网平台后，把鼠标移动到阿里云物联网平台控制台网页右上角上的账号图标，在弹出的菜单里，单击"AccessKey 管理"（如图 5.4.2 所示）。

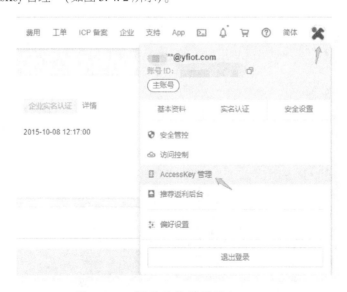

● 图 5.4.2　阿里云物联网平台 AccessKey

进入"AccessKey 管理"页面后，获取 AccessKey ID 和 AccessKey Secret（如图 5.4.3 所示）。

● 图 5.4.3　阿里云物联网平台 "AccessKey 管理" 页面

　　打开并运行 **YFAliIoTTools.exe** 程序，单击菜单 "操作" 下的 "云平台配置" 项，打开 "云平台参数配置" 对话框，输入获取的 AccessKey ID 和 AccessKey Secret。区域也要正确填写，一般默认是 cn-shanghai，另外如果公共实例提供了实例 ID，也需要填入，无则保持为空。目标平台的名称和标识符，根据实际需要填写即可，没有特殊要求（如图 5.4.4 所示）。

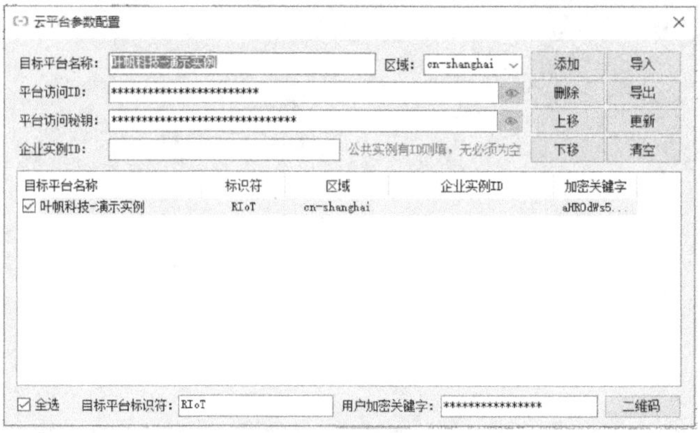

● 图 5.4.4　"云平台参数配置" 对话框

　　关闭对话框，单击 **YFIOs**-阿里云物联网平台专用工具窗体工具条上的 📷（扫描云平台）按钮，如果参数配置无误，信息区则提示扫描云平台信息成功。如果平台已有产品，则会扫描出该物联网平台下的所有产品（如图 5.4.5 所示）。

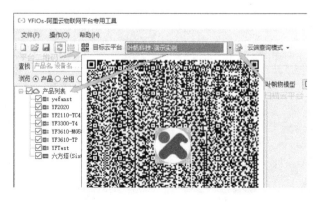

● 图 5.4.5　连接物联网云平台

单击上图中的"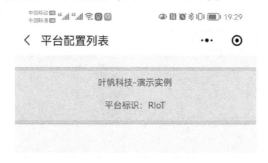"二维码图标，弹出该平台的二维码。直接打开微信扫描该二维码，会自动打开"YFIOs 助手"小程序，绑定物联网云平台信息（如图 5.4.6 所示）。

● 图 5.4.6　YFIOs 助手绑定物联网云平台

▶▶ 5.4.2　基于设备物模型创建产品

还是以 YF3610-TH21 为例，我们在物联网云平台创建该产品。单击 YFAliIoTTools 程序左侧树形目录中的"产品列表"。在右侧面板中的"叶帆物模型"选项中，选择"YF3610-TH21"，选择完毕后，可以直接单击"创建产品"按钮创建产品（如图 5.4.7 所示）。

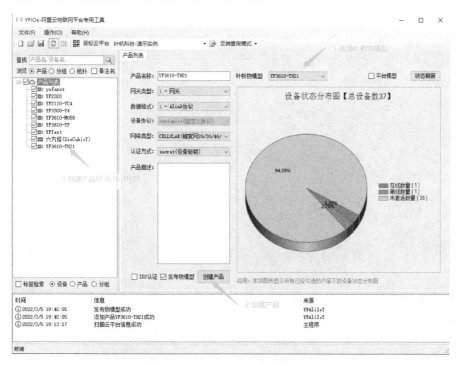

● 图 5.4.7　物联网云平台之创建产品

创建产品的同时，物模型也已经创建并发布成功。单击树形目录中的"YF3610-TH21"产品，在右侧的 Tab 面板中单击"物模型"选项，可以看到已经创建好的物模型，也可以在此基础上，自行增删或编辑属性、事件和服务（如图 5.4.8 所示）。

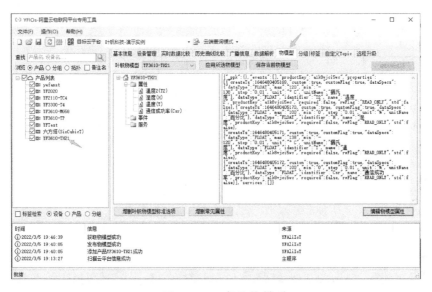

● 图 5.4.8 产品物模型

▶▶ 5.4.3 创建云端设备和 YFIOs 用户设备

在 "YF3610-TH21" 产品下，单击 "设备管理" 选项，开始在阿里云云平台创建设备。设备可以批量创建，不过我们这次只需要创建一个，设备数量可以设置为 1 个。如果设备数量是 1 个，那么设备名前缀就是设备名了。设备名填写完毕后，单击 "批量创建" 按钮创建设备。如果一切正常，则 TH21 云端设备创建成功（如图 5.4.9 所示）。

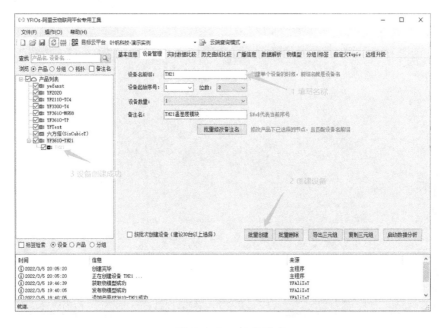

● 图 5.4.9 创建设备

打开 **YFIOsManager**，在树形目录中单击"用户设备"，双击右侧面板中的"新建…"项，在弹出的"用户设备"对话框中，单击驱动支持右侧的"…"按钮，选择"SerialPort"→"YFSoft（叶帆科技）"→"YF3610-TH21"，设备名称为 TH21 和云端的设备名保持一致（无须映射了）。YF3300 的 RS485 接口串口号为"COM2"，温湿度模块的设备地址设置为 253（如图 5.4.10 所示）。

单击"确定"按钮，即成功创建了 TH21 用户设备。

● 图 5.4.10　新建用户设备

▶▶ 5.4.4　配置物联网云平台通信策略

单击 YFIOsManager 程序左侧树形列表下的"策略列表"，然后双击右侧面板里的"新建…"项。在弹出的"用户策略"对话框中单击策略文件最右侧的"SYS"按钮，在弹出的菜单中选择阿里云 MQTT 客户端（精简版）或阿里云 MQTT 客户端（最小版）。二者和高级版最大的区别就是高级版支持的功能更多，比如支持映射、支持子设备等，并且网口和无线模块都支持。

选择完毕后，单击"服务器配置"项，先不要关闭"用户策略"对话框，然后打开 YFIOs-阿里云物联网平台专用工具，单击左侧树形列表中的"TH21"设备，在右侧的"基本信息"面板上，单击"复制三元组"按钮，把 TH21 设备的三元组信息复制到系统剪贴板（如图 5.4.11 所示）。

● 图 5.4.11　复制设备的三元组信息

回到 **YFIOsManager** 程序，单击"服务器配置"面板中的"粘贴三元组"按钮，粘贴刚刚复制的三元组信息（如图 5.4.12 所示）。

然后设置上云属性，单击"IO 配置"，勾选如下 IO 变量（如图 5.4.13 所示）。

● 图 5.4.12 粘贴设备的三元组

● 图 5.4.13 勾选需要上传云端的属性

所有配置完毕后，单击"确定"按钮，完成通信策略的配置。

YF3300 网关正确接入 YF3610-TH21 温湿度模块，将 USB 插入计算机，单击 ▥（部署）按钮，把驱动和策略都下载到 YF3300 网关设备里。

如果运行正常，那么打开"YFIOs-阿里云物联网平台专用工具"，再单击一次"TH21 设备"，发现设备已经上线（如图 5.4.14 所示）。

单击进入"实时数据"面板，然后单击"刷新"按钮，发现数据已经上传到云端（如图 5.4.15 所示）。

● 图 5.4.14 TH21 设备上线

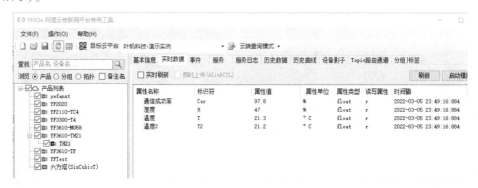

● 图 5.4.15 TH21 IO 数据上传到云端

▶▶ 5.4.5 小程序远程监控

在打开的"YFIOs-阿里云物联网平台专用工具"程序中，单击"基本信息"项，打开手机微信，直接扫码右侧的二维码（如图 5.4.16 所示）。

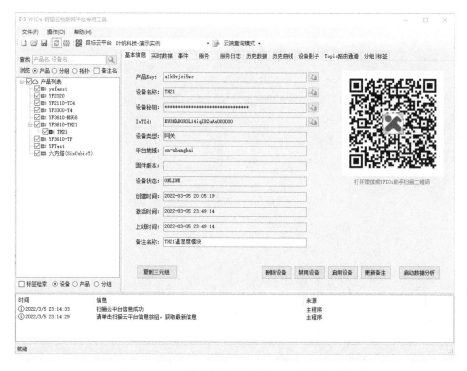

• 图 5.4.16　使用微信扫描 TH21 设备二维码

　　微信会自动打开"YFIOs 助手"小程序，并进入"TH21"温湿度模块的设备详情画面（如图 5.4.17 所示）。

• 图 5.4.17　TH21 微信小程序远程监控

至此，我们完成了从零快速构建温湿度远程监控。从以上可以看出，无须多少时间，仅需配置，无须任何代码，就可以轻松实现。

5.5 小结

本章从组态软件开始讲起，可以看出在物联网时代 **YFIOs** 数据组态的出现，非常符合当前在保证稳定可靠的基础上，低代码或零代码快速开发物联网的潮流，有很大的现实意义及应用价值。

无论是组态式零代码物联网开发，还是自己进行驱动或策略的低代码开发，在 **YFIOs** 各种工具的支持下，都变得非常简单，用户可以很容易地根据现场实际需要，快速设计出对应的软硬件一体的物联网构建方案，让项目真正可靠顺利地落地。

第6章

物联网系统极速监管

6.1 YFERs 设备监管服务平台简介

▶▶ 6.1.1 系统架构

YFERs 是 YeFan Equipment Regulation Service 的缩写，是叶帆科技推出的物联网设备统一监管平台（如图 6.1.1 所示）。

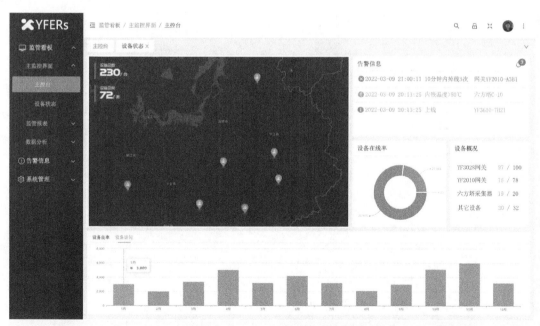

● 图 6.1.1 YFERs 主控台

除了提供全方位、全天候设备网络监管服务，还支持远程诊断、远程升级，实现设备异常信息，实时、多渠道远程推送（如图 6.1.2 所示）。

当前大部分物联网系统，更多的是关注业务本身，很少关注到底层硬件设备的状况。比如：

- 网关设备情况如何？
- 网关和子设备之间，通信成功率是多少？
- 网关设备无线远传的信号强度如何，一天中如何变化？
- 不同地区是移动信号好？还是联通或电信信号好？

设备的健康与否，决定了设备是否长期可靠地正常运行。只有设备长期可靠运行，数据源源不断地送到云端，基于此的AI、大数据分析才真正有意义，才能持续为决策者提供有价值的信息，无论是远程操控，还是本地自动控制，都有了可靠的基础。

YFERs 平台的监管数据可以来源于多种渠道，各种通信协议。首先需要获知的是网关和云平台的通信状态，这个一般是通过调用云平台的 API 获知。然后就是网关和子设备（也可能

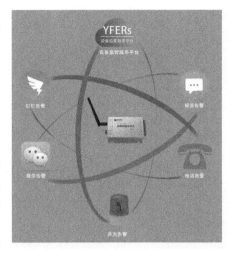

● 图 6.1.2　**YFERs 设备异常告警**

是多级子设备）的通信成功率。和标准的物联网系统一样，YFERs 的数据来源于现场设备，通过 MQTT 或其他协议送到云端和监管平台，YFERs 系统架构图如图 6.1.3 所示。

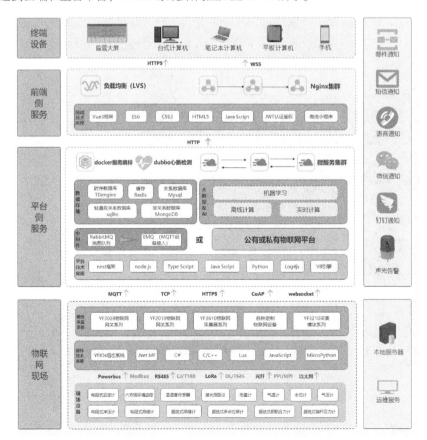

● 图 6.1.3　**YFERs 系统架构图**

▶▶ 6.1.2　功能体系适配

YFERs 设备监管平台有自己的一套独立的系统体系，只需要配置阿里云物联网平台的 AccessKey ID 和 AccessKey Secret，进行简单的用户配置和项目配置即可（如图 6.1.4 所示）。

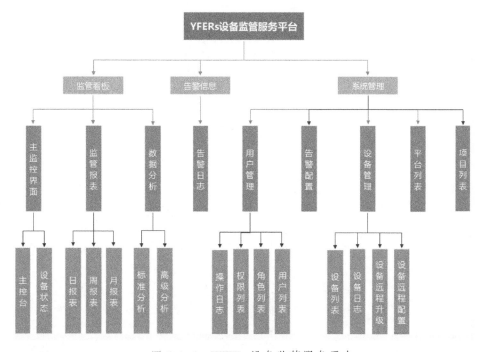

● 图 6.1.4　YFERs 设备监管服务平台

如果仅仅为了监控设备而监控，那么 YFERs 存在的意义并不大，所以更多的时候，YFERs 和其他相对独立的物联网平台不同，YFERs 平台存在的方式大多为半独立式，需要依附于已有的物联网平台或者企业私有的物联网项目平台，其数据来源也是和业务数据同一渠道。

如此，针对一个具体的物联网设备，如果是网关或独立上网的智能设备，需要获知如下信息：

- 网关在线状态，上线或者离线；
- 网关重连服务器次数；
- 通信链路类型，无线（NB-IoT/2G/3G/4G/5G/WiFi）或有线（以太网）；
- 无线信号强度（无线通信方式）；
- 物联网卡号（蜂窝通信方式）；
- 网关所在的地理坐标。

如果是通过网关上网的子设备，则需要获知如下信息：

- 子设备状态，上线、离线或故障码；
- 网关和子设备通信成功率；
- 通信链路类型，无线（LoRa/ZigBee）或有线（RS485/PowerBus/CAN）；
- 无线信号强度（无线通信方式）。

以上智能设备的信息，除了状态和通信成功率外，其他选项非必须，不过为了更好地对设备进行监管，最好可以获知。

除此之外，网关和子设备不像阿里云等公有物联网平台一样，单纯的网关+子设备二级关系，有可能还有孙设备，或者重孙设备，类似一个树形结构。所以监管平台需要获知或者配置各种设备的拓扑关系，才能更真实地反映现场实际情况。

以上是 YFERs 监管平台获知的基本信息。我们设想如下几种应用场景。

第 1 种：客户并不关心云端后台和技术实现路径，只关注现场工艺参数（设备端获取）和终端手机或计算机监控，业务逻辑也不复杂，也就是说只关注端到端的方案。

针对以上场景，可以直接采用 YFCloud 云平台（内嵌 YFERs），后端采用阿里云物联网平台，前端采用微信小程序来实现业务监管。至于 YFERs 相关的功能，其实客户并不关心。根据客户需要，配置好后，客户直接使用即可。

第 2 种：客户有云端开发实力，对行业业务非常熟悉，有自己的云端后台，且物联网数据来自于阿里云物联网平台。

针对这样的场景，有三种方式，一是 YFERs 独立于客户后台，单独的服务器，完全独立运行，二者没有交互。YFERs 自行读取阿里云物联网后台相关的数据，自行分析，并自行推送相关的数据，不过这种模式项目和用户信息需要单独配置。二是客户后台调用 YFERs 的 API，根据业务信息，推送各种报警通知，和第一种相比，充分利用了 YFERs 的资源，不过还需要自行配置项目信息和用户信息。三是开放 YFERs 相关代码和客户后台完全融合，两个系统，一套项目配置和用户配置即可。业务数据，设备报警数据，设备状态监控画面，完全融为一体。

第 3 种：客户更进一步，云端服务后台全部自行实现，私有云端协议。

这类场景，和前两种场景一样，设备依然需要采用 YF 系列硬件产品（或者兼容产品），可提供通信成功率、信号强度、设备状态等信息。需要协商通信协议、设备状态数据和业务数据。最后根据协议硬件设备端实现云端通信策略，云端后台实现数据接收等功能。当然也可以基于 YFERs 已有的标准协议进行对接，这样仅需要客户后台程序去实现即可。

▶ 6.1.3　项目监控配置

YFERs 设备监控服务平台是以项目为单位进行监控的。项目可以隶属于多个用户，不同用户可以配置监控项目中的不同项，可以定制不同的告警通知方式。

标准的 YFERs 体系是基于阿里云物联网平台构建的，有两种方法可以获取阿里云物联网平台下的设备状态和数据，一种是 API 调用，一种是消息订阅。如果是小型项目，设备数量不多，可以考虑配置为 API 调用方式，否则采用消息订阅方式。

YFERs 平台可以监控不同账号下若干个阿里云物联网平台实例，为了便于监管，平台要求项目不能跨实例，一个实例可以存在多个项目的产品和设备，但是不能一个项目下的设备一部分属于这个实例，另一部分属于另外的实例。

项目下的设备必须进行分组，分组的个数没有限制。设备监管的最小单位是分组而不是设备。

下面我们以一个物联网小项目来讲述如何进行项目监管。此项目是一个菜窖物联网监控项目，一共 4 种产品：YF3028 网关、YF3610-THLCM 三合一环境检测器、YF3610-TH 温湿度传感器和 YF3210-Q4L 四路继电器智能终端。两个菜窖，每个菜窖需要一个 YF3028 网关、一个 YF3610-THLCM 三合一环境检测器、一个 YF3210-Q4L 四路继电器智能终端和 4 个 YF3610-TH 温湿度传感器。YF3028 网关通过 PowerBus 接口连接 6 个设备，然后把相关数据通过 4G 网络上传到阿里云物联网平台。

第一步：基于 YFIOs-阿里云物联网平台专用工具，创建对应的产品及产品下的设备（如图 6.1.5 所示）。

● 图 6.1.5　创建产品和设备

第二步：同样基于 YFIOs-阿里云物联网平台专用工具创建分组。为了便于监管，建议一级分组和项目同一级别，二级分组就是项目下具体的采集单元了，至于是否还有下一级分组，视具体情况而定，建议不要超过三级分组。如果一个地区或者一个工厂分多个项目，可以考虑前几级分组为行政类的分组，不过这类分组在进行项目配置的时候，是不可见的，在进行项目配置填写分组 ID 的时候，最好填写的信息和项目属于同一个层级的分组（不一定非是一级分组）。

比如分组是这样配置的，一级分组北京，二级分组工业开发区，三级分组叶帆科技办公环境监控。那么项目分组信息填写的应该是叶帆科技办公环境监控。至于叶帆科技办公环境监控分组下的四级分组，比如二楼办公区环境监控，三楼办公区环境监控，YFERs 平台会自动枚举出来。

针对菜窖监管物联网项目，我们分两级分组，一级分组是"北京大兴菜窖物联"，子分组创建两个，可以批量创建。创建完毕后，分别添加相关设备到指定的分组（如图 6.1.6 所示）。

第三步：设备和分组创建完毕后，打开 YFERs 平台网页，先进行平台配置。这一步和 YFIOs-阿里云物联网平台专用工具一样，填写阿里云物联网的平台名称、AccessKey ID、AccessKey Secret 和企业实例 ID（公有平台有时候没有实例 ID，保持为空即可）即可，这里不再赘述。

第四步：在 YFERs 平台，单击"项目配置"项，在右侧画面单击"创建项目"按钮，在弹出的对话框中填写项目名称、说明等相关信息。创建项目完成后，在项目列表对应的项目上，单击"项目详情"，进入项目详情页面，然后单击"添加分组"按钮，添加对应的设备分组即可（如图 6.1.7 所示）。

第五步：每个用户不仅可以看到自己创建的项目，也可以看到创建父账户（创建自己账户的父账户，具备账户创建权限的用户）为之分配的项目。由于本项目是本账户创建，所以无须分配，就已经拥有了

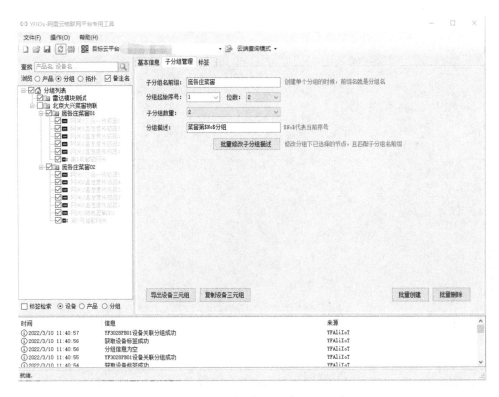

● 图 6.1.6 创建分组并添加设备

● 图 6.1.7 项目详情之添加设备分组

该账户的监管权限。

第六步：项目创建完毕，并绑定设备后，就可以直接单击"设备状态"页面，选择对应的项目后，可以查看项目下的设备状态。设备状态的项目下没有分组的概念，分组是权限的一个最小单位，比如某个用户只能查看项目下的 A 分组或者 B 分组。每个分组有若干网关，设备状态以网关为主节点，呈现用户在该项目下所有可访问分组下的网关下的设备（如图 6.1.8 所示）。

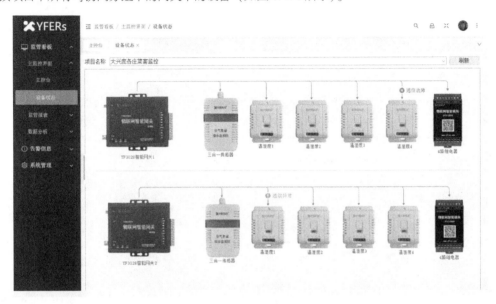

● 图 6.1.8　设备状态

第七步：如果用户配置了短信、电话、邮件等告警通知，则条件满足后，会向用户推送相关的信息。

6.2　项目监控信息通知

▶▶ 6.2.1　监控信息分类

随着物联网设备越来越多，主动去监管这些设备的代价越来越高，所以信息通知的方式将大大降低监管人的负担。不过大量的信息通知也会形成通知风暴，对监管人也是一种信息轰炸和负担，所以合理地配置不同通知模式也很重要。

信息一般分为三种级别：最低级别是"通知"，比如设备上线通知；中级别是"告警"，比如设备下线通知；高级别是"故障"，比如传感器损坏。

"通知"类的信息，可以通过钉钉群、微信公众号和邮件这类通道进行推送。

"告警"类的信息，考虑到各种情况，比如网络不好，用户无法上网，或者其他情况，这个时候采用短信通知是一个比较好的方式。

"故障"类的信息，此类信息出现后，可能会影响现场生产，造成比较大的损失。比如养殖领域的物联网监控，如果养殖棚舍停电，导致通风系统出问题，几分钟的时间就会导致大量禽类死亡。所以为了确保信息及时送达，电话报警和本地报警就很重要，可以确保及时通知到用户。

▶▶ 6.2.2 监管报表

信息进行分类后，通过不同信道方式向用户发送。但是随着项目和物联网设备越来越多，信息依然会越来越多，很容易形成信息风暴。

所以针对这种情况，对各种信息进行进一步分析和挖掘必不可少。YFERs 可以以项目为单位，对监管设备的各类信息进行归纳总结，形成日报表、周报表和月报表。

通过配置，可以实现日报表、周报表和月报表主动向订阅用户进行推送，这样除了一些必要的紧急信息，大部分的信息都可以通过这些报表先了解项目概况，必要的时候再去深入查看相关的信息即可。大大降低了用户时刻被信息打扰的概率。

日报表、周报表和月报表的格式类似，根据配置不同，大概有如下几方面的监管信息。

- 设备上线率，本日内、本周内和本月内，设备平均上线率。本日数据，基于每小时一次的上线率统计的平均值。本周和本月都是基于本日的数据进行计算的。
- 设备在线时间占比，本日内、本周内和本月内，设备在线时间占比。最小单位为小时，根据每个小时设备的上线状态，统计在线时间。本周和本月的数据，来源于对本日数据的平均。
- 有效设备上线率，通过配置剔除项目中特定设备（比如设备已经损坏或者停电），然后统计相关设备的上线率。
- 有效设备在线时间占比，通过配置剔除项目中的特定设备（比如设备已经损坏或者停电），然后统计相关设备的在线时间占比。
- 在线设备个数、下线设备个数、无效设备个数统计，以天为单位进行统计。
- 无线通信信号强度，以小时为单位进行统计。
- 子设备通信成功率统计，以天为单位对每个设备进行统计。
- 设备异常统计（上下线频繁、通信成功率跳变等）。

比如示例项目的月报表如图 6.2.1 所示。

- 图 6.2.1　YFERs-项目月报表

日报表、周报表和月报表，大部分是以文字的方式呈现的，不过有些报表经过一定配置后，是以图形或曲线的方式进行呈现的。比如如下的监管内容。

- 信号强度曲线，以 h（小时）为单位，可以查询每天、每周和每月的曲线，还支持多个指定设备的信号强度的曲线进行同时期类比。
- 设备上线率曲线，以天为单位，周报表和月报表可查。
- 设备在线时间占比曲线，以天为单位，周报表和月报表可查。

日报表、周报表和月报表除了通过 YFERs 平台进行查询外，也会以短信、群消息或邮件的方式向用户推送，文字方式的格式一般如下：

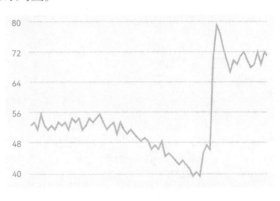

-------------- 本周 --------------

设备上线率 98%　　在线时间占比 91.2%。

YF3610-A1 设备本周频繁上下线 127 次。

YF3028-1# 网关已经掉线超过 52 个 h（小时）。

24h 通信成功率曲线（如图 6.2.2 所示）。

● 图 6.2.2　设备通信成功率曲线

▶▶ 6.2.3　信息通知配置

项目创建完成，对各种设备以分组为单位进行监管配置后，默认仅生成项目日报表、周报表和月度报表。如果想通过短信、邮件、钉钉群、打电话等渠道通知用户，则需要专门进行配置。

单击"告警配置"，首先勾选当前账户下，所有需要报警的项目分组，然后分别对相应的分组设置告警通知选项（如图 6.2.3 所示）。

● 图 6.2.3　告警配置

6.3 微信小程序远程监管

为了便于远程操控和监管，YFERs 也推出了微信小程序版本。YFERs 微信小程序版本为项目型，每个项目为一个监管单元，每个项目目前仅支持一个产品，该产品下可以是若干设备。另外和 Web 版本有所不同，不仅可以监管物联网设备的状态，还可以监控指定设备设定的属性数据。

YFERs 设备监管小程序功能相对简洁，主界面可以整体监控所有项目下的设备在线情况，一目了然。三个图形按钮：实时监控，可以监控对应项目（可以多个项目）下设备监管的属性数据；告警信息，根据时间罗列了要监控的设备各种告警信息；系统设置，功能相对复杂，既可以添加平台和项目，也可以管理用户，还可以进行告警通知设置，如图 6.3.1 所示。

▶▶ 6.3.1 设备实时监控

点开 YFERs 设备监管小程序主界面的"实时监控"按钮，如果有多个项目，会出现一个项目列表，然后单击设备列表面板块就会显示相关属性对应的曲线，在曲线页面可以单击"8 小时曲线图""24 小时曲线图"和"72 小时曲线图"显示一定时间段的曲线图（如图 6.3.2 所示）。

● 图 6.3.1　YFERs 设备监管主界面

● 图 6.3.2　YFERs 微信小程序实时监控

以上是一个"神网"小项目的监控情况,项目一共有 10 个网关设备,网关的 RS485 接口连接接压力仪表获取被测压力值,PT-100 通道接入 PT-100 热电阻获取被测设备温度值。

YFERs 微信小程序是项目通用程序,产品的属性监管项是可以配置的,比如"温度""压力"相关的属性,可以自动枚举对应产品的属性项,根据监管的需要勾选对应的属性。

▶▶ 6.3.2 设备告警信息

告警信息分为几类,一类是设备上下线通知,这类信息无须配置,会自动产生。另外一种需要配置,是对勾选的属性进行上下线配置,由此产生告警信息。

单击 YFERs 微信小程序主页面上的"告警信息"按钮,可以进入告警信息浏览页面,会自动出现 20 条告警信息,上拉和下拉当前页面,会刷新出更多的告警信息(如图 6.3.3 所示)。

● 图 6.3.3　YFERs 微信小程序告警信息

▶▶ 6.3.3 项目系统配置

YFERs 微信小程序是可以脱离 YFERs Web 端页面程序而工作的。无须打开 YFERs Web 页面,即可在 YFERs 微信小程序中添加物联网平台,添加项目分组信息、配置相关属性的上下线,及对相关的用户进行管理和配置。

在 YFERs 微信小程序主界面单击"系统设置"按钮,进入系统设置界面(如图 6.3.4 所示)。设备的参数可以来源于本地的设置,也可以从云端直接下载。功能项有三个,"平台列表"和 YFIOs 小程序对应的功能一样,扫描物联网平台二维码,添加物联网项目平台。"分组列表"也是通过二维码扫描分组列表的二维码(来源于 YFIOs-阿里云物联网专用工具的分组二维码)一次获得该分组下的所有设备(如图 6.3.5 所示)。

● 图 6.3.4　YFERs 微信小程序系统设置界面　　● 图 6.3.5　YFERs 微信小程序设备列表

　　单击图 6.3.5 对应的网关设备，可以对设备进行告警参数设置，比如上下线的设定等，此外设备参数配置的同时，也可以对该设备是否开启告警进行设定（如图 6.3.6 所示）。

　　分组设备相关信息配置完毕后，就可以对相关用户进行权限设定了。首先需要勾选该用户下可以监管的物联网项目（其实对应的就是设备分组），然后分别选择"告警"通知类型，支持多选（如图 6.3.7 所示）。

● 图 6.3.6　YFERs 微信小程序设备参数配置　　● 图 6.3.7　YFERs 微信小程序用户权限配置

用户权限配置完毕后，**YFERs** 系统后台对相关设备进行实时监管，根据实际运行状况，通过微信或短信等渠道向用户推送对应的告警信息（如图 6.3.8 所示）。

● 图 6.3.8　**YFERs** 微信小程序告警信息通知

6.4　小结

一个典型的物联网项目，物联网设备众多，其实是离不开物联网设备监管的，否则该物联网项目是很难长期可靠地运维下去的。

基于此，本章介绍了 **YFERs** 设备监控服务平台，通过独立、半独立等各种方式对接物联网平台，获得需要监管的设备的各种信息，对设备进行长期监控。借助用户精准的参数配置，通过短信、电话、微信公众号、钉钉群或现场声光报警等方式通知客户，让客户对现场的各种情况进行及时处理。

多要素环境监控项目开发实战

在目前国内已经实施的大部分物联网案例中，物联网环境监控类项目占有很高的比例。有一份官方报告曾统计过 8 种最常见的物联网环境监控场景，我们也从实际经验出发，对这些常见的物联网环境监测场景进行进一步的归纳和总结。

空气质量监测场景：监测二氧化硫、二氧化氮、PM2.5、PM10、一氧化碳和臭氧等指标。

工业用水监测场景：监测水质、电导率、PH 酸碱度、ORP（氧化还原电位）、腐蚀率、化学泄露和重金属含量等指标。

自然灾害监测场景：监测土壤湿度和震动强度、预测和防止山体滑坡。

森林防火监测场景：监测森林和生态保护区的火情。

畜牧养殖监测场景：监测二氧化碳、氧气、氨气、温湿度、光照、负压和各种风机状态等指标。

农业种植监测场景：监测二氧化碳、空气温湿度、土壤温湿度、光照和氮磷钾等指标。

水产养殖监测场景：监测水体溶解氧、水温、PH 值和盐度等指标。

基于阿里云物联网平台+YF 系列硬件+各种场景专用传感器，快速构建各种环境物联网监控项目，已经有了一套比较成熟的方案。在物联网养殖、农业种植大棚、水质监控和气象监测方面，已经积累了不少经验，如图 7.1.1 所示，根据不同的场景，通过专门的采集器，接入特定的传感器，由物联网智能网关采用有线或无线的方式上传到阿里云物联网平台，而后移动端手机或者大屏幕呈现最终的监控画面。

本章将从一个气象监测的实际例子出发，讲解如何快速构建一个环境监测类的物联网系统。从硬件选型、联网上云到云端监控界面设计创建等环节做一个相对透彻的说明。

7.1 传感器硬件设备选型

常见的气象监测一般都监测如下这些指标，比如风速、风向、雨雪量、二氧化碳、光照、PM2.5、PM10、温湿度和大气压等（如图 7.1.2 所示）。

为了便于介绍，我们只采用 4 种传感器设备来构建一个物联网气象观测站。这 4 种物联网设备分别是六方塔传感器、风速传感器、风向传感器和雨量状态传感器。产品品类确定后，在此基础上，再选型具体的传感器、外围配套设备和进行系统整体结构设计。

关于设备选型，这里展开讲一讲，为读者进行相关项目设备选型的时候提供一个参考。

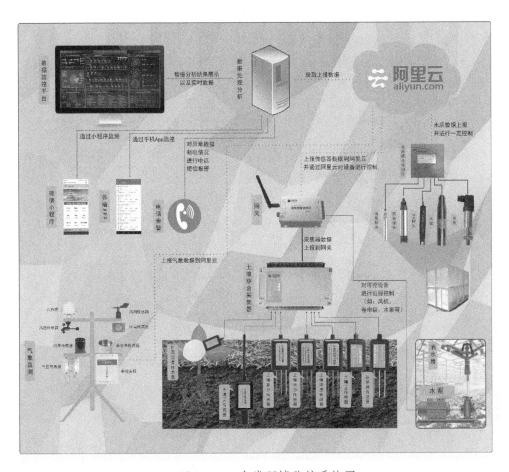

● 图 7.1.1　各类环境监控系统图

　　首先，从系统复杂度的角度考虑，如果系统需要的传感器设备比较多，并且类型多样，那么针对这样的物联网项目，一个物联网智能网关必不可少。目前国内大部分智能仪表和设备都是基于 RS485 通信链路、Modbus RTU 通信协议的。虽然理论上一个 RS485 接口最多可以连接 32 个设备，在实际项目实施过程中，一个 RS485 接口连接 3 个以上的设备（特别是不同厂商的 RS485 接口的智能设备），就会给实施和系统调试带来一定的难度，有些智能仪表接入终端匹配电阻也不是那么方便，RS485 接口的偏置电阻也不一定合适，就算通信最初调试正常，但是要保证长期稳定可靠也不是那么容易的，有时候总线上一个 RS485 终端挂起，都有可能导致整个总线上的设备通信失败。所以选择的网关往往带有多个 RS485 接口，每个接口接入的物联网智能设备都不宜过多。

　　第二，从供电角度考虑，先获得每个设备的功率（或者实际

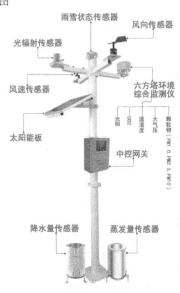

● 图 7.1.2　常见气象观测站组成图

测量），然后把相关的设备功率加起来算出总功率，比如 20W。那么供电电源一般要选择的功率至少是正常使用的 2 倍左右，比如 40W 以上，就比较稳妥一些。

最后，从客户要求及硬件资源的角度去考虑。比如数据采集的数量，数据上传的间隔，业务逻辑的复杂度，来合理选择不同的网关及相关的硬件组合。

回到当前的这个物联网项目，加上物联网智能网关，一共有 5 个智能设备，仅是数据采集，无控制需求。上传的间隔要求不高，一般五分钟以上即可，如果考虑到节能，在满足用户需求的情况下，发送间隔可以尽量长一些。下面我们就以此为基准，分别进行相关的物联网设备选型。

▶▶ 7.1.1　六方塔传感器设备

在第 4 章的 4.3.4 节，我们曾简单介绍过六方塔智能传感器。它由四大部分组成，电源、主控、通信和传感器（如图 7.1.3 所示）。根据具体的项目对各个板卡进行合理组合。

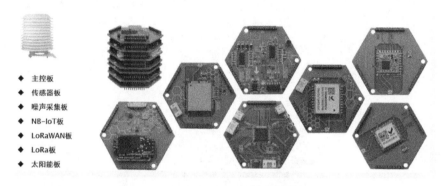

◆ 主控板
◆ 传感器板
◆ 噪声采集板
◆ NB-IoT板
◆ LoRaWAN板
◆ LoRa板
◆ 太阳能板

● 图 7.1.3　六方塔传感器

针对本示例项目，4 个物联网智能设备，除了六方塔环境综合采集仪有主控器，支持二次开发外，其他 3 个设备都是单纯的传感器设备。所以我们有一个选择，是否需要一个物联网智能网关，这决定了六方塔环境综合采集仪的构成。

考虑到风速、风向和雨量状态传感器都是 RS485 接口，三个传感器的采集频率不算太高，所以从节省成本的角度考虑，可以去掉物联网智能网关，不过去掉后，在云端需要创建一个复合的云端设备才行，也就是所有的传感器属性都集合在一起，构建一个总的物模型。不过为了便于讲解及更深入地了解网关和子设备的关系，我们还是选择了 YF3028 网关来接入这 4 个传感器设备。YF3028-U4N 版物联网智能网关有 4 路 RS485 通道，正好一个 RS485 通道对接一个传感器设备，这样所有的传感器设备由一个 RS485 总线只接一个，所以不需要修改传感器的默认地址 1（如图 7.1.4 所示）。

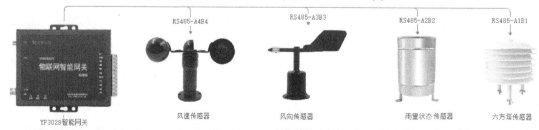

RS485-A4B4　　　RS485-A3B3　　　RS485-A2B2　　　RS485-A1B1

YF3028智能网关　　风速传感器　　风向传感器　　雨量状态传感器　　六方塔传感器

● 图 7.1.4　网关连接 4 路传感器设备

回到六方塔环境综合采集仪的选型，六方塔主板自带一路 RS485 接口，通过该接口接入 YF3028 网关，所以不需要额外的通信板。

此外由于是太阳能板+蓄电池供电，12V 输出，而主板支持 9~24V 电源输入，所以六方塔的 220V 交流输入的电源板也不需要了。

然后集成一个传感板，监测二氧化碳、温湿度、大气压和光照（需要插入一个光照探头）等指标。

此外还要监测 PM2.5、PM10 颗粒物等指标，再需要集成一个 PM2.5 传感板。

这样六方塔一共需要 3 个板卡，通过相关插针直接插接组合，最后装入外壳即可，如图 7.1.5 所示。

电源和 RS485 接口从外壳中引出，电源接入太阳能供电系统，RS485 总线则接入 YF3028 网关的 RS485-A1B1 接口。

● 图 7.1.5　六方塔硬件组态

▶▶ 7.1.2　风速和风向传感器

风速和风向传感器是气象观测站必备的传感器。而最常用的风速和风向传感器就是机械式的风速和风向传感器（如图 7.1.6 所示）。

机械式风速和风向传感器除了独立式的传感器外，还有二合一的传感器，可把风速和风力集成在一起。机械式传感器性价比高，但是由于是机械式的，所以长期可靠性没有那么好，维护的代价相对大一些。最近一两年，市场上推出了超声波式风速和风向传感器，两对对射的超声波探头，既可以测风速，也可以测风向，并且没有机械维护件，所以基本可以做到免维护，不过价格上目前相对于机械式风速和风向传感器没有优势，相信在不远的未来，随着价格的降低，大概率会取代机械式风速和风向传感器（如图 7.1.7 所示）。

● 图 7.1.6　风速和风向六方塔硬件组态　　● 图 7.1.7　二合一机械式和超声波式风速及风向仪

本示例项目分别选取机械式的风速传感器和风向传感器，9~30V 供电，RS485 接口，Modbus RTU 协议，两者的功率大概在 0.2W 左右。

▶▶ 7.1.3　雨量状态传感器

雨量状态传感器（Rainfall Recorder，也叫作量雨计、测雨计）是一种气象学家和水文学家用来测量一段时间内某地区的降水量的仪器。常见的雨量状态传感器有三种，虹吸式、称重式，还有翻斗式。

雨量状态传感器有三部分组成，一是承水器（漏斗区）、二是储水桶（外筒）、三是储水瓶和翻斗装置。材质一般是 ABS 塑料或不锈钢。本示例项目选型了比较常用的翻斗式不锈钢雨量状态传感器（如图 7.1.8 所示）。

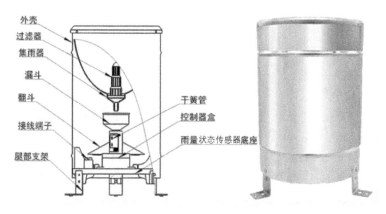

● 图 7.1.8　翻斗式不锈钢雨量状态传感器

雨量状态传感器的安装方式有两种，一是直接安装在地面，二是可以安装在立杆上。雨量状态传感器一般也是宽电压供电（9~24V 或 4.5~30V），功率大概在 0.2W 左右。

▶▶ 7.1.4　太阳能板和蓄电池

太阳能板和蓄电池的选择需要根据具体的项目来定。比如当前示例项目，我们首先计算总功率，YF3028 网关的功率为 2W，六方塔采集器的功率为 0.4W，风速、风向和雨量的功率分别按 0.2W 计算，一共为 3W。供电由于是蓄电池，常用的电压是 12V 输出，3W 功率，正常工作时的电流约为 250mA。

关于蓄电池放电时间有一个公式，如下：

$$Q \geqslant \frac{K \times I \times T}{n \times [1 + a \times (t - 25)]}$$

Q：蓄电池容量（Ah）。

K：安全系数，取 1.25。

I：负荷电流（A）。

T：放电小时数（h）。

n：放电容量系数；由于设计至少是 36 个小时以上连续放电，所以该系数为 1。

t：实际电池所在地最低环境温度值，所在地有采暖设备时，按 15℃ 考虑；无采暖设备时，按 5℃ 考虑。

a：电池温度系数；放电小时率 ≥10，a = 0.006；10>放电小时率 ≥1，a = 0.008；放电小时率<1，a = 0.01。

蓄电池充满后，电压大概在 14.2V 左右，截止放电电压为 10.8V。在以上公式中，电流 I 按 0.25A 计算；放电小时数为 3 天，3 乘 24 等于 72 小时；蓄电池所在地最低环境温度值，实际的监控设备都是安装在室外的，所以按 5℃ 考虑；电池温度系数按 a = 0.006。

$$Q \geqslant \frac{1.25 \times 0.25 \times 72}{1 \times [1 + 0.006 \times (5 - 25)]}$$

代入相关的参数，最后计算出 Q ≥ 25.57Ah。也就是说，要想在完全没有阳光的情况下连续使用 3 天，至少要选用 25Ah 以上的蓄电池。

当然以上的计算没有考虑到设备的低功耗处理，比如设备休眠、传感器断电处理等。也没有考虑 3 天设备连续运行中，就是微光状态，太阳能电池板也是可以工作的。所以计算放电时间相对复杂，我们可以理论加实际测量来得到相对准确的放电时间，所以根据经验，本项目选择 12V/20Ah 的铅酸蓄电池基本就可以满足需求。

选定了蓄电池后，就可以根据蓄电池的规格，对太阳能电池板进行选型。我们的要求是在冬天，中国北方地区，有阳光的情况下，最长 8 个小时就可以充满蓄电池。充电电流控制在 1~2A，12V/20Ah，8 个小时内充满，根据经验，太阳能电池板选择 18V/35W 即可。

太阳能电池板是指利用半导体材料在光照条件下发生的光生伏特效应（Photovoltaic）将太阳能直接转换为电能的器件；是诸多太阳能利用方式中最直接的一种，大多数材料为硅。

当前太阳能电池板一般分两种：单晶硅和多晶硅（如图 7.1.9 所示）。单晶硅目前转换效率最高，技术也比较成熟，在大规模工业应用中处于主导地位，但是相对于多晶硅，价格要高一些。不过二者的阳光特性不同，如果光照充足，单晶硅转换效率高，发电量大。低光照时，多晶硅效率较高。

有了蓄电池和太阳能电池板，我们还不能把电源直接接入物联网智能网关、六方塔、风速、风向和雨量状态传感器等设备，还需要一个太阳能充电控制器（如图 7.1.10 所示）。

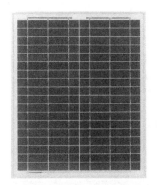

● 图 7.1.9　多晶硅和单晶硅太阳能面板

● 图 7.1.10　太阳能充电控制器

太阳能充电控制器不仅可以进行功率调节，还可以保护蓄电池免于过充和过放，防止过流等。有些太阳能充电控制器还具备通信接口，比如 RS485，网关读取后，远传云端，用户可以及时获知蓄电池的电池电量。

太阳能充电控制器在接入太阳能电池板和蓄电池的时候，一定要先接入蓄电池，然后接入负载，最后接入太阳能电池板（如图 7.1.11 所示）。

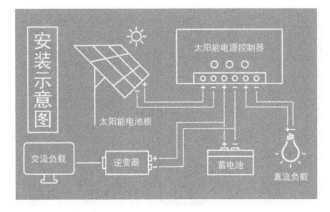

● 图 7.1.11　太阳能电源电路安装图

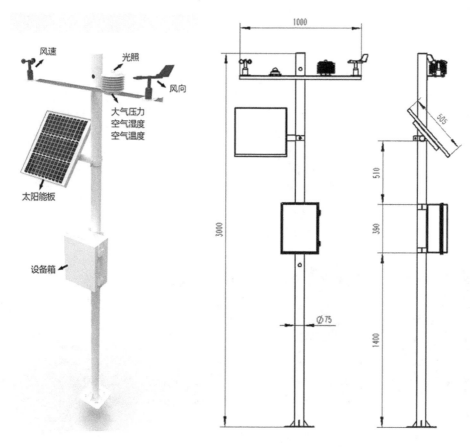

▶▶ 7.1.5 设备安装

将物联网智能网关、蓄电池和太阳能电源控制器装入设备箱，然后将风速传感器、风向传感器依次安装在 3 米左右的立杆上（如图 7.1.12 所示）。

● 图 7.1.12 传感器现场安装图

雨量状态传感器则安装在立柱旁边的地面（需要进行水泥+固定螺栓处理），按图 7.1.13 所示进行固定安装。

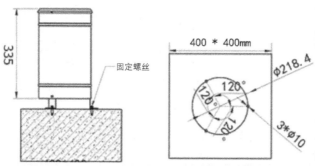

● 图 7.1.13 雨量状态传感器安装图

7.2 创建云平台物模型

▶▶ 7.2.1 创建六方塔物模型

六方塔环境综合采集器是 YF 系列的硬件产品，所以 YFIOs-阿里云物联网平台专用工具自带了六方塔环境综合采集器的物模型，下面我们介绍一下，如何在一个新的阿里云物联网平台上添加六方塔环境综合采集器。

首先参考第 2 章 2.6.1 节对新的物联网平台进行配置（如果已经是添加过的物联网平台，则跳过这一步骤）。平台配置完毕后，参考图 7.2.1，一步步进行"六方塔"产品创建。

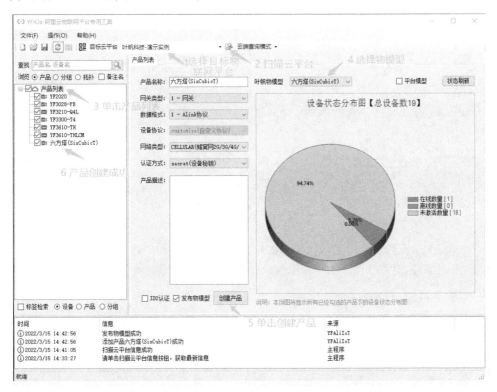

● 图 7.2.1　创建六方塔产品

第一步：选择目标物联网平台。

第二步：单击"扫描云平台"按钮，扫描当前平台所有已经创建的产品，并呈现出来。

第三步：单击程序右侧树形列表中的根节点"产品列表"，显示"产品列表"面板。

第四步：选择物模型，也就是"六方塔（SixCubicT）"，相关的产品信息会自动更新。

第五步：单击"创建产品"按钮，则成功创建六方塔（SixCubicT）产品。

第六步：在树形列表中，单击该产品项，在弹出的产品面板中，进入"物模型"选项，发现物模型已经创建完毕（如图 7.2.2 所示）。

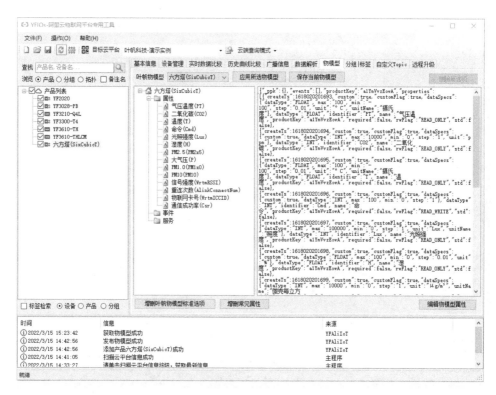

● 图 7.2.2　六方塔物模型

由于六方塔不是独立通过 4G 上网，而是通过 RS485 总线接入 YF3028 网关，所以当前默认添加的物模型中的信号强度、重连次数和物联网卡号属性不是必需的，保留和删除都可以。

▶▶ 7.2.2　创建风速物模型

和六方塔环境综合采集器不同，风速传感器是第三方传感器，没有集成对应物模型，需要从零开始创建（创建物模型完毕后，也可以保存为 JSON 文件）。

和图 7.2.1 一样，选择目标平台后，单击树形列表中的"产品列表"。在右侧"产品列表"面板的叶帆物模型中选择"空"。产品名称填写"风速（RSFS）"，网关类型设定为"0-设备"，设备协议选择"customize（自定义协议）"，网络类型选择"OTHER（其他）"。选择完毕后，单击"创建产品"按钮，创建"风速"产品（如图 7.2.3 所示）。

单击"风速（RSFS）"产品项，然后进入"物模型"面板，我们发现物模型是空的，需要自行添加属性。单击"增删常见属性"按钮，在弹出的面板中，发现有"风速（WindSpeed）"属性和"通信成功率（Csr）"（如图 7.2.4 所示）。

勾选这两个选项，然后单击"应用"按钮，会弹出如下对话框（如图 7.2.5 所示）。

单击"是"按钮，则成功添加了"WindSpeed"和"Csr"属性（如图 7.2.6 所示），由此风速传感器物模型创建完毕。

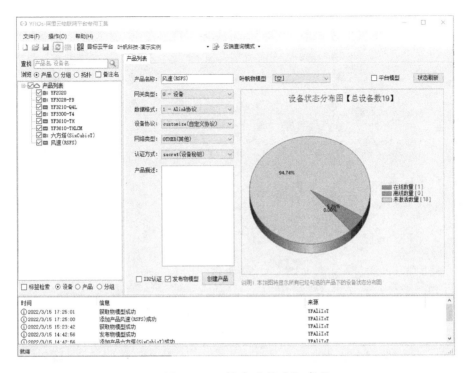

• 图 7.2.3 创建"风速"产品

• 图 7.2.4 添加"风速（WindSpeed）"属性

● 图 7.2.5 添加常用属性后，弹出询问对话框

● 图 7.2.6 风速传感器物模型

▶▶ 7.2.3 创建风向物模型

和创建"风速"产品一样，我们先创建"风向"的物联网平台产品，除了将产品名称填写为"风向（RSFX）"外，其他配置都和"风速"产品一样，然后单击"创建产品"按钮，创建"风向"产品（如图 7.2.7 所示）。

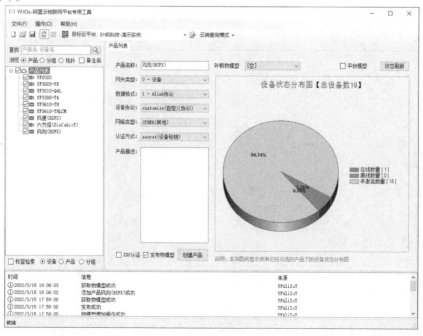

● 图 7.2.7 创建"风向"产品

常见属性列表里，依然有"风向（WindDirection）"和"通信成功率（Csr）"属性，勾选这两个属性，单击"应用"按钮，为"风向"产品创建物模型。创建完毕的物模型如图 7.2.8 所示。

• 图 7.2.8　创建"风向"物模型

▶▶ 7.2.4　创建雨量物模型

和"风速"和"风向"两个产品一样，还是先创建"雨量"的物联网平台产品，产品名称填写为"雨量（RSYL）"，其他配置依然与"风速"和"风向"产品一样，最后单击"创建产品"按钮，创建"雨量"产品（如图 7.2.9 所示）。

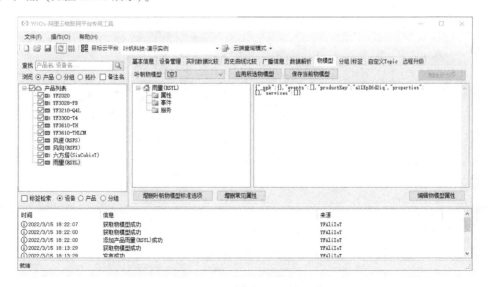

• 图 7.2.9　创建"雨量"产品

与"风速"和"风向"两个产品不同，常见属性列表里面没有雨量属性，需要我们手动来创建该属性。单击"物模型"选项卡，进入"物模型"面板，单击"编辑物模型属性"按钮，属性名称填写为"雨量"，标识符填写为"Rainfall"，数据类型设置为 float。数据单位为 mm，也就是 mm。然后单击"新建"按钮，新建雨量属性（如图 7.2.10 所示）。

● 图 7.2.10　手动创建"雨量"属性

"雨量"属性创建完毕后，单击"增删场景属性"按钮，勾选"通信成功率（Csr）"属性，然后单击"应用"按钮添加"通信成功率"属性。最终的雨量物模型如图 7.2.11 所示。

● 图 7.2.11　"雨量"物模型

> **注意**
>
> 　以上分别创建了"六方塔（SixCubicT）""风速（RSFS）""风向（RSFX）"和"雨量（RSYL）"4 个产品。产品创建完毕后，我们依次在这些产品下再创建"SixCubicT""RSFS""RSFX"和"RSYL"4 个云端设备，供物理硬件设备进行对接。

▶▶ 7.2.5 创建 YF3028 网关物模型

理论上对业务系统来说，网关是透明的，不需要物模型。但是从设备管理的角度来看，针对无线通信网关，还是需要知道当前无线信号的强度、重连次数、SIM 卡号等信息的。另外必要的时候也需要设置业务参数，远程重启网关等操作，这就需要服务的功能。此外网关连接的子设备或者网关本身出现异常，上传事件也是不可或缺的。

YF3028 虽然属于 YF 产品系列，但是非 PowerBus 版本的网关并没有对应的叶帆物模型，所以和创建"风向""风速"和"雨量状态传感器"等产品一样，叶帆物模型选择"空"，产品名称输入 YF3028，余下的参数为默认值，单击"创建产品"按钮创建 YF3028 网关产品。

创建完毕后，单击树形列表"YF3028"产品节点，然后单击"物模型"选项卡选项。在物模型页面单击"增删叶帆物模型标准选项"按钮，在弹出的"叶帆标准物模型"对话框中勾选"全选"项，接着单击"应用"按钮，为 YF3028 产品添加标准的叶帆物模型（如图 7.2.12 所示）。

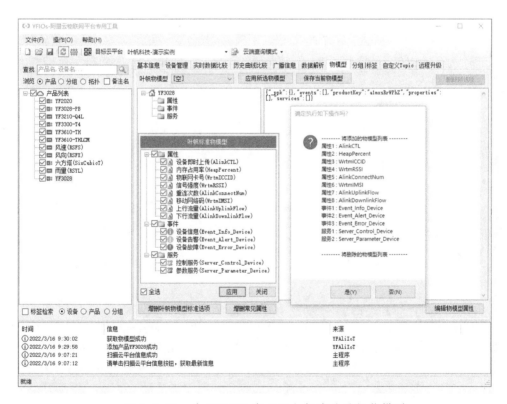

● 图 7.2.12 为 YF3028 产品添加标准的叶帆物模型

物模型添加完毕后，单击"设备管理"选项卡，为 YF3028 产品添加一个"YF3028"的网关设备（如图 7.2.13 所示）。

如果只创建一个设备，设备名前缀就是设备名，我们填入"YF3028"，备注名可写可不写，然后单击"批量创建"按钮即可创建一个 YF3028 设备。

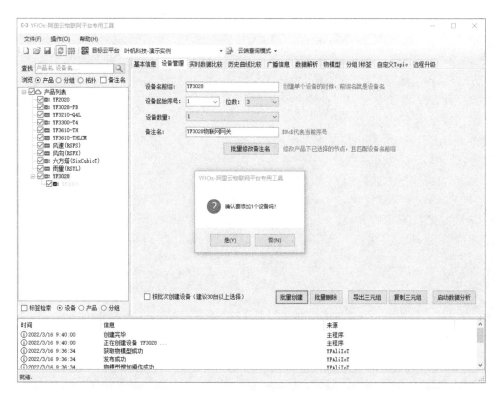

● 图 7.2.13 添加 YF3028 网关设备

7.3 YFIOs 硬件组态上云

设备选型完毕,云端也已经创建了产品(含物模型)和设备,下一步就要通过 YFIOs Manager 数据组态管理工具,添加对应的用户设备了。

▶▶ 7.3.1 添加六方塔用户设备

一般情况下,添加一个用户设备时,首先要知道网关和这个设备的通信接口,比如是串口(Serial-Port)、网口(Ethernet)、CAN 或者其他接口(Other)等。然后需要知道是哪个厂家的传感器设备,一般是厂家的英文名和中文名的组合,比如 "YFSoft(叶帆科技)",最后需要知道这个传感器的型号,比如我们以前用的 YF3610-TH21 的温湿度模块,"YF3610-TH21" 就是型号。

如果六方塔环境综合检测仪作为一个主控,则本身既是网关,又是传感器,所以添加用户驱动,需要根据六方塔具体组合的板子来决定添加哪种驱动。比如需要添加六方塔的传感板,由于不是独立的设备,是 MCU 直接采集相关的传感器数据,所以通信接口为 "Other",也就是其他类型。生产厂家为 YFSoft(叶帆科技),型号为 "SixCubicT",则该驱动支持所在的位置是 Other -> YFSoft(叶帆科技)-> SixCubicT.SensorBoard。不过该演示项目把六方塔环境综合检测仪作为一个传感器来使用,通过 RS485 串口接入 YF3028 物联网智能网关,所以驱动支持所在的位置是 SerialPort -> YFSoft(叶帆科技)->

SixCubicT-THLCMP。

打开 YFIOs Manager 程序，单击树形列表"驱动"节点下的"用户设备"，然后双击右侧列表中的"新建…"项，添加用户设备。

驱动支持就选择"SixCubicT-THLCMP"。设备名称和云端保持一致，填入"SixCubicT"。六方塔设备接入的是 YF3028 物联网智能网关的 RS485-A1B1 接口，单击"设备接口表"按钮，查看 RS485-A1B1 对应串口号（如图 7.3.1 所示），可以获知 RS485-A1B1 对应的是 COM1，双击该选项，则自动设定串口号为"COM1"，也可以关闭设备接口表对话框，自行选择串口号为"COM1"。设备地址为 1，串口参数为默认值"9600，n，8，1"。各参数配置完毕后，单击"确定"按钮添加"SixCubicT"用户设备（如图 7.3.2 所示）。

● 图 7.3.1　选择 YF3028 网关的 RS485 接口

● 图 7.3.2　添加"SixCubicT"用户设备

用户设备创建完毕后，单击树形列表"数据"节点下的"数据配置"项，在右侧的数据列表中可以看到自动创建的"SixCubicT"属性。这些属性和云端"六方塔（SixCubicT）"物模型的属性保持一致

（如图 7.3.3 所示）。

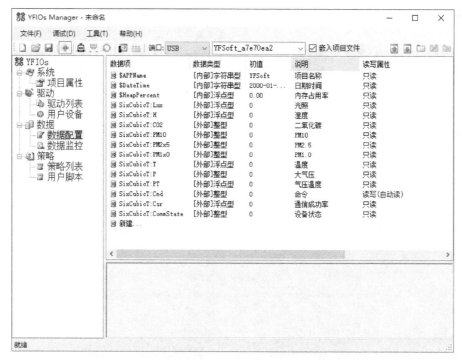

● 图 7.3.3　"SixCubicT" 用户设备的属性

▶▶ 7.3.2　添加风速用户设备

风速传感器接入 YF3028 网关的 RS485 总线接口，生产厂家是"JNRS（建大仁科）"，传感器的型号是"RS-FS-JTN01"，所以要添加的风速传感器驱动支持的位置是：SerialPort -> JNRS（建大仁科）-> RS-FS-JTN01。

和添加"SixCubicT.SensorBoard"用户驱动一样，单击"用户设备"后，双击"新建…"项，添加风速传感器的用户驱动。

驱动支持就选择 RS-FS-JTN01 驱动，设备名称依然选择和云端的设备保持一致，填写"RSFS"。设备说明可以随便填写，没有特殊要求。

风速传感器接入了 YF3028 的 RS485-A4B4，查看图 7.3.1，可知串口号为 COM6。设备地址为 1，串口参数保持默认值为"4800，n，8，1"即可。配置完毕后，单击"确定"按钮创建风速传感器的用户设备（如图 7.3.4 所示）。

创建完风速传感器 RSFS 用户设备后，单击树形列表的"数据配置"节点，可以看到风速传感器的属

● 图 7.3.4 创建风速传感器用户设备

性已经自动添加，并且保持和云端设备物模型一致（如图 7.3.5 所示）。

RSFS:WindSpeed	[外部]浮点型	0	风速	只读	RSFS	WindSpeed
RSFS:Csr	[外部]浮点型	0	通信成功率	只读	RSFS	Csr
RSFS:CommState	[外部]整型	0	设备状态	只读	RSFS	CommState

● 图 7.3.5 风速传感器 RSFS 设备属性

▶▶ 7.3.3 添加风向用户设备

风向传感器依然接入 YF3028 物联网智能网关的 RS485 接口，且厂家同样是"JNRS（建大仁科）"，传感器的型号是"RS-FX-N01"。

继续在用户设备列表中双击"新建…"项添加用户设备。驱动支持选择 SerialPort -> JNRS（建大仁科）-> RS-FX-N01。设备名称为"RSFX"和云端设备一致，通过 RS485 接入 YF3028 的 RS485-A3B3 接口，查看图 7.3.1，串口号为"COM5"，设备地址依然为 1，串口参数保持"4800，n，8，1"不变。设置完毕后，单击"确定"按钮创建风向传感器 RSFX 用户设备（如图 7.3.6 所示）。

● 图 7.3.6 创建风向传感器 RSFX 用户设备

单击"数据配置"项，从右侧的 IO 数据列表中，可以看到风向传感器 RSFX 用户设备自动添加的设备属性（如图 7.3.7 所示）。

RSFX:WindDirection	[外部]整型	0	风向	只读	RSFX	WindDire...
RSFX:Csr	[外部]浮点型	0	通信成功率	只读	RSFX	Csr
RSFX:CommState	[外部]整型	0	设备状态	只读	RSFX	CommState

● 图 7.3.7　风向传感器 RSFX 设备属性

7.3.4　添加雨量用户设备

和风速传感器、风向传感器一样，雨量状态传感器同样也是"JNRS（建大仁科）"的设备，依然是接入"六方塔"的 RS485 接口。雨量状态传感器设备地址需要修改为 3，以免和风速传感器、风向传感器的设备地址冲突。

我们依然在用户设备列表双击"新建…"项添加用户设备。驱动支持选择 SerialPort -> JNRS（建大仁科）-> RS-YL-N01。设备名称为"RSYL"，和云端设备一致，通过 RS485 接入 YF3028 的 RS485-A2B2 接口，查看图 7.3.1，串口号为"COM2"，设备地址设置为 1，串口参数保持"4800，n，8，1"不变。设置完毕后，单击"确定"按钮创建风向传感器 RSYL 用户设备（如图 7.3.8 所示）。

● 图 7.3.8　创建雨量状态传感器 RSYL 用户设备

然后单击"数据配置"项，从右侧的 IO 数据列表中，可以看到雨量状态传感器 RSYL 用户设备自动添加的设备属性（如图 7.3.9 所示）。

RSYL:Rainfall	[外部]浮点型	0	雨量值	只读	RSYL	Rainfall
RSYL:Csr	[外部]浮点型	0	通信成功率	只读	RSYL	Csr
RSYL:CommState	[外部]整型	0	设备状态	只读	RSYL	CommState

● 图 7.3.9　雨量状态传感器 RSYL 设备属性

7.3.5　添加阿里云上云通信策略

我们一共创建了"SixCubicT""RSFS""RSFX"和"RSYL"4 个用户设备（如图 7.3.10 所示）。

设备名称	驱动名称	说明	使用状态	Debug模式	扫描模式
⚙ SixCubicT	SixCubicT.S…	六方塔环境综合采集器	允许使用	已关闭	已开启
⚙ RSFS	RSFSJTN01	风速传感器	允许使用	已关闭	已开启
⚙ RSFX	RSFXN01	风向传感器	允许使用	已关闭	已开启
⚙ RSYL	RSYLN01	雨量传感器	允许使用	已关闭	已开启
⚙ 新建…					

● 图 7.3.10 雨量状态传感器 RSYL 设备属性

将这 4 个传感器设备统统接入 YF3028-U4N 网关设备上，从云端拓扑上来说，"SixCubicT""RSFS""RSFX"和"RSYL"作为子设备连接到"YF3028"网关。

云端物联网平台是必须要创建"YF3028"网关设备的，否则没有办法建立网络拓扑，添加子设备。但是在设备端，"YF3028"用户设备却不是必需的。基础版 YF3028 用户驱动，实现的功能就是控制通信灯的状态，可以和阿里云上云通信策略实现联动，比如慢闪表示上云成功，快闪表示通信故障。但是如果选用的是 YF3028-UL21N 的 PowerBus 总线接口的网关，那么就必须添加 Other -> YFSoft（叶帆科技）-> YF3028-PowerBus 驱动支持了，因为只有通过驱动才可以获知 PowerBus 总线状态，控制总线的上电和去电，还可以设置总线通信的波特率。

对接阿里云物联网平台有 6 种系统策略，分别是"阿里云 MQTT 客户端（高级版）""阿里云 MQTT 客户端（无网口版）""阿里云 MQTT 客户端（基础版）""阿里云 MQTT 客户端（邮箱机制）""阿里云 MQTT 客户端（精简版）"和"阿里云 MQTT 客户端（最小版）"。

"阿里云 MQTT 客户端（高级版）"功能最全面，有线和无线通道都支持，"阿里云 MQTT 客户端（无网口版）"就是在"阿里云 MQTT 客户端（高级版）"系统策略的基础上去掉了以太网接口部分的代码，仅支持无线模块上云。

"阿里云 MQTT 客户端（邮箱机制）"主要用在消防领域，是对接阿里云物联网平台早期基础版的平台，仅上传自定义格式的 JSON 数据包。"阿里云 MQTT 客户端（基础版）"和"阿里云 MQTT 客户端（邮箱机制）"类似，也是对接的阿里云物联网平台基础版，不过没有采用邮箱机制，是自动扫描勾选的 IO 属性，进行等间隔或变化上传 JSON 数据包。

"阿里云 MQTT 客户端（精简版）"和"阿里云 MQTT 客户端（最小版）"都是"阿里云 MQTT 客户端（无网口版）"的删减版。二者均对子设备不提供支持。不过"阿里云 MQTT 客户端（最小版）"更小，比如自动创建的 IO 变量没有"IMSI 号 WrtmIMSI""上行流量 AlinkUplinkFlow"和"下行流量 AlinkDownlinkFlow"。另外也不支持服务命令的 IO 数据项的读写操作等。

如果是六方塔环境综合监测仪添加了 4G 或 2G 通信板，那么阿里云通信策略只能选择"阿里云 MQTT 客户端（精简版）"和"阿里云 MQTT 客户端（最小版）"，如果仅是采集功能，那么建议选择"阿里云 MQTT 客户端（最小版）"系统策略。

注意

阿里云 MQTT 客户端（精简版）"和"阿里云 MQTT 客户端（最小版）"不支持子设备，如果六方塔环境综合监测仪通过 RS485 挂接了其他传感器，则需要重新构建物模型，把其他传感器的属性增加到六方塔环境综合监测仪的物模型中来，成为一个复合网关设备，统一以网关的身份（无子设备）把属性数据上传到云端。

本项目由于采用了性能比较强大，资源比较丰富的 YF3028 物联网智能网关，所以我们选用"阿里云 MQTT 客户端（高级版）"系统策略（如图 7.3.11 所示）。

打开"YFIOs-阿里云平台专用工具"，单击树形列表下"YF3028"产品下的"YF3028"设备节点。在"基本信息"面板单击"复制三元组"按钮，复制"YF3028"云端设备的三元组信息。复制完毕后，在"阿里云 MQTT 客户端（高级版）"系统策略的"服务器配置"面板单击"粘贴三元组"按钮，粘贴三元组信息。扫描间隔设置 300 秒，也就是 5 分钟上传一次，"变化上传"，也就是说数据变化的时候，才会真正上传数据，如果曲线显示需要等间隔上传的数

● 图 7.3.11　添加阿里云 MQTT 客户端（高级版）系统策略

据，那么就不要勾选这个选项。勾选"系统复位"的意思是，如果通信出现问题，多次处理后，依然无法正常通信，设备则会自动重启来解决通信问题（如图 7.3.12 所示）。

● 图 7.3.12　阿里云 MQTT 客户端（高级版）系统策略配置

物联网智能网关配置完毕后，单击"子设备"选项卡，开始添加云端子设备。和添加网关的三元组信息一样，依然打开"YFIOs-阿里云平台专用工具"，在树形列表中单击"RSFS"风向传感器设备，接着在右侧的基本信息面板上，单击"复制三元组"按钮，然后转向 YFIOs Manager 的用户策略配置页面的"子设备"面板，单击"粘贴"按钮，完成添加风向传感器云端设备。然后依次操作，分别单击"RSFX"风向传感器设备、"SixCubicT"六方塔设备和 RSYL 雨量设备，复制并粘贴这些子设备的三元组信息到阿里云上云策略中去（如图 7.3.13 所示）。

● 图 7.3.13　为阿里云物联网高级版上云策略添加子设备三元组

　　配置好网关，添加完毕子设备，接下来我们需要配置 IO 变量（就是物联网中的属性），单击"IO 配置"项，进入"IO 配置"页面，勾选对应的 IO 属性数据，即可按指定的扫描周期及规则上传到阿里云物联网平台（如图 7.3.14 所示）。

● 图 7.3.14　IO 属性数据上云配置

一切配置完毕后，单击 ▦（部署）按钮，把 YFIOs 项目部署到 YF3028 网关，系统重启后，会发现传感器数据已经采集到网关，并上传到阿里云物联网平台（如图 7.3.15 所示）。

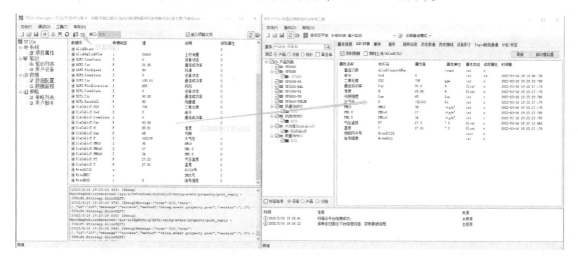

● 图 7.3.15　传感器数据上云

7.4　IoT Studio 实现移动端远程监控

我们在第 3 章介绍过 IoT Studio 移动开发，不过相对比较笼统。本节以构建一个小型气象监控站为例，依次介绍如何使用 IoT Studio 进行移动应用开发。

▶▶ 7.4.1　创建项目

在创建具体的应用之前，需要先创建一个项目，一个项目可以包含若干个应用。输入网址：https：//studio.iot.aliyun.com，打开 IoT Studio Web 工作平台页面，然后单击右侧目录中的"项目管理"。

有两种项目类型可供创建，一种是"全局资源项目"，该项目和阿里云物联网平台的资源全量实时同步，另外一种是"自建项目"，不同项目之间资源分割，互不影响。我们选择创建一个这样的自建项目。单击右下角的"新建项目"按钮，开始创建项目（如图 7.4.1 所示）。

在弹出的页面中单击"新建空白项目"，在弹出的对话框中输入项目名称为"小型气象站监测"，然后单击"确定"按钮，即可创建一个独立的"小型气象站监测"项目（如图 7.4.2 所示）。

▶▶ 7.4.2　产品和设备关联

由于创建的是非全局资源项目，所以阿里云物联网平台的产品和设备需要我们手动进行关联操作。

在图 7.4.2 页面单击右侧的"产品"项，在打开的页面中单击"关联物联网平台产品"按钮，右侧会弹出"关联物联网产品"的页面。上面列出该账号下物联网平台上所有的产品，以供关联。

我们创建了 5 个产品，分别是"YF3028""雨量（RSYL）""风向（RSFX）""风速（RSFS）"和"六方塔（SixCubicT）"，在右侧页面勾选这些产品，在单击"确定"按钮之前，勾选"关联产品同时关

● 图 7.4.1　IoT Studio 项目管理

● 图 7.4.2　创建"小型气象站监测"项目

联其下所有设备",省去了再去专门关联对应设备的操作了（如图 7.4.3 所示）。

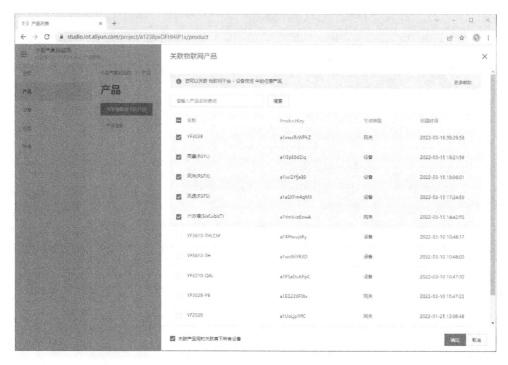

● 图 7.4.3　关联物联网产品和设备

关联成功后，刷新"产品"页面，会自动显示已经绑定成功的"产品"（如图 7.4.4 所示）。

● 图 7.4.4　产品列表

单击右侧的"设备"项，在设备列表里面，可以看到创建的 5 个设备，且设备都已经上线（如图 7.4.5 所示）。

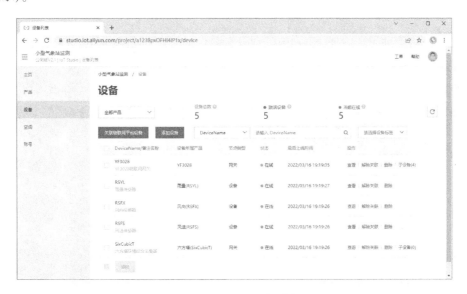

● 图 7.4.5　设备列表

单击对应的物联网设备，进入设备详情，在"物模型数据"页面可以查看上传到云端的设备属性数据（如图 7.4.6 所示）。

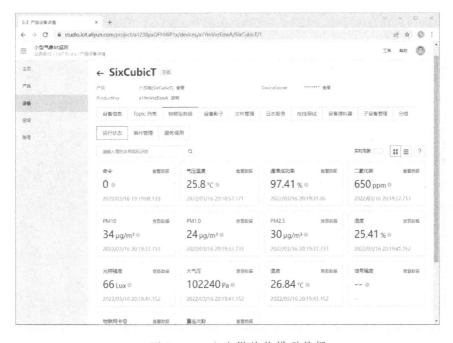

● 图 7.4.6　六方塔的物模型数据

7.4.3 创建移动应用及监控页面

项目创建完毕，产品和设备也完成相关的绑定关联。下一步开始创建移动应用。进入"移动可视化开发"页面，单击"+"新建一个空白应用，在弹出的对话框中，填写应用名称为"气象监测"，然后单击"确定"按钮创建一个移动应用（如图 7.4.7 所示）。

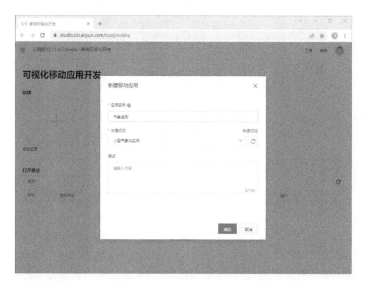

● 图 7.4.7　创建移动应用

气象监测的移动应用被创建后，网站页面会自动弹出一个"新建页面"对话框，可以选择创建一个"空白"页，也可以基于一个模板来新建页面。我们选择一个和气象监测应用比较接近的"空气质量优"模板来新建一个页面（如图 7.4.8 所示）。

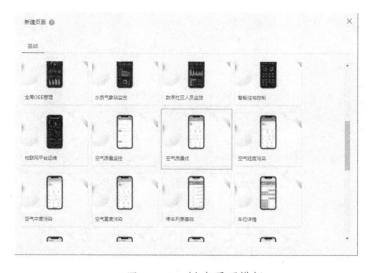

● 图 7.4.8　新建页面模板

基于"空气质量优"模板创建的新页面如图 7.4.9 所示,相关要素和我们已有的传感器指标已经比较相近了。

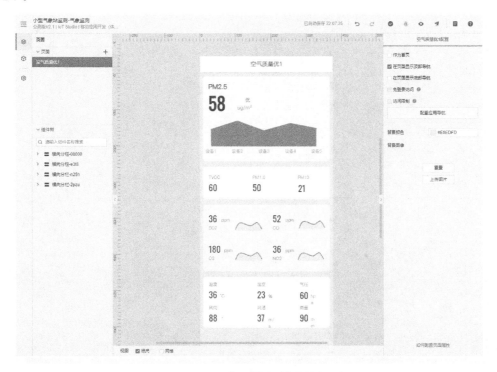

● 图 7.4.9　基于模板创建的新页面

▶▶ 7.4.4　修改模板监控页面

最终将完成的页面和图 7.4.9 所示的模板页面类似,总体布局保持不变,仅需要修改和设备属性不一致的地方。

首先页面名称由"空气质量优 1"修改为"小型气象监测站"。将鼠标移动到页面列表"空气质量优 1"项,则会出现编辑图标 <kbd>✎</kbd>,单击该图标即可修改页面名称。

TVCC 属性指标没有,可换成 CO2、PM1.0 和 PM2.5 保留。移动到该卡片,并用鼠标左键进行双击(如图 7.4.10 所示)。

双击卡片,进入卡片修改页面,直接在"TVCC"上双击即可修改内容,我们修改为 CO2(如图 7.4.11 所示)。

修改完毕后,单击"返回页面"按钮返回到

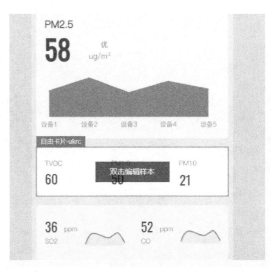

● 图 7.4.10　双击修改 TVCC

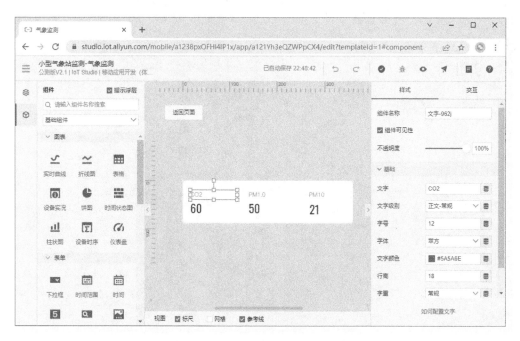

● 图 7.4.11　修改 TVCC 为 CO2

"小型气象监测站"页面。

SO2、O3、CO 和 NO2 等监测要素没有对应的传感器，所以在该卡片上右击，在弹出的菜单上单击"删除"命令，删除该卡片（如图 7.4.12 所示）。

删除卡片后，连带把后面"栏"也一起删除。最终调整后的页面如下（如图 7.4.13 所示）。

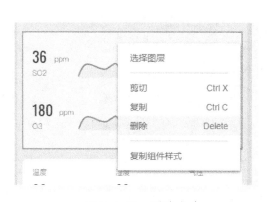

● 图 7.4.12　删除卡片

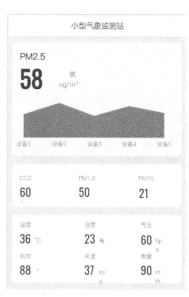

● 图 7.4.13　气象监测移动监控页面

▶▶ 7.4.5　绑定设备数据

页面创建且调整完毕后，下一步需要对接数据源。将创建的设备和这个监控画面建立联系。

第一步：修改 PM2.5 曲线图。双击"PM2.5"曲线卡，进入卡片编辑页面，单击曲线图，在右侧属性面板中单击"配置数据源"按钮（如图 7.4.14 所示）。

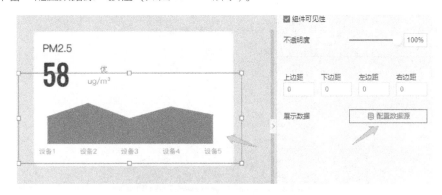

● 图 7.4.14　配置 PM2.5 的数据源

在配置数据源页面，单击数据源右侧的 ✎ 按钮，修改对应的数据源（如图 7.4.15 所示）。

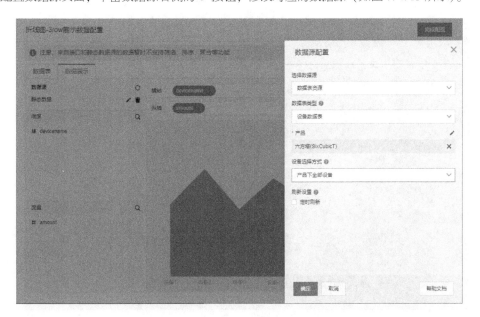

● 图 7.4.15　修改对应的数据源

数据源选择"数据表"，数据表类型选择"设备数据表"，产品则选择"六方塔（SixCubicT）"，因为该产品物模型里面包含了 PM2.5 属性。设备选择方式为"产品下全部设备"。

在"数据展示"页面，设置横轴为"设备数据产生时间戳"，纵轴则选择"总和（PM2.5）"。由于我们只有一个设备，所以总和也就是单个设备的值（如图 7.4.16 所示）。

● 图 7.4.16　PM2.5 折线图配置

第二步：修改 CO2 的数据源，双击 CO2 所在的选项卡，进入卡片编辑模式，选择 CO2 值的文字区，然后单击属性面板"文字"右侧的 ✏ 按钮，进行数据源配置（如图 7.4.17 所示）。

● 图 7.4.17　CO2 配置数据源

选择设备，产品选择"六方塔（SixCubicT）"，指定的设备是"SixCubicT"，属性则选择"二氧化碳"。

依照上述办法，依次修改 PM1.0 和 PM2.5 的数据源。

第三步：修改温度、湿度和气压的数据源。和第二步类似，产品还是选择"六方塔（SixCubicT）"，指定的设备是"SixCubicT"，属性则依次选择"温度""湿度"和"大气压"。

以上配置完毕后，把大气压的单位由 hpa 修改为 pa。文字格的大小也根据要显示的数据位数进行适当调整。

第四步：修改风向、风速、雨量的数据源。和第二步、第三步类似，但是产品依次选择"风向（RSFX）""风速（RSFS）"和"雨量（RSYL）"，指定的设备依次选择"RSFX（风向传感器）""RSFS（风速传感器）"和"RSYL（雨量状态传感器）"，属性则依次选择"风向""风速"和"雨量"。

经过以上四步，小型气象站的各个要素的数据源修改匹配完毕（如图 7.4.18 所示）。

▶▶ 7.4.6　移动应用发布

● 图 7.4.18　小型气象监测站最终页面

页面创建完毕，相关要素也已经绑定成功。我们单击 Web 页面右上角的 ◤（发布）按钮，对该应用进行发布操作。

不过在发布之前，还需要进行下一步操作，那就是绑定域名，单击右侧边栏上的 ◎ 按钮，进入应用设置，在"域名管理"页面，添加对应的域名。针对本项目，域名设置为"qxz.yfiot.com"（如图 7.4.19 所示）。

● 图 7.4.19　绑定域名

添加完域名后，我们去 yfiot.com 的域名管理后台，配置 qxz.yfiot.com 的二级域名的 CNAME 解析（如图 7.4.20 所示）。

● 图 7.4.20　配置 CNAME 解析

然后单击 ◢（发布）按钮，弹出如下对话框（如图 7.4.21 所示）。

打开手机浏览器，输入 qxz.yfiot.com 网址，我们就可以在手机上看到小型气象监测站的 Web 页面了（如图 7.4.22 所示）。

● 图 7.4.21　移动应用发布成功

● 图 7.4.22　小型气象站手机监控画面

7.5　小结

本章我们从一个小型气象站远程监控的实例讲起，不仅介绍了硬件设备如何选型，还介绍了设备的现场安装实施情况。

然后我们以近乎零代码的方式，通过简单的配置，鼠标的拖拽，从云端物模型的构建，到网关设备各种用户驱动的添加，再到移动端 Web 页面的构建，很快就完成了一个具有工业品质的物联网系统。充分说明了组态式构建物联网系统的优势，不仅稳定可靠，还可以低成本快速实施物联网项目。

工业 4.0 框架下的自动化资产信息模型开发实战

> 工业 4.0 的框架体系 RAMI4.0 发表之后，两年不到的时间，德国工业界已经完成工业 4.0 基本单元的示范开发，为各类实体资产的数字化，从而映射至虚拟环境，并实现完整表达、通信、推理、决策加工等，打下了坚实的基础。
>
> ——彭瑜《落地生根的工业 4.0：德国工业 4.0 基本单元》

8.1 从信息物理系统到数字工厂

随着工业 4.0 等高热度词汇的普及，信息物理系统（CPS：Cyber Physical System）这一学术化的概念逐渐被产业界所认知。信息物理系统包含了将来无处不在的环境感知、嵌入式计算、网络通信和网络控制等系统工程，使物理系统具有计算、通信、精确控制、远程协作和自治功能。CPS 被认为是第四次工业革命对世界的最突出贡献，但 CPS 的构建不是一蹴而就的，它是诸多新标准、新技术的有机集成和综合运用。本章旨在 RAMI4.0 的框架范围内，根据最新数字工厂（DF：Digital Factory）的相关标准，阐述一种基于低代码的工厂资产信息模型的开发方法，为未来数字资产的信息模型交互提供一种有益的、可复制的实现参考。本文主要参考了 IEC 的工作研究报告《Relationships between I4.0 Components-Composite Components and Smart Production》。

德国联邦信息技术、电信和新媒体协会（BITKOM）、德国电子电气行业总会（ZVEI）和德国机械设备制造业联合会（VDMA）正在积极推进工业 4.0 参考架构模型（RAMI4.0：Reference Architectural Model Industrie 4.0），目的是成为下一代工业制造系统构建的参考架构。如图 8.1.1 所示，RAMI4.0 核心要义是提供一个对工业 4.0 技术进行分类的三维分层模型。它通过垂直轴层（Layers）、左水平轴流（Stream）、右水平轴级（Levels）三个维度，构建并连接了工业 4.0 中的基本单元——工业 4.0 组件。它结合国际标准 IEC62264 和 IEC62890 的部分内容，利用已建立的模型来描述下一代系统的不同方面。理论上，任何级别的企业，都可以在这个三维架构中找到自己的业务位置（一个或多个可以被区分的、由工业 4.0 组件构成的管理区块）。

在系统级别的维度上，体现的是"纵向集成"；在流的维度上，体现的是基于产品（或装置、设备、工作站等）全生命周期的"端到端集成"；在"层"的维度上，体现的是"信息物理系统（CPS）"。

RAMI4.0 模型根据 IEC62264 系列标准（企业 IT 和控制系统）定义了"等级层次（Hierarchy levels）"，其目的是将工厂或设施的各种功能扩展到工业 4.0 包括与物联网 IoT 和互联网服务 IoS 的连接（称为"外

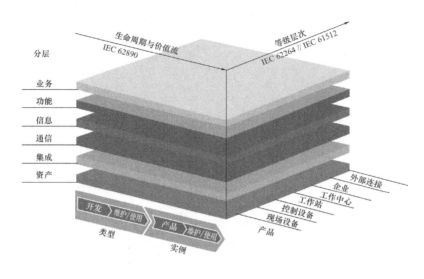

a

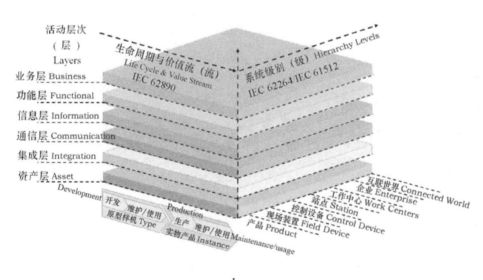

b

● 图 8.1.1 "工业 4.0"参考架构模型 RAMI

注：图 8.1.1a 和图 8.1.1b 给出了两种不同的术语翻译，可以看出对于右水平轴"系统级别（Hierarchy Levels）"的翻译，大部分人直译为"层次结构"或"层次"，不易区别于垂直轴"层（Layers）"的翻译，因此本文倾向于使用"级"去描述右水平轴。

部连接"）以及工件（称为"产品"）。基于 IEC62890，该模型还涵盖了产品的整个"生命周期与价值流"，包括设计、生产、交付、使用、维护等。模型中增加"类型"与"实例"的概念来区分设计/原型阶段与生产过程，使得该模型能够表示产品和设施生命周期。

在 RAMI4.0 提出的模型架构中，"分层（Layers）"维度划分为业务、功能、信息、通信、集成、资产 6 层，支持将机器分解到其部件特性。

资产层描述了诸如电机、机器、文档、软件应用程序、备件、系统用户、客户、供应商、服务提供商或任何其他物理实体的物理组件。资产的数字化描述与信息层息息相关，工业 4.0 建议采用 IEC 62832标准进行资产信息模型的开发，并使用 IEC 61360（IEC CDD：Common Data Dictionary）进行资产特性与数据属性的结构设计与编码。

集成层以计算机可以处理的形式提供资产信息（物理组件/硬件/文件/软件等）。例如，工艺过程的计算机辅助控制、资产所产生的事件等。它也包含所有与信息系统连接的元件，如 RFID 读卡器、传感器、HMI 等。与人的交互也在这一层进行，例如人机界面（HMI）。因此这一层被视作物理世界向数字世界的一个链接。

通信层在集成层和信息层之间提供标准化的通信。通信的作用是使用 TCP／IP、HTTP／FTP 等基础协议，借助局域网或广域网传输数据，以及通过低功耗蓝牙（BLE）或 Wi-Fi 设备进行信息交互。在这一层，工业 4.0 将 OPC UA（Open Platform Communications Unified Architecture）作为一项重要技术纳入工业 4.0 实施战略，更作为未来工业 4.0 的一项产品标准。OPC UA 基于 IEC 62541，是一种用于描述和交换机器数据的体系结构。它不仅仅是一种通信协议，还包括数据模型和信息交互。OPC UA 的进一步开发得到了世界范围内的广泛支持。

信息层以有组织的方式保存数据，其基本目的是提供关于销售总数、采购订单、供应商和地点的信息。它载有关于在该行业制造的所有产品和材料的信息。它还提供了用于构建产品的机器和组件的信息。它向客户提供信息并保持反馈。信息是基于软件的，可以是应用程序、数据或文件的形式。

功能层负责生产规则、操作、处理和系统控制。它还为用户提供了像云服务（恢复/备份功能）这样的产品功能。此外，它还涉及各种其他活动，如组件协调、系统开机/关机、测试元件、交付渠道、用户输入和功能，包括但不限于警示灯、快照、触摸屏和指纹认证等。

业务层由业务策略、业务环境和业务目标组成。它还处理促销和优惠、目标位置、广告、客户关系管理、预算和定价模型，以及制造和成本分析。

这一模型涵盖的内容非常庞杂，但在国内经常解读为与工厂相关的事项。因此，国内的研究重点集中在如何在 IEC 62832 标准指导下构建"数字工厂"，并以此为基础打造"智能工厂"，实现"智能制造"。以数字工厂或智能工厂为企业最小单元进行管控是工业 4.0 的基本思想。

8.2 数字工厂标准介绍

数字工厂（DF：Digital Factory）是数字模型、方法和工具的综合网络（包括仿真和3D 虚拟现实可视化），通过连续没有中断的数据管理集成在一起。它是以产品全生命周期的相关数据为基础，在计算机虚拟环境中，对整个生产过程进行仿真、评估和优化，并进一步扩展到整个产品生命周期的新型生产组织方式，是现代数字制造技术与计算机仿真技术相结合的产物。图 8.2.1 显示了数字工厂的典型架构，包含了生产系统的资产模型、不同生产系统资产之间的关系模型，以及所有与生产系统资产有关的信息流。

IEC 62832 是关于数字工厂的最新技术规范，它定义了数字工厂框架（DF 框架）的一般原则，它是一组模型元素（DF 参考模型）和生产系统建模规则。这个 DF 框架定义了生产系统资产模型，给定了不同生产系统资产之间关系的模型以及有关生产系统资产的信息流。它适用于任何工业领域（例如航空工业、汽车、化学品、木材）的连续控制，批量控制或离散控制等生产方式。

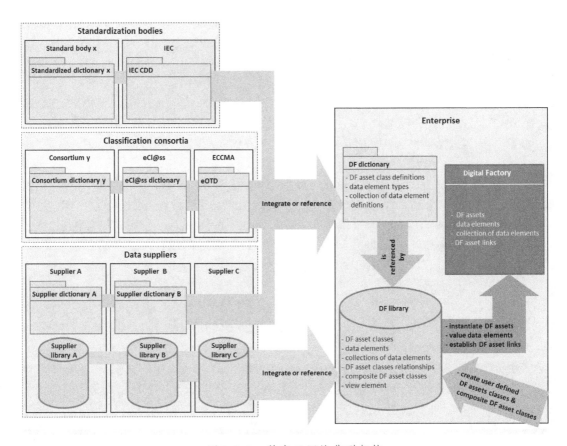

• 图 8.2.1　数字工厂的典型架构

　　DF 架构使每个企业能够使用和开发可互操作的软件工具和应用程序，以支持生产系统生命周期内的所有活动。这些活动将访问和更新数字工厂中的信息。DF 架构依赖于多种来源的信息应用或信息集成，这些来源包括：标准化字典、财团字典、供应商字典、供应商信息库等。DF 框架还基于这些概念词典定义了构建库的规则。现实世界的生产系统（PS：Production System）由生产系统（PS）资产组成，并由虚拟世界中的数字工厂进行表示。数字工厂由 DF 资产组成，DF 资产包含基于角色的设备非正式用户和物理用户信息。DF 资产是 PS 资产的代表，PS 资产之间的相互关系表示为 DF 资产的连接。上图中的箭头表示 DF 资产和信息交换的构建规则。国际电工委员会 IEC 的 TC65 技术委员会 WG16 工作组制定 IEC 62832 标准《工业过程测量、控制和自动化：数字工厂框架（Industrial-process measurement，control and automation-Digital Factory Framework）》对"数字工厂"进行了框架性规范，有望推进面向智能制造的信息物理系统加速发展。8.3 节将对数字工厂及其标准做进一步介绍。

　　通过对照《GB/Z32235 -2015 工业过程测量、控制和自动化—生产设施表示用参考模型（数字工厂）》和《IEC/TR 62794-2012 Industrial-process measurement，control and automation-Reference model for representation of production facilities（Digital Factory）》，我们对基本术语的翻译做如下规定：

　　资产 Asset：一个组织所拥有的或者具有保管责任的，对组织具有感知的或实际价值的物理或逻辑对象。

特性 Property：一个资产或对象类别的所有成员所共有的特征。

属性 Attribute：特性或关系的特征。

如图 8.2.2 所示，资产的特征由特性描述，而每个特性由其属性定义。

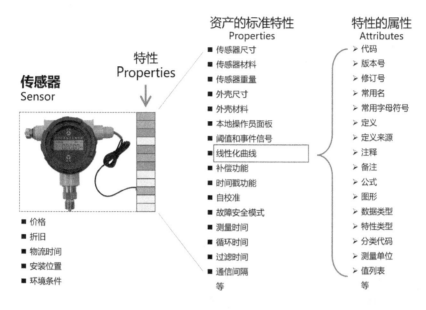

● 图 8.2.2　资产特性与特性的属性

　　为了在整个生命周期中有效地管理生产系统，拥有其数字表示并适当地维护内容，以响应其生命周期的演变是非常重要的，与生产系统相关的活动将访问、更新和使用这些以数字形式表示的内容，以支持生产系统的整个生命周期。这种数字表示在所涉及的所有流程和合作伙伴之间提供一致的信息交换，并使整个生产系统生命周期中的可重复信息易于理解，可重复使用和可更改。字典和模型可以通过提供生产系统的元素（例如设备和设备）描述来帮助建立这样的数字表示。然而为了实现生产系统的预期数字表示，需要额外的信息，例如元素之间关系的描述，IEC62832 提供了用于建立和维护生产系统的数字表示的框架，包括元素、这些元素之间的关系和有关这些元素的信息交流。IEC 62832 所提出的框架旨在减少与生产系统相关的各种活动的信息交换的互操作性障碍。该方法的主要优点是所有与生产系统相关的信息都以标准化的方式描述，并且可以在整个生命周期中使用和修改。

　　在一个"智能、网络化的世界"里，物联网和服务网（the Internet of Things and Services）将渗透到所有的关键领域。这种转变正在导致智能电网出现在能源供应领域，可持续移动通信战略领域（智能移动性，智能物流）和医疗智能健康领域。在整个制造领域中，贯穿整个智能产品和系统的价值链网络的垂直网络、端到端工程和横向集成将成为工业化第四阶段的引领者。

　　这一阶段的重点是创造智能产品、程序和过程。其中，智能工厂构成了工业 4.0 的一个关键特征。智能工厂能够管理复杂的事物，不容易受到干扰，能够更有效地制造产品。在智能工厂里，人、机器和资源如同在一个社交网络里，自然地相互沟通协作。智能产品理解它们被制造的细节以及将被如何使用。它们积极协助生产过程，其与智能移动性、智能物流和智能系统网络相对接，将使智能工厂成为未来的智能基础设施中的一个关键组成部分。这将导致传统价值链的转变和新商业模式的出现。可见数字工厂的参考模型和系统架构是智能工厂的基础，它可以提供更多有益的参考。

8.3 工业 4.0 中工业资产的描述

在工业 4.0 中，对其拥有者或持有者具有实用价值或感知价值的物理事物或逻辑事物被称为"资产"（Asset：physical or logical object owned by or under the custodial duties of an organization，having either a perceived or actual value to the organization—IEC62243）。工业 4.0 组件的概念将资产与信息世界联系起来。

8.3.1 工业 4.0 组件与管理壳

工业 4.0 中的基本单元称为"组件（Component）"，其基本思想是通过一个"管理壳（Administration Shell）"包装每个工业资产，也就是由管理壳对信息世界的每个工业 4.0 资产或应用程序提供简约且充分的描述。实现这一目的，需要涉及大量的标准，因此有必要对相关标准进行适当的分类。如图 8.3.1 所示，每个管理壳都包含一系列"子模型"，代表相关资产的不同方面。例如，这些方面可以描述安全或安保，但也可以涵盖各种过程能力，如钻孔或组装等。"管理壳"将一个现实世界的真实对象转化为工业 4.0 世界的相应组件，代表着资产的数字化。

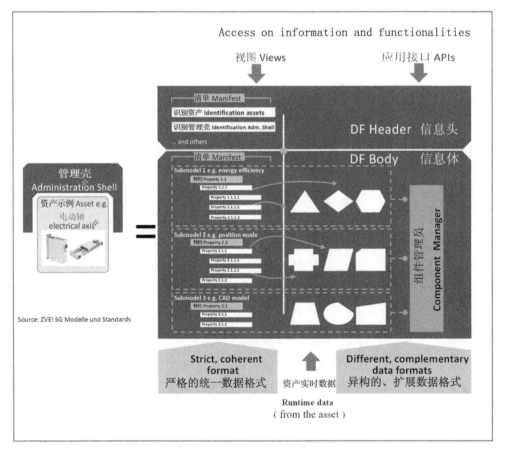

● 图 8.3.1 "管理壳"的一般结构

德国电子电气行业总会（ZVEI）2018 年发表的工作报告《The Structure of the Administration Shell：TRILATERAL PERSPECTIVES from France，Italy and Germany》中，对"管理壳"的结构给出了一种通用性的逻辑表述。在图 8.2.3 中以蓝色标记，管理壳包含"标题"和"正文"，也称为"信息头"和"信息体"。"标题"包含有关管理壳和代表资产的详细信息。"正文"包含大量的子模型，以便根据特定资产塑造管理壳。

每个子模型都包含一些结构化的特性，这些特性可能涉及数据和函数。子模型采用基于 IEC 61360 的标准化格式来描述特性。其中，数据和函数可能包含多种异构的扩展数据格式。

因此，所有子模型的特性始终形成一个清晰的目录或管理外壳清单，从而形成工业 4.0 组件。作为绑定语义的先决条件，管理壳、资产、子模型和特性都必须是全局唯一标识。授权的"全球标识符"是 ISO 29002-5（例如用于 eCl@ss 和 IEC 公共数据字典）和 URI（唯一资源标识符，例如 RDF 本体）。

▶▶ 8.3.2　工业 4.0 资产的结构化描述

一个工业 4.0 资产能够被信息世界所理解，其前提是能够通过一系列规定明确的特性去描述它。当通过一个特定的"术语"去代表这一资产时，我们就可以借助图 8.3.2 的方式去"展示"这一资产，利用诸如"长度""高度""宽度"等系列定义明确的特性来诠释它的各种特征。

在这些资产能够映射到信息世界之前，必须用"术语"来描述它们的特征。术语所代表的资产及其特征必须以数据的形式展示在信息世界中。在工业 4.0 中，通过"特性"来描述资产特征的方法称为特性原则。"特性"是一个为了满足信息世界需求，由人为创建且具有特定标识符或特定编码的，具有特征值和参考值的二进制数据表示概念。工业 4.0 的具体应用会列出所需资产的相关特征。未进行赋值的特性可以称为"特性类型"，完成赋值的特性称为"特性实例"。某种功能或者某些函数也可表示为一种特性，并被映射到信息世界。如图 8.3.3 所示，物理世界的特性将以"术语+赋值"的形式，并连同"标识符"一起被存储到工业 4.0 组件的管理壳中。

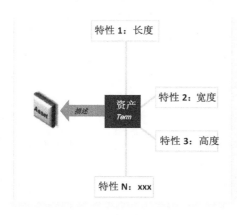

● 图 8.3.2　资产的特性与描述

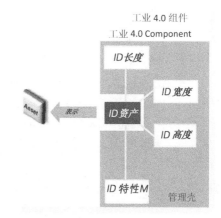

● 图 8.3.3　管理壳中的资产与特性

最初用特定"术语"描述实际资产的特征。当根据 IEC 61360 或 ISO 13584-42 以数字方式将一个术语指定为一个特性时，就创建了符合"工业 4.0"规则的"特性"。因此，它描述了物理世界中资产的特定特征。如果一个术语在工业 4.0 领域中只允许出现一次语义，则可以使用标识符避免语义歧义。因此，工业 4.0 中的生产企业知道，"捷豹"一词指的是正在制造的汽车，而不是动物。符合这些要求的特性可以来自 eCl @ ss，也可以来自 IEC 61360 通用数据字典（IEC 61360 CDD）或者其他一些来源。但是，为了理解工业 4.0 的技术，我们认为有必要根据 IEC 61360/ISO 13584-42 来考虑数据模型的组成规则。

▶▶ 8.3.3　自动化资产之间的协作

在工业 4.0 时代，我们强调"人机协作"。它的历史可以追溯到 1844 年工业革命时代对于纺织行业的革新。经过前三次工业革命的洗礼，今天的人机协作已逐步成为现实，并将成为未来时代的新特征。从组件与机器的单元概念谈起，我们知道与单个组件相比，在工程设计中利用不同组件的有机组合，实现设备之间在操作过程中的相互配合，从而产生更为强大的新功能。

协作是两个或两个以上的生命体或系统为了共同利益而共同工作或共同行动的过程。该定义包含与工业 4.0 中的关系有关的所有方面：人（人）和系统（资产和资产组合）。为了更好地理解工业 4.0 应用中要实现的协作类型，我们以两台机器（资产）为例，设想构建资产之间协作关系的主要过程。图 8.3.4 显示了两台机器（资产）之间通过类似于人与人之间的合作服务（左侧）建立机器与机器协作关系（右侧）的主要过程。在"相识"阶段，主要完成以下环节：第 1 步，检查双方是否能够沟通以及如何沟通；第 2 步，询问对方的身份；第 3 步，询问对方的能力，满足要求，则"相识"阶段完成。随后就可以发布并执行订单，报告完成情况。在这里的第 2 步"核查资产的能力"是工业 4.0 里面的关键基础服务。

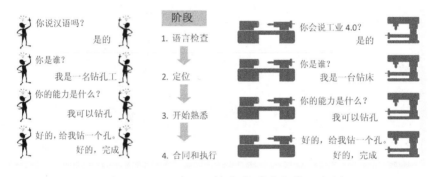

● 图 8.3.4　工业 4.0 协作关系建立的示意图

我们在这里阐述一种通用机制，其目的是利用机器池中的机器组建一条用于制造特定产品的临时生产线。根据订单，该生产线应创建最佳配置，以生产特定产品。该产品在生产经理（PM：Production Manager）的控制下，根据不同情况连接所需的机器或生产单元（PU：Production Units），并通过 MES 系统下发指令，完成自动化制造。从本质上讲，这个过程包括在合适的工业 4.0 组件之间自动创建协作关系，并随后自动执行所需的生产步骤。

德国国家工程院（Acatech）在《未来的生产自动化研究》（Forschungsfragen in Produktionsautomatisierung der Zukunft）中，利用图 8.3.5 到图 8.3.8 说明了实现特定产品的需求创建、配置和展示柔性生产线分解的相关原理。生产线由一系列生产单元（PU）和生产经理（PM）组成。这两个实例都是按照 RAMI4.0 所构造的工业 4.0 组件，包括信息和特性。一个 PM 的功能包含 ERP 系统的一些部件和 MES 系统的一些部件，这些部件驻留在 PM 和所有 PU 中。

根据图 8.3.4，生产经理接受生产需求，并基于图 8.3.1 中显示的服务，逐一检查生产选项和 PU 能力之间的匹配问题。在右侧使用对 PU 们的请求检查池中可用的 PU 的能力。基于 PU 回应的可用性信息和报价信息生成每个生产步骤的成本，并确定最终的订单价格（如图 8.3.5 所示）。

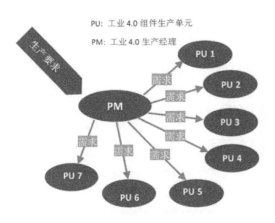

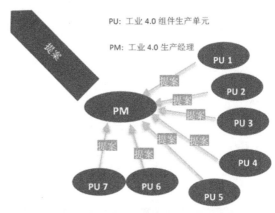

13 / 43

● 图 8.3.5　生产要求以及检查生产资源　　　　● 图 8.3.6　PU 的生产报价

在上述过程中，并不是所有的 PU 都必须提交报价。在（自动）根据已发出的报价与客户澄清所有业务条件后，客户授予订单（图 8.3.6），PM 向客户发送（电子）订单确认，然后用相应的订单占用预留的生产单元。待制造的零件本身也可介入这一过程。一旦所有订单已由 PU 们完成，则 PM 完成报告并准备好新的要求（图 8.3.8）。如果安排合理，PM 即便前一个订单仍在执行中，也可以处理新订单。

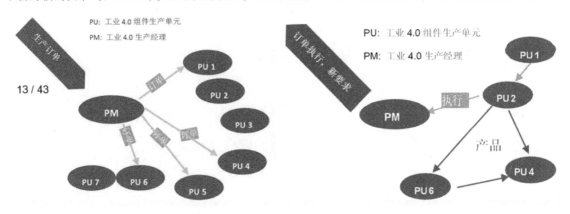

● 图 8.3.7　确定生产订单　　　　　　　　　● 图 8.3.8　完工报告生产流程

这一广泛情景的基本要素可以提炼如下：

首先，PM 作为一个实例，在人工控制下生产产品（例如批量为一件）后接受数字请求。这意味着作为客户运行的计算机使用 PM 的请求服务。PM 的算法确定必要的生产功能，并使用请求在"车间"的 PU 池（生产资源）中搜索合适且可用的 PU。如果 PM 成功，并且满足了某些基本条件，例如 PUs 的可用性和每个制造步骤的价格，并且获得了相关部门负责人的批准，PM 会向客户发送数字报价。如果客户接受此报价，则 PUs 将被组织成一条生产线。他们制造产品并向项目经理报告完成情况。PM 在"办公楼"公司层面触发业务的商业流程，从而交付制造产品并收取款项。要实现人机协同平台，显然需要复杂的过程。

▶▶ 8.3.4　资产组合与关系复杂化

如果资产之间相互协作，它们必须建立起连接关系。通过标准工程化手段完成资产之间的连接过程，就可以派生出一种新的"组合资产",也可称为"资产组合"。从工业 4.0 的角度看,以上述方式创建的组合是静态的。而工业 4.0 所倡导的是资产的"动态行为",需要资产具有自定位和自组织能力。这是当今的工程方法尚无法实现的。

为创建 8.3.3 节中提到的协作所必需的"团队",工业 4.0 将人类也可参与其中的资产之间的联系也视为"资产"。我们将资产组合在一起,形成复合资产。由于复合资产本身代表一个单独的资产,因此它与每个单独的资产遵循相同的映射规则。复合资产会自动显示与单个资产相同的数据相关结构,并具有统一的信息语义。所以复合资产也是工业 4.0 组件。

在信息世界中,物理世界中的复合资产代表了由工业 4.0 组件所构成的复杂关系。以这种方式建立工业 4.0 组件之间的关系会产生一系列新功能的复杂关系。如图 8.3.9 所示,复杂的关系通过自己的管理外壳形成自己的工业 4.0 组件。这种"组合资产"类型由此产生的新能力需要适当的子模型来表示。

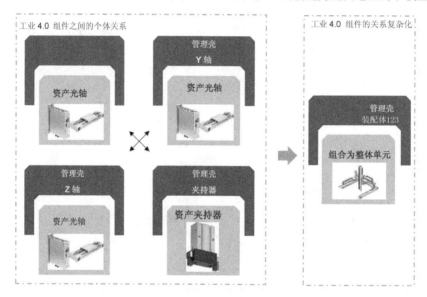

● 图 8.3.9　作为关系的复合体,具有关系的几个工业 4.0 组件构成了一个
新的工业 4.0 组件和一个管理壳

由于资产的特征可以在任何粒度级别进行描述,因此只要有最低限度的信息可用,就可以开始工程任务(图 8.3.10)。之后,随着建模工作的持续推进,可以扩展到部分资产,进而聚合成为一个资产。得益于工业 4.0 拥有的这种特征,系统的设计工作将具有高度的灵活性。

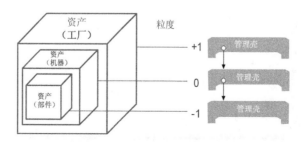

● 图 8.3.10　根据 RAMI4.0 架构,系统设计工作可以在任意粒度水平开始

图 8.3.11 显示了基于 RAMI 4.0 资产递归描述的方法。如果资产是分层排列的，也就是说，如果一项资产是由多个子资产（详细构成）构成的，例如，由于采用了统一的描述方法，该安排保持一致。资产可以组合在一起，并由更高级别的资产（聚合）表示。在这种情况下，两个相互关联的资产的特征之和大于其各自特征之和。

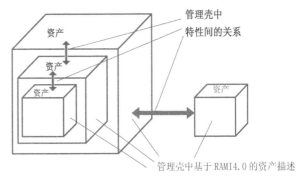

● 图 8.3.11　通过特性关系描述资产之间的关系

图 8.3.12 显示了在物质世界中相互关联的三个资产。采用目前的技术，这些设备不能在工程设计阶段简单互连。但在信息世界中，代表这些资产的术语可以连接在一起。能够唯一性描述每一个接口的特性通过绿线相互关联。这种情况通常没有明确描述，但在工业 4.0 上下文中非常重要。在信息世界中，资产之间的联系是通过将相应的特性利用红线相互关联到一起（图 8.3.13）。物理世界中表示资产的术语之间的连接成为管理壳中特性的关系，这些特性被正式映射，因此它们是机器可处理的。当然要明确的是，特性也可以链接到某个特定功能。

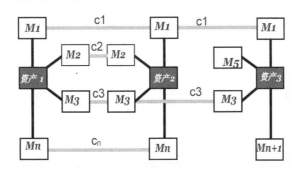

● 图 8.3.12　在物质世界中，资产之间通过彼此在信息世界中的特性（P）进行连接（C）

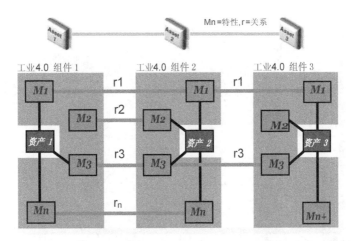

● 图 8.3.13　在信息世界中，资产在物质世界之间的连接由存储在工业 4.0 组件的管理壳中的特性（M）之间的关系（r）来表示

在信息世界中，仅仅描述资产之间的连接是不够的。这些连接必须以特性的形式相互关联，才能被计算机处理。图 8.3.12 展示了物理世界中的情况。例如，c1 代表用于电能供应的线路，它与所有资产相连。而资产 1 的功能 M2 仅通过 c2 与资产 2 的匹配功能 M2 相连。所有三个资产的通信接口也通过 c3 相互连接。图 8.3.13 反映了信息世界的相关关系。在信息世界中，使用静态关系描述类似空间布置等关系，使用动态关系描述工业 4.0 组件在运行期间的协作。

引入"关系"概念的主要目的是实现资产之间的协作。"关系"可以被建立、维持、切断和修改。这一特征适用于简单的螺丝紧固件，也适用于复杂长途交通系统。然而，关系的建立依赖适当的基础设施。信息世界中的这种基础设施也构成了一个工业 4.0 组件，它有自己的管理外壳。例如，图 8.2.15 可以解读为利用一个通信模块（即工业 4.0 组件 2）在工业 4.0 组件 1 和工业 4.0 组件 3 之间建立了"关系"。在这种情况下，三个资产的电能连接实际上显示为相关工业 4.0 组件的相关管理外壳之间的关系 r1。例如，在通信关系的最简单情况下，连接资产只是一条带有协议规范的线路。这种被视为"资产"的最简易描述也同样适用于电力供应（电压、最大电流和频率）。与所有其他资产一样，通信基础设施也有一个生命周期（vita），根据 RAMI4.0 将其分为"原型"阶段和"实例"阶段。因此，无论从物理世界中的现实价值和实物体现，还是在信息世界里的连接作用和逻辑价值，"关系"都理所应当地被视为"资产"。

▶▶ 8.3.5 数字工厂资产与关系类型

在 8.2 节中，我们知道关于"数字工厂"的最新标准化框架是 IEC 62832 提供的。在这个框架中，特性类型被称为数据元素类型，特性实例被称为数据元素（DE：Data Element），特性之间的关系称为数据元素关系（DER：Data Element Relationships）。在该标准中，资产称为 PS 资产，而表示资产的术语称为 DF 资产。这里 PS 代指生产系统（Production System），DF 表示数字工厂（Digital Factory）。这些都对应于工业 4.0 中的 4.0 组件。如图 8.3.14 所示，用于资产类（Asset Class）交互协商的连接类型（Connection Types）其目的是为了在类型层次描述资产之间的连接信息。在这种情况下，特性之间的关系可以定义为数据元素关系（DER）。资产之间的连接被描述为资产链接，这个资产链接是可以由 DER 评估的。如果根据 DER 的规则对特性关系进行明确的验证，那么在物质世界中就可以建立资产之间的连接。如果一个关系作为工业 4.0 组件之间的类型被创建，并且在所有端点中可以根据特定规则来进行合规性验证，那么它就被视为一个关系实例。

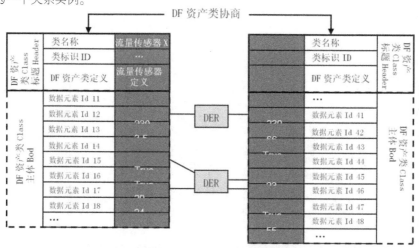

● 图 8.3.14 以数据元素关系（DER）描述资产间的关系，进而创建复合组件

我们通过一个 3D 打印机与 PLC 的关系实例来介绍不同类型的关系，图 8.3.15 的图像是简化后的，资产关系是简单的联系而不是资产。

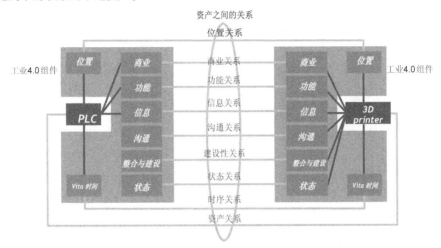

● 图 8.3.15　简化后的描述资产间的关系

商业关系： 从商业的角度来看，PLC 和 3D 打印机之间的这种关系类型的特征在于 3D 打印机向 PLC 提供服务，并且该服务需要订单、生产成本并涉及交付时间等。在这种情况下，必须进行检查。例如，3D 打印机是否能按约定的价格交付出相应质量的产品。此外，必须考虑与产品制造相关的法律要求，包括出口管制。这些都是"商业关系"型关系的特征。

功能关系： 功能关系是资产协作功能之间的逻辑关系。以 3D 打印来说，PLC 触发"发布订单"功能，3D 打印机触发"执行订单"功能。在订单开始时，我们所需要的信息是从信息关系中导出的。

信息关系： 信息关系涵盖了所有需要的数据和信息，这些都是在功能层面上生成或修改的。因此，它用于执行资产之间的功能性合作，并且还利用从算法中建立的关系中的资产来关联数据。

沟通关系： 相互合作的资产必须共享信息/数据。沟通关系提供了所有需要交换或分发的数据所必需的一切。"沟通通道"的建立是为了确保使用 4.0 兼容的通信协议是能进行安全数据传输的。

整合关系： 描述了资产之间的基本连接，例如功率负载、机械结构和来自物质世界之间的物质流，从而反映物质世界。机械结构包括简单的螺钉连接或管道连接等，也包括可以放置在桌子上的资产或是建筑物中连接上下地板的立柱。复合物的资产可以基于基础能量（机械能、电能等）形成能源关系。

位置关系： 每个资产都被分配到一个特定的位置，在移动（或流动）资产的情况下也可以改变。换句话说，这种关系可以在资产的整个生命周期内发生变化。位置关系描述了一个关系中两个或多个资产的地理信息。由于位置本身也是一种资产，因此特定位置中的任何 4.0 组件都与当地 4.0 组件有关系。

时间关系： 时间关系描述了在一个关系中，两个或多个资产的时间信息。由于时间本身也是一种资产，特定时间内的任何 4.0 组件都与 4.0 时间组件有关系。时间资产包括特定时间的所有相关信息。这可能是来自物质世界的时间，但也可能是虚拟时间，比如用于模拟目的。相关的 4.0 组件在 4.0 兼容格式的管理外壳中提供该信息，以便它由计算机处理。静态布置的每个描述仅适用于其描述的时间点。由于每个资产都有其自身的生命周期，因此，重要的是，随着时间的变化，这些关系在静态和功能（操作）部分中的变化都被记录了下来，前提是这些变化对于执行公共功能是相关的或必要的。具有时间轴的 RAMI 4.0 参考体系结构模型是用于此目的的。

状态关系： 状态关系描述了一段关系中两个或多个资产的所有与状态有关的信息。由于状态本身也是一种资产，所以特定时间内的任何工业 4.0 组件都与状态工业 4.0 组件有关联。状态资产包含有关资产状态的所有相关信息。状态可以反映物理层的状态，也可以反映虚拟的状态，例如用于模拟时。工业 4.0 组件以工业 4.0 兼容的格式在管理壳中提供状态信息，这使得设备间信息可处理。

在模型的上下文中，人也是一种资产，但具有从工业 4.0 系统外部进行干预和控制的选择权。人-资产关系允许人从外部对工业 4.0 系统进行干预。这是工业 4.0 模型中需要特别注意的部分。

▶▶ 8.3.6　资产管理壳的概念与模型

资产管理壳（AAS：Asset Administration Shell）是一个通用术语，其将资产转化为可以描述、记录、传输的信息模型。如图 8.3.1 所示，资产管理壳主要包括以下内容：（1）带有 UML 类图的 AAS 元模型；（2）带有 XML、JSON 或 RDF 模式的 AAS 元模型序列化；（3）AAS 实例数据（包括静态和可选动态数据）；（4）AAS 实例数据序列化为 XML、JSON、RDF、AML 或 OPC UA 节点集；（5）AAS 包装容器（.AASX）；（6）AAS 服务器应用程序；（7）AAS API（例如通过 http/REST、OPC UA 或 MQTT）。

资产管理壳元模型定义可用的元素来建模 AAS 元模型实例，例如资产、资产管理壳（AAS）、子模型（SM）、子模型元素集合（SMEC）、特性或附加子模型元素（SME）。AAS 元模型（UML 类图）可被序列化并存储为 XML、JSON 或 RDF 的模式文件。

AAS 实例数据使用元模型的已定义元素来指定资产类型或资产实例。子模型的描述包括子模型模板和子模型实例。子模型模板通常不包含值，但子模型实例通常包含子模型图元的值。资产、AAS 和子模型在 AAS 实例数据中包含一个全球唯一标识符。AAS 实例数据还可能包括 AAS 操作或 AAS 事件。AAS 实例数据可以通过不同的方式填充数据。一方面，可以加载序列化。另一方面，可以根据需要从现有 IT 系统加载数据，以根据 AAS 元模型使用它们。在这种情况下，甚至可以从不同的 IT 系统请求和组合子模型的信息。数据还可能包括从相关资产（如自动化设备）读取的动态值。

AAS 实例数据可以转换为不同的 AAS 实例数据序列化，如 XML、JSON、RDF、AML 或 OPC UA 节点集（根据 AAS OPC UA modelI4AAS）。这些序列化可以存储为文件，稍后再次加载。AAS 实例数据的特殊序列化是 AAS 容器（AASX 格式的文件）。AAS 容器可以包含序列化的 XML 或 JSON 以及 AAS 实例数据的附加文件，例如 PDF。

AAS 实例数据可以加载到特定 AAS 服务器应用程序中，以便在内存中实例化。或者，AAS 服务器应用程序也可以管理多个 AAS 实例。AAS 服务器应用程序还可以承载完整 AAS 或单独子模型的 AAS 实例数据。在工业 4.0 系统中，多个分散的 AAS 服务器应用程序相互交互。

用户可以通过 AAS API 访问 AAS 服务器应用程序。AAS 服务器应用程序可以提供 http/REST API 和 OPC UA API（根据 AAS OPC UA 模型 I4AAS）。带有 http/REST 或 OPC UA API 的 AAS 服务器应用程序就是所谓的应答式 AAS。未来不排除 MQTT 等其他技术也可能相应地提供此类 AAS API。

子模型实例数据要么是 AAS 实例数据的一部分，要么是单独的子模型实例数据。子模型实例可以单独序列化，并且可以托管在单独的 AAS 服务器应用程序上，AAS API 也可以访问这些应用程序。AAS API 指定了服务和 API 操作，包括数据的读取和写入，以及调用方法（AAS 操作）。每个 AAS 服务器应用程序和每个子模型都可能有一个 API 访问的端点。这样的端点定义了通过 AAS API 指定的协议和操作访问 AAS 服务器应用程序的地址。例如，"https：//admin-shell-io.com：51410" 用于 http/REST 访问，"opc.tcp：//192.168.1.40：4840" 用于 OPC UA 实现。

如图 8.3.16 所示，AAS 工业 4.0 语言指定了交互模式和子模型，这些模式和子模型通过 http/REST、

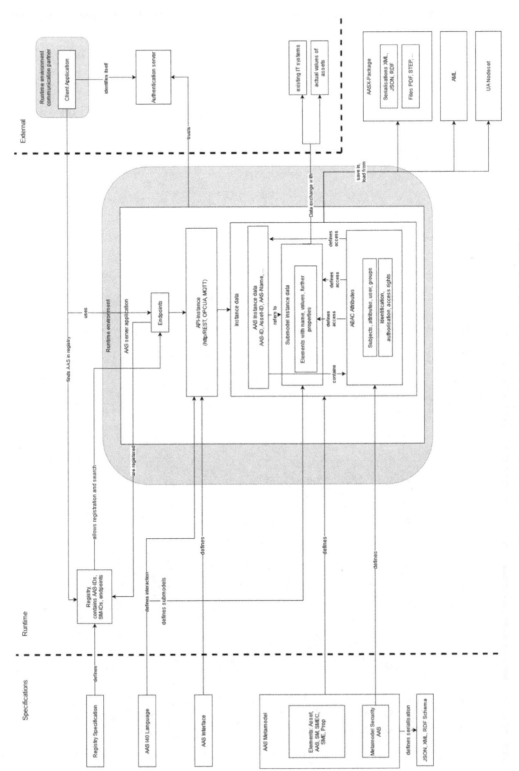

● 图 8.3.16 AAS 工业 4.0 语言指定了交互模式和子模型

OPC UA 或 MQTT 定义的接口进行主动通信。具有工业 4.0 语言对应接口的 AAS 服务器应用程序同时是客户机和服务器，是所谓的主动式 AAS。此外，还开发了一个注册表规范，用于注册 AAS 服务器应用程序的端点和描述。此类 AAS 注册表包含 AAS 实例数据的端点和 ID，以及来自相关 AAS 服务器应用程序的子模型实例数据的 ID。可以通过请求注册表来找到这些条目。目前还没有可用的定义，即如何以制造商中立的方式找到注册中心的端点。构建真正的可执行系统还需要更多元素。执行环境（如硬件、CPU、操作系统、内存、硬盘）是必要的，可以在其中部署计算机程序，并执行这些程序。AAS 服务器应用程序和相关的客户端应用程序就是这样的计算机程序。序列化和 AAS 容器也可以存储在执行环境中并从中加载。几个 AAS 服务器应用程序可以在一个计算机程序中实现。多个计算机程序可以在一个执行环境中执行。

安全是实施工业 4.0 的所有概念的必要条件。每个实际实施都必须以应用程序的安全需求为导向，例如数据保护、安全或专有技术。即使必须始终在概念上提供安全性，也可能根据安全需求、应用程序或用例的不同程度来实现。在安全方面，资产管理壳 AAS 进行了全面系统的部署。

首先，AAS 元模型包括对基于属性的访问控制（ABAC）建模的元素。这包括用户和用户组的标识、附加属性和相关权限，甚至包括定义 AAS 每个元素的粒度的可能性。访问控制的参数化是通过指定的安全模型实现的。此外，还定义了用户和客户端应用程序的安全标识属性，身份验证和授权基于这些属性。客户端应用程序和 AAS 服务器应用程序将通过这些属性来证明其真实性。

AAS 包装容器（.AASX）是使用开放式包装约定（OPC）格式实现的。OPC 格式用 XML 描述其包含的元素，并支持根据 XMLSIG 进行身份验证的安全元素。AAS 包装容器无法保护其真实性，但在阅读包装时，可以验证其真实性。AAS 包装容器本身无法保护其机密性。在这种情况下，需要保护的部件或完整的容器文件必须加密。这种加密可以针对特定的接收器进行，或者在数字版权管理（DRM）的情况下，针对一组接收器进行加密，这些接收器在加密时甚至可能未知。

AAS 服务器应用程序提供了 AAS API 的技术实现。AAS 服务器应用程序和执行环境的技术正确和安全实施是持续安全操作的先决条件。AAS 服务器应用程序和执行环境的安全实施必须依赖于安全开发过程，如 IEC 62443-4-1 和安全操作、ISO 27000。访问控制应根据 AAS 本身和/或 AAS 服务器应用程序用例中定义的规则实施。AAS 服务器应用程序需要自己对其通信伙伴进行身份验证，或者需要使用中央身份验证服务。在下一步中，AAS 服务器应用程序和访问控制将应用已定义的安全模型规则。

使用 AAS API 的通信必须使用支持所需安全机制的协议。http/REST over HTTPS 和 OPC UA 支持这些机制。根据协议，例如传输层将使用 TLS（传输层安全）。身份验证可以基于 X.509 证书构建身份识别和访问管理（IAM）服务。AAS 服务器应用程序将以一种方式提供 AAS API，即根据保护需求实现通信伙伴的真实性，以及通信本身的披露和真实性。保护需求基于安全需求和用例，因此可以采取不同程度的安全措施。

8.4 低代码开发自动化资产的信息模型

本节我们将通过一个实例，讲述如何对一个自动化资产进行建模，并提供基础的信息交互能力。在开始之前，我们先对本节的开发环境做一个简单介绍。开发环境包括一个 Developer Kit 物联网开发套件和一个树莓派开发套件，如图 8.4.1 所示。Developer Kit 是一款由基于 STM32L496VGx 设计的高性能物联网开发板。它的主要软件平台为开源的 AliOS Things，开发者可以基于此快速开发出各种物联网设备与产品。AliOS Things 是面向 IoT 领域的轻量级物联网嵌入式操作系统。致力于搭建云端一体化 IoT 基础设备。具备极致性能、极简开发、云端一体、丰富组件、安全防护等关键能力，并支持终端设备连接到阿里云 Link，可广泛应用在智能家居、智慧城市、新出行等领域。其开发 IDE 环境是微软公司的 VSCode，具体搭建过程可以参考官网相关资料（https：//github. com/alibaba/AliOS-Things/wiki/Home-Page），本节不做专门介绍。

这里以 Pethig Florian 等人在《Industrie 4.0 Communication Guideline：Based on OPC UA》一文中提出的"状态监控"基本用例作为实现目标。装备制造商可以使用工业 4.0 通信的功能来监控设备的状态（例如能耗、环境温度、工艺值或订单状态）。基于这些信息，他们可以向客户推送有价值的扩展服务信息，简化了设备维护与调节，提高了工厂的整体效率。这里将使用 Developer Kit 开发套件模拟某种设备具有通信功能的控制中枢，用树莓派开发套件作为监控设备，借助已有工具实现快速开发，如图 8.4.2 所示。首先介绍如何通过现有工具进行自动化资产的建模，然后介绍将模型信息转化为 OPC OA 通信所需要的节点数据集（OPC UA Node set），最好通过少量代码实现数据的交互通信。

● 图 8.4.1　硬件开发环境

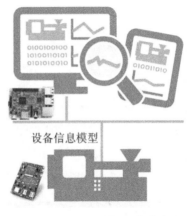

● 图 8.4.2　目标开发实例

▶▶ 8.4.1　自动化资产的建模

关于资产管理壳（AAS：Asset Administration Shell）进行自动化资产建模的相关工具开发，目前走在前面的是德国工业数字孪生协会（IDTA：Industrial Digital Twin Association. ）领导的 admin-shell-io 开源项目和德国过程和材料工程信息自动化系统协会领导的 openAAS 项目。IDTA 成员包含许多技术领先的世界知名大型企业，如 ABB、BOSCH、FESTO、华为等，也包含 BitKom、GRI 等一众在某个领域有一技之长的隐形冠军。本文基于 admin-shell-io 项目的 AASX Package Explorer 工具介绍如何进行自动化资产的建模。

读者可以到 Github 网站 admin-shell-io/aasx-package-explorer 项目页面指定的 URL 路径（https：//github. com/admin-shell-io/aasx-package-explorer/releases）去下载工具包，当然也可以根据源码自行编译工具执行文件。我们使用 AASX Package Explorer 2022-01-13. alpha 这一版本介绍相关内容。

资产管理壳工具 AASX Package Explorer 界面非常简洁。图 8.4.3 显示了 AASX Package Explorer 主界面。最上方是一个菜单栏，分为 File、Workplace、Options、Help 选项。左边是表明该资产的标签区域，中间是资产管理壳的元模型结构，右边是具体数据或文档的显示界面。

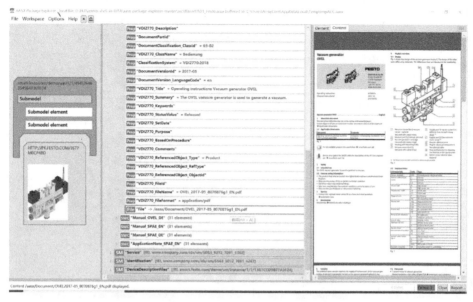

● 图 8.4.3　AASX Package Explorer 主界面

File 菜单涵盖了新建资产、打开资产、保存资产、关闭资产、网络访问资产、远程访问、导入/导出、开启资产服务等重要功能。其中，和 8.4 节内容息息相关的功能有：将 AAS 导出为 OPC UA Nodeset2. xml、开启 MQTT 服务、开启 OPC UA 服务等。

Workplace 菜单有编辑、查找、测试、转换、缓存、事件、插件等功能。其中，"编辑"状态下允许对元模型进行多个颗粒等级的修改，还支持剪切、删除、替换等操作。

我们以创建一个压力变送器资产为例介绍，自动化资产建模的过程。

第一步，创建一个资产（如图 8.4.4 所示）。首先在"File"菜单项中选择"New"，并在弹出的"AAS-ENV"窗口中单击"Yes"按钮；然后在元模型区域会出现"No Information Available"的根标签；在"Workplace"菜单项中选择"Edit"，新建的资产模型就可以进入编辑状态。

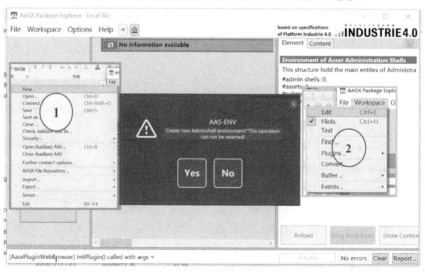

● 图 8.4.4　新建资产

在"元模型区域"单击 Assets 根节点，在数据显示界面单击"Add Asset"按钮；然后在出现的 Element 项目里面设置 Referable 的 idShort，这里我们命名为 miotPressureTransmitter，并添加中文描述"压力变送器"。可以通过 Identifiable 的 Generate 功能产生资产的 Id 信息，如图 8.4.5 所示。

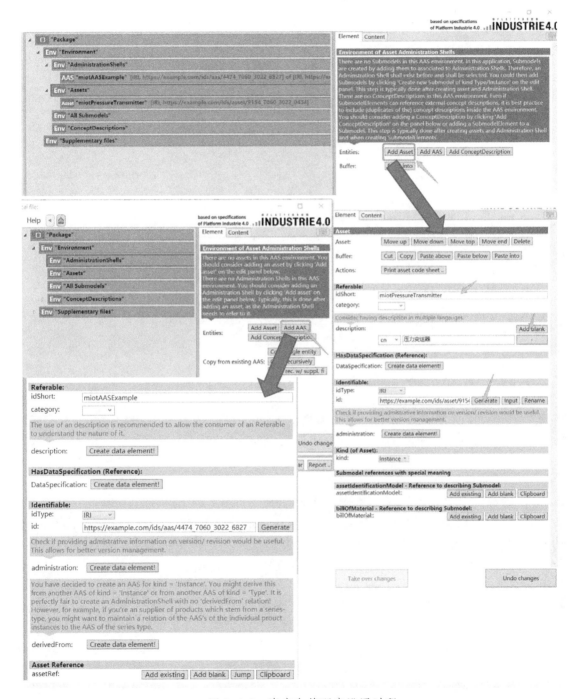

● 图 8.4.5　资产和管理壳设置过程

通过"Add AAS"按钮添加资产管理壳，并设置 idShort 为 miotAASExample；在"Asset Reference"区域通过"Add existing"，在弹出的资产选择窗口里面选择刚刚创建的资产"miotPressureTransmitter"；可以通过 File 菜单项里面的保存按钮，选择一个路径和 aasx 文件名进行保存，本例中我们将文件名设为 miotAASExample1. aasx，如图 8.4.6 所示。关于 aasx 文件序列化组织方式，实际上是套用了 zip 压缩格式，并通过文件目录组织方式进行文件序列化的。有兴趣的读者，可以将 aasx 的后缀名改为 zip，然后就可以打开压缩文件进行目录的浏览了。

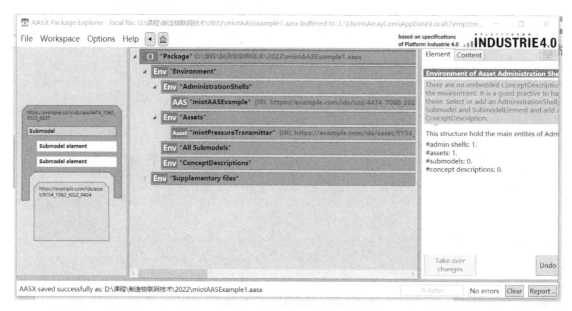

● 图 8.4.6 管理壳文件保存

第二步，创建子模型 Submodels。点中元模型区域的 AAS "miotAASExample"，在右边的 Element 区域单击"Create new Subjectmodel of kind instance"；在出现的 Element 区域 Submodel 处设置 idShort，本例设为"miotPTDatasheet"；设置类别 Category，这里选择为参数类型 PARAMTER；在 HasDataDescription 区域里面设置相关内容；如果子模型有修改，可以设置该子模型的版本信息；设置好上述信息后，单击下方的"Take over changes"按钮，就可以将上述信息更新进入模型，如图 8.4.7 所示。

创建子模型完成之后，通过右侧的 Add Property 功能为子模型添加特性。在这个例子中，将添加一个integer 类型的数据，Category 类别为 VARIABLE 可变类型，设置默认值为 115200，如图 8.4.8 所示。当然，可以通过 Add Other 功能为子模型添加其他类型的特性，比如 SubmodelElementCollection、MultiLanguageProperty、Range、File、Blob、ReferenceElement、RelationshipElement、AnnotatedRelationshipElement、Capability、Operation、BasicEvent、Entity 等类型，本文不再一一列举。

第三步，导入 IEC 61360 CDD 规定的特性列表。对于一个标准数字工厂资产 DF Asset 而言，我们遵循 IEC 62832 和 IEC 61360，需要通过标准化的字典来表述为业界所共知的子模型及其特性。首先，可以到 IEC 61360-Common Data Dictionary 官方网站上寻找相关模型字典（https：//cdd. iec. ch/cdd/iec61360/iec61360. nsf/TreeFrameset? OpenFrameSet）；选择相关的工作域 Domain，然后在 AAA103 下选择 AAA108 压力传感器；通过上方的导出功能（Export 按钮），导出相应的类和超类（Class and superclasses）；在出

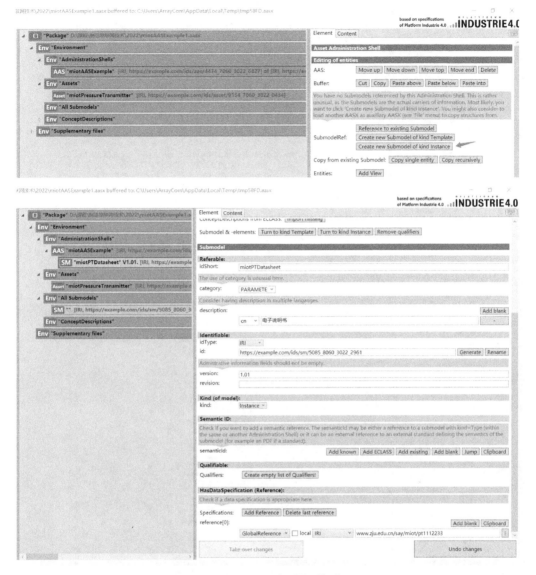

● 图 8.4.7 创建子模型

现的文件下载目录里面，将 5 个 xls 文件全部下载；在 AasxPackageExplorer.exe 程序运行目录下的 IEC-CDD 子文件夹下创建子文件夹 AAA108，将下载的 5 个文件全部复制到该文件夹，如图 8.4.9 所示，共有 5 个相应的文件。

图 8.4.10 展示了如何通过程序导入功能完成 CDD 标准子模型的创建。首先要在元模型区域选中 ASS "miotAASExample" 节点；在程序 "File" 菜单项下面单击 "Import Submodel from Dictionary" 功能；在弹出的 Dictionary Import 窗口上，选择 Source 文件夹，也就是上面在 IEC-CDD 目录下创建的 AAA108 子目录；选定之后将出现我们在 IEC 官网上下载的子模型及其各种属性；单击下方的 Import 按钮，完成导入功能。这时就可以看到导入的 Press Sensor 子模型的信息了。

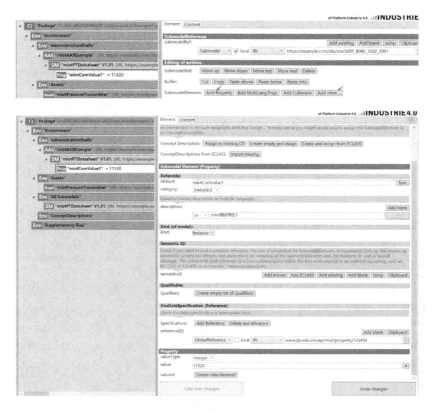

● 图 8.4.8　为子模型创建特性 Property

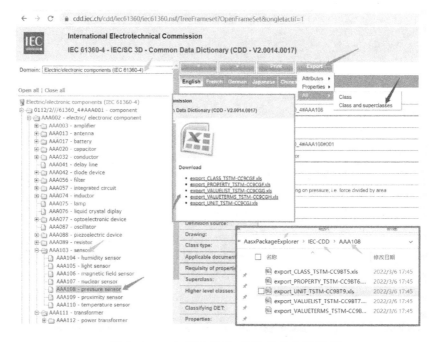

● 图 8.4.9　在 IEC CDD 官网导出类型数据

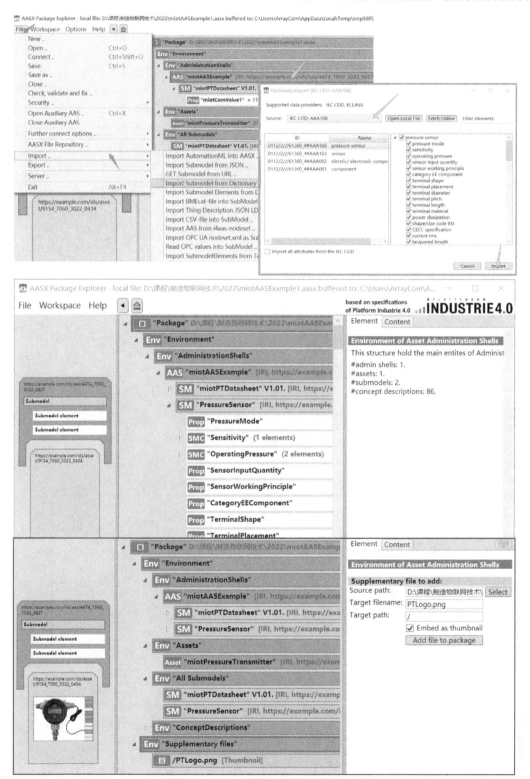

• 图 8.4.10　导入子模型数据

这一步完成后，我们可以使用"Supplementary Files"功能为资产添加缩略图，具体方法是：1）先将 AAS 状态设置为编辑状态；2）单击 Supplementary Files 节点，在右侧的 Element 界面中选择要添加的文件，修改目标路径为"/"；3）选中 Embed as thumbnail，单击下方的"Take over changes"按钮，完成信息同步；4）保存资产管理壳文件。这时的缩略图并没有显示，重新打开该模型文件后，就可以在左侧的资产标签区域看到缩略图。

▶▶ 8.4.2 资产间的握手协议实现

本节通过 OPC UA 实现自动化资产信息的交互，具体步骤如下：

第一步，导出资产管理壳的 OPC UA 节点数据集。在 File 菜单项中单击导出功能 Export>Export OPC UA Nodeset2. xml（via UA server plug-in），选择要保存的文件路径；本文直接保存到 open62541 的 tools 目录 nodeset_compiler 下，命名为 miot_OPCUA_NodeSet. xml（如图 8.4.11 所示）。

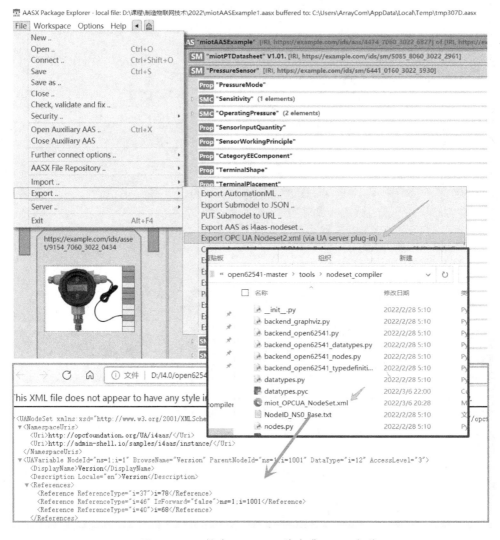

● 图 8.4.11 导出 OPC UA 节点集 XML 文件

第二步，利用 OPC UA 节点集编译 open62541 代码。通过 python 工具，执行如下指令：python ./
nodeset_compiler. py --types-array = UA_TYPES --existing ../../deps/ua-nodeset/Schema/Opc. Ua. NodeSet2. xml
--xml miot_OPCUA_NodeSet. xml miotOPC 。成功后会在该目录下生成 miotOPC. c 和 miotOPC. h 两个文件。

第三步，在 VSCode 中移植 open62541 的核心代码。本文在 Developer Kit 开发环境中移植 open62541 核
心代码，并对官方的 littlevgl_developerkit 工程中的 application_start 函数进行改写，实现 OPC UA Server 的
启动，代码如下：

```
/*
 * Copyright (C) 2019-2025 Zhejiang University IPE Lab Limited
 */
#include <k_api.h>
#include <aos/aos.h>
#include <open62541/server.h>
#include <open62541/server_config_default.h>
#include "soc_init.h"
#include <signal.h>
#include "miotOPC.h"
UA_Server * server=null;
UA_Boolean running = true;
static void signalHandler(int sig)
{
        running = false;
}
static UA_StatusCode miotMethodNodeCallback(UA_Server * server,
            const UA_NodeId * sessionId, void * sessionHandle,
            const UA_NodeId * methodId, void * methodContext,
            const UA_NodeId * objectId, void * objectContext,
            size_t inputSize, const UA_Variant * input,
            size_t outputSize, UA_Variant * output)
    {
        UA_Int32 value = 0;
        for (size_t i = 0; i < inputSize; ++i)
        {
            UA_Int32 * ptr = (UA_Int32 * )input[i].data;
            value += (* ptr);
        }
    UA_Variant_setScalarCopy(output, &value, &UA_TYPES[UA_TYPES_INT32]);
    UA_LOG_INFO(UA_Log_Stdout, UA_LOGCATEGORY_SERVER, "miot");
        return UA_STATUSCODE_GOOD;
}

int application_start(int argc, char * argv[])
{
        printf("application_start \n");
        sensor_display_init();
        signal(SIGINT, signalHandler);
```

```
        server = UA_Server_new();
        UA_ServerConfig_setDefault(UA_Server_getConfig(server));
        UA_StatusCode retval;
        /* create nodes from nodeset * /
        UA_Server_setMethodNode_callback(server, UA_NODEID_NUMERIC(2, 7001), & miotMethod-
NodeCallback);
        UA_NodeId createdNodeId;
        UA_ObjectAttributes object_attr = UA_ObjectAttributes_default;
        object_attr.description = UA_LOCALIZEDTEXT("en-US", "miotOPCObject");
        object_attr.displayName = UA_LOCALIZEDTEXT("en-US", "miotOPCObject");
        UA_Server_addObjectNode(server, UA_NODEID_NULL, UA_NODEID_NUMERIC(0,UA_NS0ID_OB-
JECTSFOLDER),
            UA_NODEID_NUMERIC(0, UA_NS0ID_ORGANIZES),UA_QUALIFIEDNAME(1, "miotOPCObject"),
            UA_NODEID_NUMERIC(2, 1002), object_attr, NULL, &createdNodeId);
        UA_NodeId createdNodeId2;
        UA_ObjectAttributes object_attr2 = UA_ObjectAttributes_default;
        object_attr2.description = UA_LOCALIZEDTEXT("en-US", "miotOPCObject2");
        object_attr2.displayName = UA_LOCALIZEDTEXT("en-US", "miotOPCObject2");
        UA_Server_addObjectNode(server, UA_NODEID_NULL,UA_NODEID_NUMERIC(0, UA_NS0ID_OBJECTS-
FOLDER),UA_NODEID_NUMERIC(0, UA_NS0ID_ORGANIZES),UA_QUALIFIEDNAME(1, "miotOPCObject2"),
            UA_NODEID_NUMERIC(2, 1002),object_attr2, NULL, &createdNodeId2);
        retval = UA_Server_run(server, &running, aosIdleCallback);
        return 0;
    }
```

第四步，打开 Developer Kit 开发板的 Wi-Fi 通信模块，运行 OPC UA 服务程序。使用 AT 指令 AT+WJAP＝SSID，PASSWORD \ r 进行联网，其中 SSID 是 Wi-Fi 名字，PASSWORD 是密码。例如：AT+WJAP＝MERCURY_E87E，12345678 \ r。如果返回 ok，表明已经接入 Wi-Fi 网络。接入 Wi-Fi 网络后，开发板上的三色 LED 灯会开始循环闪烁。

第五步，使用 UAExpert 软件进行 OPC UA 自动化资产测试，如图 8.4.12 所示。UAExpert 是 Unified-Automation 提供的一个功能齐全的 OPC UA 客户端，支持 OPC UA 功能（如 DataAccess、警报和条件、历史访问以及 UA 方法调用）的通用测试客户端。这里将 PC 机的网络连接到 Developer Kit 开发板相同的局域网。增加一个新的 UA 服务器；OPUA 地址一般为 opc. tcp：//ipaddr：port；添加 OPC UA 的 URL 并确定后，如能连接到 UA 服务器，单击 UA 服务器前面的展开图标，就可看见 UA 服务器支持的各种连接方式。通信方式任选一种即可，如 UA 服务器的认证方式不支持匿名，那么需要输入 UA 服务器提供的用户/密码连接信息；UaExpert 就可连接到 UA 服务器，在左侧 UA 的节点树中选择希望监视的测点，拖拽到右侧的监视框中即可。

在本文示例中，开发板的局域网 IP 为 192. 168. 1. 101，UA 服务监听的端口为 51210。因此，OPC 服务路径为 opc. tcp：//192. 168. 1. 101：51210。联通之后，我们可以看见所设计的自动化资产 miotAASExample，以及下面的两个子模型 PressureSensor 和 miotPTDatasheet。miotPTDatasheet 之下有一个名为 miot-ComValue1 的节点，其值可以通过 DA View 进行修改。

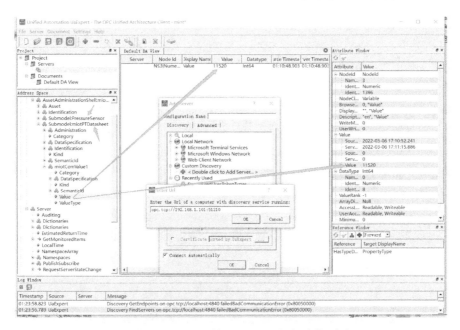

• 图 8.4.12　开展 OPC UA 服务功能测试

▶▶ 8.4.3　资产间的协同生产机制的初步实现

本文在树莓派上安装 Qt5.12 版本,并本地化编译 QtOPCUa 插件,通过 QtOPCUaViewer 进行 opc.tcp：//192.168.1.101：51210 远程监测,实现图 8.4.13 所示的开发目标。

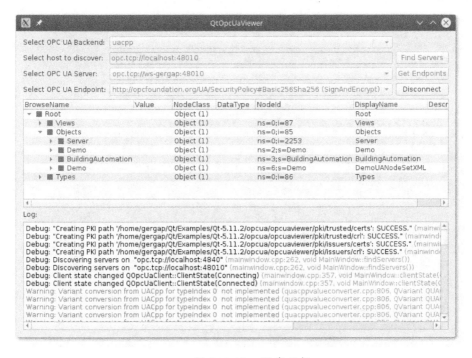

• 图 8.4.13　开发目标

在生产设备端（Developer Kit 开发板），我们将 miotComValue1 作为一个寄存器值，利用一个定时器实现周期性的正弦波动，从而模拟生产数据的变动。在监控端，我们将该数据值进行记录，并以曲线的形式进行展示，完成了最简易的状态监控（Condition Monitoring）。

8.5 小结

本章首先介绍了工业界最前沿的工业 4.0 相关国际标准，并以数字工厂、OPC UA 和自动化资产管理为主要切入点，重点讲述了资产管理壳 AAS 的概念与模型，通过最少量的代码开发实现了一个工业资产的建模、模拟与仿真。本部分所涉及的一系列技术全部产生于 2018 年之后，大概率会成为未来 10 年自动化、信息化技术发展的风向标。希望相关知识能为有志于制造物联网领域的相关人士打开一扇小小的信息之窗，开启相关技术研发之路。

城市消防信息采集及监控项目开发实战

随着国民素质的提高以及科学技术的快速发展，民众对安全问题越来越重视。消防工作是国民经济和社会发展的重要组成部分，是发展社会主义市场经济不可缺少的保障条件。消防工作直接关系人民生命财产安全和社会稳定。近年来我国发生过一些触目惊心的重特大火灾，究其原因，主要是消防监管不够完善，现存消防管理模式或多或少存在如下三类问题。

问题一：以人力为主体的人工消防监测模式。不仅消耗了较多的人力成本，而且无法达到消防预防的根本要求，原因在于人力巡检存在监控盲区，主要是人为监管无法做到全天候排查，对于火灾隐患无法做到应查尽查。

问题二：以火灾报警主机为主体自动化火灾监控系统，解决了一部分人为消防监管盲区，减少了人为管理的成本投入，但是对于火灾报警的主机依旧是人为化管理，根据调查显示，火灾报警主机主要的问题在于"有人看，无人管"，由此衍生了一系列问题：

- 消防主机长期闲置，只是单纯应付上级检查；
- 火情报警，消控室人员大多做消音处理，真正的灾情来临往往被忽略；
- 消防主机报警，人员怠慢，不能及时快速到达报警现场，确认情况；
- 火灾报警主机长期不检修，长期处于"带病工作"状态；
- 消控室管理制度缺失，经常无人值守；
- 火灾报警主机监控功能不完善，缺乏整体性；
- 火灾报警主机维护成本高，维护难度大，维修或替换无法形成数据备份；
- 上级主管部门无法远程数据监控，仅支持局域传输，无法做到有效监管。

问题三：DTU + 火灾报警主机 + "单独联网烟感"的智能硬件消防模式。智能硬件时代的 DTU 通过对接火灾报警主机的通信信道，通过透明传输的方式将数据上传云端进行解析，看似是完成了消防远程监管的目的，但是其中的隐患也不言而喻。

过于依赖云端。消防场景以及设施多处于地下，而 DTU 本身不具备协议解析功能，网络条件成为其限制因素，无法本地实时触发。

- DTU 厂商云端数据标准不一。对于火灾报警主机数据解析通常是云端解析方式，但是无论是公有云还是政务云，都是具有标准化的数据通信协议和结构的，DTU 只具备透明传输功能，只能依赖自身厂商平台，不同厂商因为技术规范或者技术要求不同，在整体管控方面存在无法统一的问题。
- DTU 接口单一，多为 RS-485/RS-232 转 GPRS 或 4G，对于特殊接口设备对接困难，无法进行消防监控单元缺失补充和完善；

- 独立联网烟感，依靠自身电池供电，联网协议繁杂，无法接入整体消防系统管理。

消防无小事，所以针对以上各种问题，各种消防信息要根据"能采尽采"的原则，快速针对各种消防场景进行物联网信息的采集和管理。

9.1 消防场景介绍

消防场景比我们想象的要繁杂，并且数量众多。我们常见的消防场景，大都是通过办公场所或者各种商贸集市每个房间的烟感来感知火情，一旦失火，烟感就会通知报警主机，报警主机触动警铃，让人及时去灭火。有些报警主机还会主动连接到消防管理部门，第一时间可以直接安排消防人员赶到现场灭火。

其实更完善的一种方式就是烟感联动消防栓，可以自动打开相关阀门进行喷水灭火。但问题也就来了，灭火到底有多少种方式？消防水管里面的水有没有？压力是多少？消防池或者消防箱里是否有水，水位是多少？通风管道的风机是否正常，排烟是否正常等。由此衍生很多需要监控的消防场景，每个消防场景出现问题，都有可能在现实中出现灾情，不能及时或更好地去处理，给人们带来额外的损失。

学校、医院、办公楼、商场和居民区等，都有不同的消防设施，但是这些消防设施的类型、数量、所处环境都有很大的不同。所以为了让消防物联网项目更好地落地，需要对各种消防项目进行场景分类。只要确认了场景，就可以根据场景进行专门的采集终端设计，尽量做到一个采集终端就可以完美地采集一个消防场景的物联网数据。

一个场景对应一个物联网采集终端，每个物联网采集器又可以采集若干传感设备。然后通过网关把各种物联网采集终端采集的数据汇集起来，以有线或者 4G/5G 的方式上传到各种物联网平台。最终消防 SaaS 平台直接从物联网平台提取数据，进行二维或三维的动态展现（如图 9.1.1 所示）。

下面先介绍各种消防场景，建立一个初步的认知，以便后续快速构建基于各种场景的物联网消防平台。

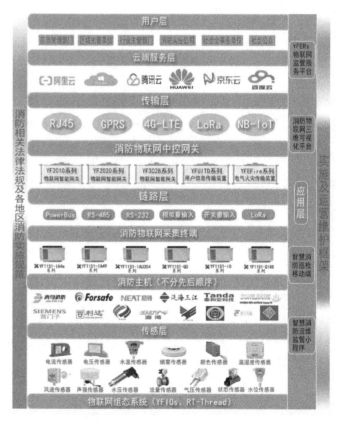

● 图 9.1.1 消防物联网采集系统图

▶▶ 9.1.1　消防供水场景

消防用水来源于两种渠道，一种是消防水池，另外一种是消防水箱，消防水池一般都是修在地面，而消防水箱有的安置在地下室，有的为了保证水压，直接安置在楼顶。

消防用水需要监控最低和最高水位，超越最高水位容易出现溢水事故，低于最低水位，火灾发生的时候会影响及时灭火，需要及时进行补水操作。

所谓的消防供水场景就是指消防水池水箱和水泵及管道的组合（如图 9.1.2 所示）。为了保证消防供水的正常，不仅需要检测水池水箱的水位、水温，也要监控泵组流量和水压（如图 9.1.3 所示）。

● 图 9.1.2　消防水箱、泵组、管道

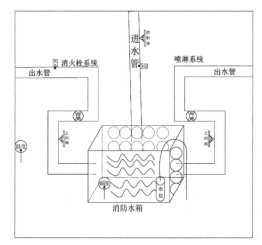

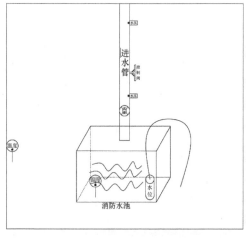

● 图 9.1.3　消防水池水箱数据采集

▶▶ 9.1.2 喷淋灭火场景

喷淋和消防栓灭火是我们最常见的场景，一旦出现火情，喷淋系统会自动喷淋灭火，也可以打开消火栓箱接入水管，打开水龙头直接喷水灭火（如图9.1.4所示）。

喷淋灭火场景一般需要监控两类数据，一类和消防供水场景类似，监控水压和流量（如图9.1.5所示），另外一类就是监控电流和电压（如图9.1.6所示）。以上两类监控，都是为了监控喷淋和消防栓整个链路中相关设备是否正常工作，真正做到消防设备事故"早发现，早预防"。

● 图 9.1.4 喷淋和消防栓

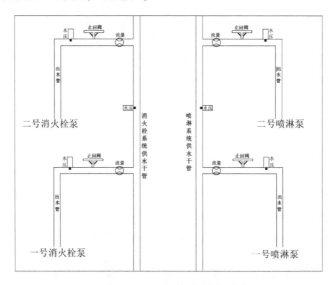

● 图 9.1.5 监控水压和流量

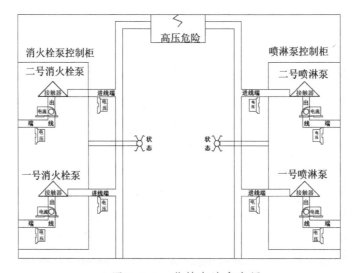

● 图 9.1.6 监控电流和电压

对高层建筑，有时候为了保证喷淋系统的水压达到要求，除了主水泵外，还需要增加稳压泵（如图9.1.7所示），从水池取水输向系统保持系统压力。

● 图 9.1.7　稳压泵

和主泵一样，稳压泵也需要检测相关管道的水压和流量，控制水泵电机的电流和电压，还有手动和自动状态都需要进行采集（如图9.1.8所示）。

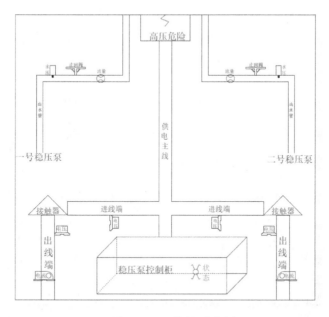

● 图 9.1.8　稳压泵监测

▶▶ 9.1.3　泡沫灭火场景

和喷淋灭火场景不同，泡沫灭火喷出的是一种泡沫，其灭火原理是灭火时能喷射出大量二氧化碳及泡沫，它们能黏附在可燃物上，使可燃物与空气隔绝，达到灭火的目的。小型的泡沫灭火装置就是我们常看到的消防手提式的灭火器（有一部分是干粉灭火器），大型的泡沫灭火装置由专门的泡沫产生装置和传输装置组成（如图 9.1.9 所示）。物联网监控的内容和喷淋灭火场景类似，所以这里不再赘述了。

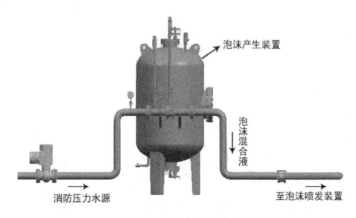

● 图 9.1.9　泡沫灭火系统

▶▶ 9.1.4　气体灭火场景

常用的气体灭火有两种类型，一种是 IG541 气体灭火类型，另外一种是七氟丙烷气体灭火类型。IG541 气体灭火系统灭火剂是一种环境友好型灭火剂，为氩气、氮气、二氧化碳三种气体的混合物，它自然存在于大气中，因此它的温室效应为零，臭氧层损耗潜力为零。在灭火时不会发生任何化学反应，不污染环境，无毒、无腐蚀，具有良好的电绝缘性能，灭火过程洁净，灭火后不留痕迹，如图 9.1.10 所示。

七氟丙烷是一种洁净安全的卤代烷替代药剂，常温常压下为气态，通过氮气增压以液态形式储存在钢瓶内。其灭火原理为物理过程以及化学反应结合，通过灭火剂的热分解，吸收大量的热，同时产生含氟的活性游离基，与燃烧过程中的连锁反应产生的 H+、OH-、O2 活性游离基发生气相反应，从而消耗燃烧过程中的游离基来实施灭火，具有高效的灭火能力。

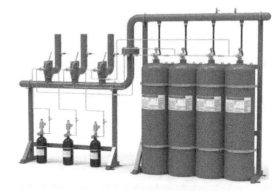

● 图 9.1.10　气体灭火装置

七氟丙烷灭火剂成本相对高，但有高效的灭火能力，又分为管网、柜式、悬挂式三种形式，可选择性高；IG541 气体灭火系统相对七氟丙烷灭火系统工程造价高，使用的钢瓶间占地面积较大，但由于所用气体均是惰性气体，本身无毒性，也不会产生毒性分解物，对于保护对象没有任何腐蚀性，灭火剂价格相对低。

七氟丙烷存储压力一般为 2.5Pa、4.2Pa、5.6Pa 三种压力等级，IG541 气体储存压力较高，有 15Pa 和 20Pa、30Pa 三种压力等级。物联网采集器装置，需要对储存装置中的压力表进行检测，以防止出现意外。

▶▶ 9.1.5　送风排烟场景

火灾发生时，会产生大量的烟尘，需要通风排烟装置及时排出。采用气体灭火完毕时，也需要采用通风装置把残余的气体从室内排出。大部分这类装置，都安装在消防前室。所谓消防前室是指设置在人流进入消防电梯、防烟楼梯间或者没有自然通风的封闭楼梯间之前的过渡空间。

● 图 9.1.11　送风排烟装置

送风和排烟是两套独立的装置，需要单独进行监控，主要监控的指标都是一样的，一是管道内的风速，此外就是风速控制柜中电动机的电压、电流和状态（如图 9.1.12 或图 9.1.13 所示）。

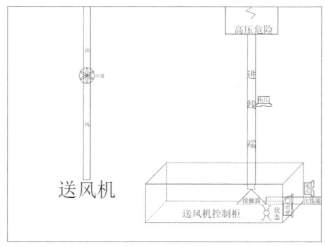

● 图 9.1.12　送风装置监测

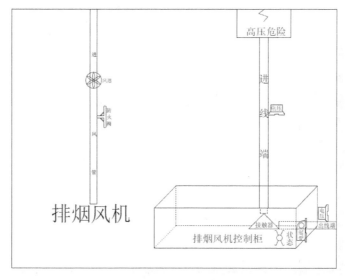

● 图 9.1.13　排烟装置监测

对多楼层的送风和排烟装置，可以集中进行监控，比如针对排烟阀的监控，可以每层 6 个为一组进行采集监控（如图 9.1.14 所示）。前室的送风装置可以每三层为一组统一进行监控（如图 9.1.15 所示）。

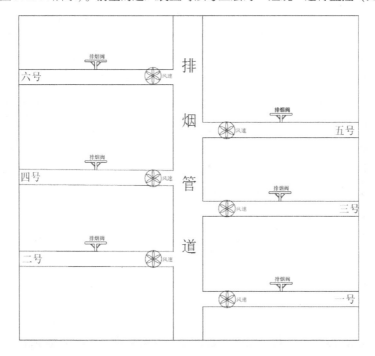

● 图 9.1.14　排烟阀综合监测

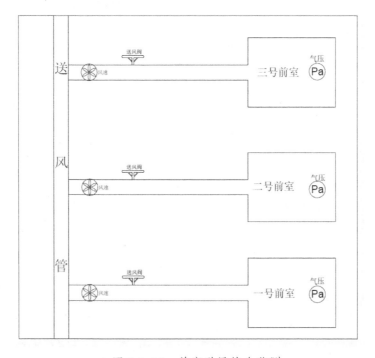

● 图 9.1.15　前室送风综合监测

9.2 消防物联网采集设备选型

通过前面对各种消防场景的了解，物联网采集设备需要采集的主要指标如表 9-1 所示。

表 9-1 物联网采集设备需要采集的主要指标

序号	名　称	量　程	精　度	供　电	输　出　方　式
1	水位	0~5m	0.1m	24V	AD（4~20mA）
2	水压	0~1.6MPa	0.01MPa	24V	AD（4~20mA）
3	电压	0~450V	3~5A	24V	AD（4~20mA）
4	电流	0~500A	3~5A	24V	AD（4~20mA）
5	风速	0~50m/s	0.1m/s		RS-485
6	风压	0~100Pa	0.1Pa		RS-485
7	流量	0~50L/s	0.1L/s	24V	AD（4~20mA）
8	温度	−40~80℃	0.1℃		单总线
9	状态	0 或 1			开关量信号

为了降低采集的成本和实施代价，针对不同的消防场景，专门设计了面向不同场景的 YF1151 系列终端采集器（如图 9.2.1 所示）。

● 图 9.2.1　YF1151 系列终端采集器

YF1151 系列是一个轻量级、模块化，且支持组态式开发的工业级智能终端设备。支持多种通信链路的数据采集，采集场景多元化，可快速实现从端到云一站式物联网开发。

宽电压供电，支持 RS485、PowerBus 或 LoRa 接口和物联网网关通信，通过 YFIOs 组态，可以灵活地采集各种类型的数据，也可以配置和网关通信的各种模式。针对消防的不同场景，采集的种类和接口不同，从而衍生出各种类型的采集终端。

▶▶ 9.2.1　泵组采集终端

泵组采集终端是 YF1151 系列中的一种，可采集 14 路 AD 模拟量（4~20mA），4 路开关量，根据采集的场景不同，功能不同，衍生出 7 种型号（硬件相同，**YFIOs** 设备驱动不同），主要是针对泵组的信息进行采集和监控，如表 9-2 所示。

表 9-2　针对泵组的信息进行采集和监控

序号	采集端口数量	类　型	型号（代号）	终 端 名 称
1			1B1-B18（B）	供水泵组采集器
2			1B2-G18（G）	供水泵控制柜采集器
3			1B3-W18（W）	稳压泵组采集器
4	14 路 AD 4 路开关量	1B	1B4-M18（M）	泡沫供水泵组采集器
5			1B5-D18（D）	泡沫水泵控制柜采集器
6			1B6-Y18（Y）	泡沫液泵组采集器
7			1B7-L18（L）	泡沫液泵控制柜采集器

　　根据消防远程监控相关技术标准，针对每种型号，每个端子都进行了对应的编号，并根据场景对每个采集点的数据进行命名，我们以 1B1-B18、1B2-G18 和 1B3-W18 三种型号分别进行说明。

1B1-B18 供水泵组采集器定义如表 9-3 所示。

表 9-3　1B1-B18 供水泵组采集器定义

传感器名称及安装位置	线号管标记	端子编号	数据代码	云端显示名称	单位
1#消火栓泵水压（出水管止回阀前）	MPa 栓 1-B1-A	A1 24V	G31011	1#消火栓泵水压	MPa
1#消火栓泵流量（出水管止回阀后直管段）	L/s 栓 1-B1-B	B1-AGND-24V-VGND	F31012	1#消火栓泵流量	L/s
2#消火栓泵水压（出水管止回阀前）	MPa 栓 2-B1-C	C1-24V	G31021	2#消火栓泵水压	MPa
2#消火栓泵流量（出水管止回阀后直管段）	L/s 栓 2-B1-D	D1-AGND-24V-VGND	F31022	2#消火栓泵流量	L/s
消火栓系统供水干管水压	MPa 栓-B1-E	E1-24V	G31031	消火栓干管水压	MPa
1#喷淋泵水压（出水管止回阀前）	MPa 喷 1-B1-F	F1-24V	G32011	1#喷淋泵水压	MPa
1#喷淋泵流量（出水管止回阀后直管段）	L/s 喷 1-B1-G	G1-AGND-24V-VGND	F32012	1#喷淋泵流量	L/s
2#喷淋泵水压（出水管止回阀前）	MPa 喷 2-B1-H	H1-24V	G32021	2#喷淋泵水压	MPa
2#喷淋泵流量（出水管止回阀后直管段）	L/s 喷 2-B1-I	I1-AGND-24V-VGND	F32022	2#喷淋泵流量	L/s
喷淋系统供水干管水压	MPa 喷-B1-J	J1-24V	G32031	喷淋干管水压	MPa

1B2-G18 供水泵控制柜采集器定义如表 9-4 所示。

表 9-4　1B2-G18 供水泵控制柜采集器定义

传感器名称及安装位置	线号管标记	端子编号	数据代码	云端显示名称	单位
1#消火栓泵电源电压（接触器进线端）	V 栓 1 上-G1-A	A1-AGND-24V-VGND	V31013	1#消火栓泵电源电压	V

（续）

传感器名称及安装位置	线号管标记	端子编号	数据代码	云端显示名称	单位
1#消火栓泵运行电压（接触器出线端）	V 栓 1 下-G1-B	B1-AGND-24V-VGND	V31014	1#消火栓泵运行电压	V
1#消火栓泵运行电流（接触器出线端）	A 栓 1-G1-C	C1-AGND-24V-VGND	E31015	1#消火栓泵运行电流	A
2#消火栓泵电源电压（接触器进线端）	V 栓 2 上-G1-D	D1-AGND-24V-VGND	V31023	2#消火栓泵电源电压	V
2#消火栓泵运行电压（接触器出线端）	V 栓 2 下-G1-E	E1-AGND-24V-VGND	V31024	2#消火栓泵运行电压	V
2#消火栓泵运行电流（接触器出线端）	A 栓 2-G1-F	F1-AGND-24V-VGND	E31025	2#消火栓泵运行电流	A
消火栓泵选择开关手动/自动	自-G1-M	M1-5V	U31020	消火栓泵手动/自动状态	
1#喷淋泵电源电压（接触器进线端）	V 喷 1 上-G1-G	G1-AGND-24V-VGND	V32013	1#喷淋泵电源电压	V
1#喷淋泵运行电压（接触器出线端）	V 喷 1 下-G1-H	H1-AGND-24V-VGND	V32014	1#喷淋泵运行电压	V
1#喷淋泵运行电流（接触器出线端）	A 喷 1-G1-I	I1-AGND-24V-VGND	E32015	1#喷淋泵运行电流	A
2#喷淋泵电源电压（接触器进线端）	V 喷 2 上-G1-J	J1-AGND-24V-VGND	V32023	2#喷淋泵电源电压	V
2#喷淋泵运行电压（接触器出线端）	V 喷 2 下-G1-K	K1-AGND-24V-VGND	V32024	2#喷淋泵运行电压	V
2#喷淋泵运行电流（接触器出线端）	A 喷 2-G1-L	L1-AGND-24V-VGND	E32025	2#喷淋泵运行电流	A
喷淋泵选择开关手动/自动	自-G1-N	N1-5V	U32020	喷淋泵手动/自动状态	

1B3-W18 稳压泵组采集器定义如表 9-5 所示。

表 9-5　1B3-W18 稳压泵组采集器定义

传感器名称及安装位置	线号管标记	端子编号	数据代码	云端显示名称	单位
1#稳压泵水压（出水管止回阀前）	MPa1-W1-A	A1-24V	G25011	1#稳压泵水压	MPa
1#稳压泵流量（出水管止回阀后直管段）	L/s1-W1-B	B1-AGND-24V-VGND	F25012	1#稳压泵流量	L/s
2#稳压泵水压（出水管止回阀前）	MPa2-W1-F	F1-24V	G25021	2#稳压泵水压	MPa
2#稳压泵流量（出水管止回阀后直管段）	L/s2-W1-G	G1-AGND-24V-VGND	F25022	2#稳压泵流量	L/s

（续）

传感器名称及安装位置	线号管标记	端子编号	数据代码	云端显示名称	单位
1#稳压泵电源电压（接触器进线端）	V1 上-W1-C	C1-AGND-24V-VGND	V25013	1#稳压泵电源电压	V
1#稳压泵运行电压（接触器出线端）	V1 下-W1-D	D1-AGND-24V-VGND	V25014	1#稳压泵运行电压	V
1#稳压泵运行电流（接触器出线端）	A1-W1-E	E1-AGND-24V-VGND	E25015	1#稳压泵运行电流	A
2#稳压泵电源电压（接触器进线端）	V2 上-W1-H	H1-AGND-24V-VGND	V25023	2#稳压泵电源电压	V
2#稳压泵运行电压（接触器出线端）	V2 下-W1-I	I1-AGND-24V-VGND	V25024	2#稳压泵运行电压	V
2#稳压泵运行电流（接触器出线端）	A2-W1-J	J1-AGND-24V-VGND	E25025	2#稳压泵运行电流	A
稳压泵选择开关手动/自动	自-W1-M	M1-5V	U25020	稳压泵手动/自动状态	

▶▶ 9.2.2 水池水箱采集终端

水池水箱采集终端又称"水源采集器"，和泵组采集终端一样，也是 YF1150 系列中的一种，不过接口和泵组采集终端大不相同，水源采集器有 7 路 AD 模拟量采集通道，4 路单总线采集通道。根据功能不同，衍生出 4 种水源采集器，如表 9-6 所示。

表 9-6　4 种水源采集器

序　号	采集端口数量	类型	型号（代号）	终 端 名 称
1	9 路 AD 4 路单总线	2S	2S1-C18（C）	消防水池采集器
2			2S2-X18（X）	消防水箱采集器
3			2S3-E18（E）	消防水池泵房采集器
4			2S4-I18（I）	消防水箱泵房采集器

针对水源采集器，我们用比较常用的 2S1-C18 和 2S2-X18 两种型号分别进行说明。

2S1-C18 消防水池采集器定义如表 9-7 所示。

表 9-7　2S1-C18 消防水池采集器定义

传感器名称及安装位置	线号管标记	端子编号	数据代码	云端显示名称	单位
消防水池水位（水池内）	m-C1-O	O1-24V	L21101	消防水池水位	m
消防水池进水管控制阀前水压（市政）	MPa 上-C1-P	P1-24V	G41001	市政水压	MPa
消防水池进水管流量（控制阀后直管段）	L/s-C1-Q	Q1-AGND-24V-VGND	F21103	消防水池进水管流量	L/s
消防水池进水管水压（控制阀后）	MPa 下-C1-R	R1-24V	G21102	消防水池进水管水压	MPa
消防水池温度	℃水-C1-T	T1-5V-VGND	T21104	消防水池水温	℃
消防水泵房温度	℃-C1-U	U1-5V-VGND	T21105	消防水泵房室温	℃

2S2-X18 消防水箱采集器定义如表 9-8 所示。

表 9-8　2S2-X18 消防水箱采集器定义

传感器名称及安装位置	线号管标记	端子编号	数据代码	云端显示名称	单位
消防水箱水位（水箱内）	m-X1-O	O1-24V	L24011	消防水箱水位	m
水箱消火栓流量（水箱消火栓出水管）	L/s 栓-X1-P	P1-AGND-24V-VGND	F31033	消火栓出水流量	L/s
水箱湿式自喷流量（水箱湿式自喷系统出水管）	L/s 湿-X1-Q	Q1-AGND-24V-VGND	F32033	自喷出水流量	L/s
消防水箱进水管水压（水箱进水管控制阀后）	MPa 下-X1-R	R1-24V	G24012	消防水箱进水管水压	MPa
最不利消火栓水压（水箱下层栓口前立管）	MPa 栓-X1-S	S1-24V	G31032	消火栓最不利水压	MPa
消防水箱温度（水箱内）	℃水-X1-T	T1-5V-VGND	T24013	消防水箱水温	℃
消防水箱间温度（室内）	℃-X1-U	U1-5V-VGND	T24014	消防水箱室温	℃

▶▶ 9.2.3　烟控采集终端

烟控采集器终端要用在送风和排烟场景。和泵组采集器及水源采集器一样，也是 YF1151 采集终端系列中的一员。不过烟控采集器以 RS485 通信为主，包含 4 路 RS485 和 5 路 AD 模拟量通道。根据采集场景的不同，一共衍生出 7 种型号，如表 9-9 所示。

表 9-9　7 种型号

序　号	采集端口数量	类型	型号（代号）	终 端 名 称
1			3YJ1-P18（P）	排烟风机采集器
2			3YJ2-S18（S）	楼梯送风机采集器
3			3YJ3-H18（H）	补风机采集器
4	5 路 AD3 路开关量 4 路 RS485	3Y	3YJ4-Z18（Z）	前室送风机采集器
5			3Y5-F18（F）	排烟阀采集器
6			3Y6-Q18（Q）	前室采集器
7			3Y7-T18（T）	楼梯间采集器

针对烟控采集器，我们以 3YJ1-P18、3YJ4-Z18、3Y6-Q18 和 3Y7-T18 采集器为例，来说明采集器相关的接口定义。

3YJ1-P18 排烟风机采集器定义如表 9-10 所示。

表 9-10　3YJ1-P18 排烟风机采集器定义

传感器名称及安装位置	线号管标记	端子编号	数据代码	云端显示名称	单位
排烟风机电源电压（接触器进线端）	V上-P1-V	V1-AGND-24V-VGND	V50101	排烟风机电源电压	V

（续）

传感器名称及安装位置	线号管标记	端子编号	数据代码	云端显示名称	单位
排烟风机运行电压（接触器出线端）	V下-P1-W	W1-AGND-24V-VGND	V50102	排烟风机运行电压	V
排烟风机运行电流（接触器出线端）	A-P1-Y	Y1--AGND-24V-VGND	E50103	排烟风机运行电流	A
排烟风机选择开关手动/自动	自-P1-Z	Z1-5V	U50100	排烟风机手动/自动状态	
排烟风机风管风速（排烟防火阀前）	m/s1-P1-a	a1a2	S50104	排烟风机风管风速	m/s

3YJ4-Z18 前室送风机采集器定义如表 9-11 所示。

表 9-11　3YJ4-Z18 前室送风机采集器定义

传感器名称及安装位置	线号管标记	端子编号	数据代码	云端显示名称	单位
前室送风机电源电压（接触器进线端）	V上-Z1-V	V1-AGND-24V-VGND	V70101	前室送风机电源电压	V
前室送风机运行电压（接触器出线端）	V下-Z1-W	W1-AGND-24V-VGND	E70102	前室送风机运行电压	V
前室送风机运行电流（接触器出线端）	A-Z1-Y	Y1--AGND-24V-VGND	V70103	前室送风机运行电流	A
前室送风机选择开关手动/自动	自-Z1-Z	Z1-5V	U70100	前室送风机手动/自动状态	
前室送风机风管风速（出口）	m/s-Z1-a	a1a2	S70104	前室送风机风管风速	m/s

3Y6-Q18 前室采集器定义如表 9-12 所示。

表 9-12　3Y6-Q18 前室采集器定义

传感器名称及安装位置	线号管标记	端子编号	数据代码	云端显示名称	单位
1 号送风口风速（就近上游送风管道）	m/s1-F2-a	a1a2	S70111	1 号送风口风速	m/s
1 号送风口前室风压	Pa1-F2-b	b1b2	P70112	1 号送风口前室风压	Pa
2 号送风口风速（就近上游送风管道）	m/s2-F2-c	c1c2	S70113	2 号送风口风速	m/s
2 号送风口前室风压	Pa2-F2-d	d1d2	P70114	2 号送风口前室风压	Pa
3 号送风口风速（就近上游送风管道）	m/s3-F2-e	e1e2	S70115	3 号送风口风速	m/s
3 号送风口前室风压	Pa3-F2-f	f1f2	P70116	3 号送风口前室风压	Pa

3Y7-T18 楼梯间采集器定义如表 9-13 所示。

表 9-13　3Y7-T18 楼梯间采集器定义

传感器名称及安装位置	线号管标记	端子编号	数据代码	云端显示名称	单位
风压一（楼梯间梯段上部或避难层第一测点风压）	Pa1-T1-a	a1a2	P60111	楼梯上部或第一测点风压	Pa
风压二（楼梯间梯段中部或避难层第二测点风压）	Pa2-T1-b	b1b2	P60112	楼梯中部或第二测点风压	Pa

（续）

传感器名称及安装位置	线号管标记	端子编号	数据代码	云端显示名称	单位
风压三（楼梯间梯段下部或避难层第三测点风压）	Pa3-T1-c	c1c2	P60113	楼梯下部或第三测点风压	Pa
末端试水装置水压（试水阀前试水管）	MPa-T1-V	V1-ANGD-24V-VGND	G32032	末端试水装置水压	MPa

▶▶ 9.2.4　状态采集终端

状态采集器终端就是 16 路开关量输入，也是 YF1151 系列的一种。根据不同的采集场景，目前衍生出 5 种状态采集终端，如表 9-14 所示。

表 9-14　5 种状态采集终端

序号	采集端口数量	类型	型号（代号）	终端名称
1			6T1-U18（U）	一用一备供水泵采集器
2			6T2-R18（R）	一用一备稳压泵采集器
3	16 路开关量输入	6T	6T3-V18（V）	自动轮换稳压泵采集器
4			6T4-A18（A）	两用一备供水泵采集器
5			6T5-N18（N）	风机状态采集器

我们以 6T1-U18 和 6T5-N18 为例，说明状态采集器是如何定义和使用的。

6T1-U18 一用一备供水泵采集器定义如表 9-15 所示。

表 9-15　6T1-U18 一用一备供水泵采集器定义

传感器名称及安装位置	线号管标记	端子编号	数据代码	云端显示名称
供水泵手动挡	Z-U1-g	g1g2	U03400	供水泵手动挡
供水泵用 1 备 2 挡	Z-U1-h	h1h2	U03401	供水泵用 1 备 2 挡
供水泵用 2 备 1 挡	Z-U1-i	i1i2	U03402	供水泵用 2 备 1 挡
1 号供水泵启动	Z-U1-j	j1j2	U03403	1 号供水泵启动
1 号供水泵停止	Z-U1-k	k1k2	U03404	1 号供水泵停止
2 号供水泵启动	Z-U1-l	l1l2	U03405	2 号供水泵启动
2 号供水泵停止	Z-U1-m	m1m2	U03406	2 号供水泵停止
1 号供水泵故障	Z-U1-n	n1n2	U03407	1 号供水泵故障
2 号供水泵故障	Z-U1-o	o1o2	U03408	2 号供水泵故障
供水泵过负荷故障	Z-U1-q	q1q2	U03410	供水泵过负荷故障
供水泵欠压报警	Z-U1-r	r1r2	U03411	供水泵欠压报警
供水泵主电源故障	Z-U1-s	s1s2	U03412	供水泵主电源故障
供水泵备电源故障	Z-U1-t	t1t2	U03413	供水泵备电源故障
供水泵控制电源故障	Z-U1-u	u1u2	U03414	供水泵控制电源故障

6T5-N18 风机状态采集器定义如表 9-16 所示。

表 9-16　6T5-N18 风机状态采集器定义

传感器名称及安装位置	线号管标记	端子编号	数据代码	云端显示名称
风机手动挡	Z-N1-g	g1g2	U05700	风机手动挡
风机自动挡	Z-N1-h	h1h2	U05701	风机自动挡
风机起动	Z-N1-j	j1j2	U05703	风机起动
风机停止	Z-N1-k	k1k2	U05704	风机停止
风机故障	Z-N1-n	n1n2	U05707	风机故障
风机过负荷故障	Z-N1-q	q1q2	U05710	风机过负荷故障
风机欠压报警	Z-N1-r	r1r2	U05711	风机欠压报警
风机主电源故障	Z-N1-s	s1s2	U05712	风机主电源故障
风机备电源故障	Z-N1-t	t1t2	U05713	风机备电源故障
风机控制电源故障	Z-N1-u	u1u2	U05714	风机控制电源故障

▶▶ 9.2.5　指示灯识别器

在实施物联网监控项目的时候，消防项目现场其实已经有很多现场的仪器设备在工作了，有时候为了协同工作，需要获知对方设备的各种状态。最好是无电气接触，否则出现了安全事故，很难进行责任划分。所以针对这种情况，研发了无接触的，通过识别对方设备上的各种颜色的指示灯来获知状态（如图 9.2.2 所示）。

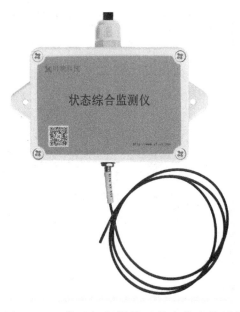

● 图 9.2.2　指示灯识别器（状态综合检测仪）

根据监控对象的不同，指示灯识别器分为两种型号，一种是报警主机状态识别器，另外一种是消防气体灭火控制盘状态识别器，如表 9-17 所示。

表 9-17　指示灯识别器的两种型号

序号	采集端口数量	类型	型号（代号）	终端名称
1	识别红色或绿色 LED 灯	4D	4D1-J18（J）	报警主机识别器
2			4D2-K18（K）	气灭盘识别器

▶▶ 9.2.6　消防主机采集网关

在图 9.1.1 的消防物联网采集系统图里，消防主机名下列了 14 个消防品牌，实际上，能生产消防主机的厂家很多，这样的厂家国内大概有几十个，消防主机的类型也是高达两三百种（如图 9.2.3 所示）。

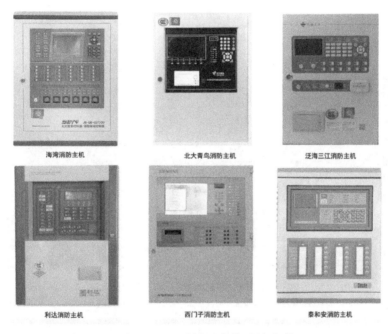

海湾消防主机　　　　　北大青鸟消防主机　　　　　泛海三江消防主机
利达消防主机　　　　　西门子消防主机　　　　　秦和安消防主机

● 图 9.2.3　不同厂家的消防主机

消防主机通过总线可以连接多种设备，比如烟感、送风阀、声光报警器、电梯迫降、强电切断、消防广播、卷帘门、空调机组、电磁阀和应急照明等。此外还可以联动控制消防泵、喷淋泵、排烟风机、送风机等设备。

早期的消防主机一般都没有对外接口，物联网设备要想从消防主机采集到各种设备的状态信息是比较困难的，一般都是通过打印机接口或者外挂的一些方式获取信息。不过当前最新的消防主机都自带了 RS485 或其他通信接口，协议大都是 Modbus RTU，可以通过物联网智能网关直接对接，获取消防主机的各种信息。

第 4 章介绍的物联网智能网关 YF2020、YF3028 和 YF3008 都可以通过 RS485 口和消防主机通信（如图 9.2.4 所示）。

● 图 9.2.4　YF2020、YF3028 和 YF3008 物联网智能网关

目前 YFIOs 也已经支持多款消防主机的设备驱动，配置后，可以直接获取消防主机的信息（如图 9.2.5 所示）。

● 图 9.2.5　YFIOs 消防主机的设备驱动列表

如果对接的主机没有对应的驱动，只要是 RS485 接口，有通信协议文档，就可以参考第 5 章中的 YFIOs 驱动开发，相对容易地开发出对应消防主机的用户驱动。

YF2020、YF3028 和 YF3008 网关一般有若干个 RS485 接口，不仅可以对接消防主机，剩余的 RS485 或者 PowerBus 接口也可以对接一个或若干个以上所讲的消防采集终端。通过网关把数据送到阿里云物联网平台或者自动的消防云平台。

9.3 城市住宅消防设施监控传感器选型

从本节开始，我们以一个城市住宅消防物联网监控的实际，来讲解如何快速构建一个消防物联网监控项目。

包含如下两个消防场景：

- 消防供水场景，地下室安置消防水箱、水泵和配套管道。可通过 2S2-X18（X）消防水箱采集器，采集消防水箱水位、消火栓出水流量、自喷出水流量、消防水箱进水管水压、消火栓最不利水压、消防水箱水温和消防水箱室温。
- 送风排烟场景，楼梯间前室安装有送风排烟装置。可通过 3YJ4-Z18（Z）前室送风机采集器，采集前室送风机电源电压、前室送风机运行电压、前室送风机运行电流、前室送风机手动/自动状态和前室送风机风管风速。

场景虽然不多，但是需要的传感器不少，包括水位传感器、水压传感器、电流和电压传感器、流量传感器和风速传感器。

▶▶ 9.3.1 水位传感器

水位传感器有很多种，有浮球式水位传感器、投入式水位传感器、电容式水位传感器、超声波水位传感器和雷达水位传感器等。

我们常用的一般是投入式水位传感器和超声波水位传感器（如图 9.3.1 所示）。

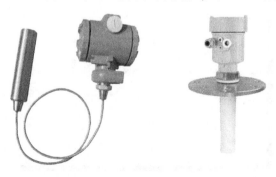

● 图 9.3.1 投入式和超声波水位传感器

对外接口一般是 4~20mA 模拟量输出，有不同的量程供用户选择。

▶▶ 9.3.2 水压传感器

水压传感器芯体通常选用扩散硅，工作原理是被测水压的压力直接作用于传感器的膜片上，使膜片产生与水压成正比的微位移，使传感器的电阻值发生变化，和用电子线路检测这一变化，并转换输出一个相对应压力的标准测量信号（一般是 4~20mA 模拟量输出）。

一旦遇到明火，起动喷淋装置喷水，喷淋水管内压力必然下降，所以使用压力传感器（如图 9.3.2 所示）检测喷淋管道内水压，可以反映出喷淋是否被起动，若被起动，则同时起动加压泵增强消防管道内水压，保证灭火供水。

● 图 9.3.2　压力传感器

水压传感器的安装位置，可以参考图 9.1.5。

▶▶ 9.3.3　流量传感器

流量传感器（流量计）有很多种，根据不同的原理可以分为孔板流量计、电磁流量计、涡轮流量计、椭圆齿轮流量计和超声波流量计若干种。

目前主流的一般采用电磁流量计，是利用法拉第电磁感应定律制成的一种测量导电液体体积流量的仪表（如图 9.3.3 所示）。

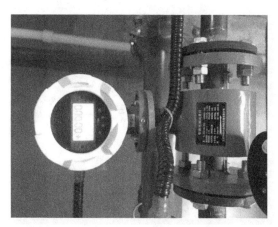

● 图 9.3.3　流量传感器

对外接口是 4~20mA 模拟量输出，安装位置可以参考图 9.1.5。

▶▶ 9.3.4　电流电压检测传感器

相对简单的电流和电压的监测设备就是电表，不仅可以测电压，也能分别测出电源各相的电流，此外还可以实时获知当前输出功率（kWh），对外输出接口一般是 RS485。不过实际现场采用电表并不方便，一是现场已经安装电表，客户无意愿再行安装一个，但是当前的电表通信接口往往已经被其他设备占用，也不方便对接；二是安装也不方便，需要改造相关的布线方式；三是这类规格的电表，造价往往不菲。

所以使用 4~20mA 模拟量输出的高精度电流和电压互感器比较适合（如图 9.3.4 所示）。

● 图 9.3.4　电流和电压互感器

电流和电压互感器的原理比较简单，利用电磁感应原理将高电压转换成低电压，或将大电流转换成小电流，为测量装置、保护装置、控制装置提供合适的电压或电流信号。种类型号比较多，可根据现场实际情况进行选型。

▶▶ 9.3.5　风速传感器

风速传感器和常见的气象站的风速风向传感器不同，消防风速传感器主要是检测风道里面的风速，所以传感器外形一般是这样的，如图 9.3.5 所示。

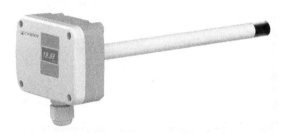

● 图 9.3.5　管道风速传感器

管道风速传感器一般是 RS485 接口，采用 Modbus RTU 协议，可以直接通过采集器终端的 RS485 接口进行风速采集。

9.4　城市住宅消防设施监控数据上云

根据 9.3 节的介绍，该系统一共有两个消防场景，一个是消防供水场景，另外一个是送风排烟场景。

分别用 YF1151 系列的采集终端 2S2-X18（X）消防水箱采集器和 3YJ4-Z18（Z）前室送风机采集器进行传感器的对接及数据采集，最后用 YF3028 物联网智能网关通过 PowerBus 接口和两个 YF1151 系列的网关连接在一起（如图 9.4.1 所示）。

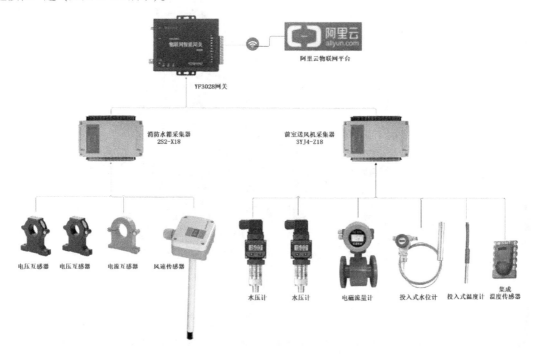

● 图 9.4.1　城市住宅消防监控系统图

▶▶ 9.4.1　消防供水场景 2S2-X18 物模型构建

YF1151 采集终端系列的 2S2-X18 消防水箱采集器一共有 9 路 AD 和 4 路单总线接口，每个接口对应的定义如表 9-18 所示，可以根据该表进行传感器设备接线。

表 9-18　每个接口对应的定义

回路序号	回路代号	端子代号	回路类型	2S2-X18（X）（消防水箱）
1	O	O1O2	AD	水箱内水位
2	P	P1P2	AD	消火栓系统水箱出水管流量
3	Q	Q1Q2	AD	自喷系统水箱出水管流量
4	R	R1R2	AD	水箱进水管控制阀后水压
5	S	S1S2	AD	水箱下层最不利消火栓水压
6	X	X5	AD	
7	X	X6	AD	
8	X	X	AD	
9	X	X	AD	

（续）

回路序号	回路代号	端子代号	回路类型	2S2-X18（X）（消防水箱）
10	T	T1T2	单总线	消防水箱内温度
11	U	U1U2	单总线	
12	X	X7	单总线	
13	X	X8	单总线	
			主板集成	消防水箱间室内温度
			主板集成	

打开 YFIOs Manager 程序，单击树形列表中的"用户设备"项，然后双击右侧面板中的"新建…"项，添加"YF1151-IA49-2S2-X18"设备驱动，用户设备名称命名为 X01（格式：采集器代号+2 位采集器序号），单击确定后，设备对应的 IO 变量（属性）会自动添加（如图 9.4.2 所示）。

● 图 9.4.2　创建"X01"设备

X01 用户设备的 IO 名称和 9.2.2 小节中 2S2_X18 消防水箱采集器定义表里面的"数据代码"名称保持一致。

同样，我们构建 2S2_X18 消防水箱采集器云端物模型时，属性名也要和 X01 用户设备的 IO 名称和"数据代码"名称保持一致。

打开"YFIOs-阿里云物联网平台专用工具"，在左侧树形列表中单击"产品列表"项，创建一个新的产品。选择叶帆物模型为"2S2_X18 消防水箱"，产品名称自动变为"2S2_X18 消防水箱"，网关类型选择"0-设备"，网络类型选择"OTHER（其他）"，然后单击"创建产品"按钮创建"2S2_X18 消防水箱"产品（如图 9.4.3 所示）。

"2S2_X18 消防水箱"产品创建完毕，单击对应产品，然后进入"物模型"页面，可以看到，物模型已经创建完毕，属性的名称和我们在设备端用户设备的 IO 名称保持一致（如图 9.4.4 所示）。云端设备的名称为了符合标准，按如下规则进行命名：

采集器代号+2 位省+2 位市+2 位县+3 位街道/乡镇代码+2 位流水号+2 位采集器序号

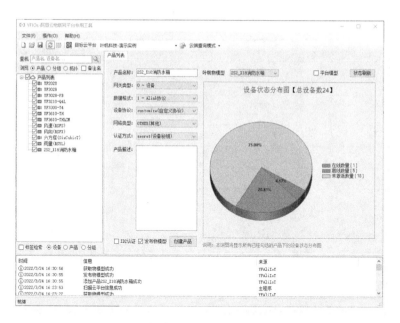

● 图 9.4.3   创建 "2S2_X18 消防水箱" 产品

2 位省+2 位市+2 位县+3 位街道/乡镇代码就是项目所在地的行政区代码去掉结尾 3 个数字，这个信息可以在网络上进行搜索，比如公司所在地的行政区编码为 110115007000，去掉末尾的 3 个 000，"110115007" 就是这个编码。根据这个规则，"2S2_X18 消防水箱" 产品第一个设备的名称为 "X1101150070101"，接下来创建这个设备。

单击 "设备管理" 选项页，在设备名前缀里输入 "X1101150070101"，然后单击 "批量创建" 按钮创建一个设备（如图 9.4.4 所示）。

● 图 9.4.4   物模型及创建的 "X1101150070101" 设备

▶▶ 9.4.2　送风排烟场景 3YJ4-Z18 物模型构建

YF1151 采集终端系列的 3YJ4-Z18 前室送风机采集器一共有 5 路 AD 模拟量、3 路开关量和 4 路 RS485 通信接口，每个接口对应的定义如表 9-19 所示，可以根据该表进行传感器设备接线。

表 9-19　每个接口对应的定义

回路序号	回路代号	端子代号	回路类型	3YJ4-Z18（Z）（送风机）
1	V	V1V2	AD	风机控制柜接触器进线端电压
2	W	W1W2	AD	风机控制柜接触器出线端电压
3	Y	Y1Y2	AD	风机控制柜接触器出线端电流
4	X	X9	AD	
5	X	X10	AD	
6	Z	Z1Z2	开关量输入	风机控制柜选择开关手动/自动
7	X	X11	开关量输入	
8	X	X12	开关量输入	
9	a	a1a2	RS485	送风机出口风管风速
10	b	b1b2	RS485	
11	c	c1c2	RS485	
12	d	d1d2	RS485	
13	e	e1e2	RS485	
14	f	f1f2	RS485	
15	X	X13	RS485	
16	X	X14	RS485	

打开 YFIOs Manager 程序，单击树形列表中的"用户设备"项，然后双击右侧面板中的"新建…"项，添加"YF1151-IAU354-3YJ4-Z18"设备驱动，用户设备名称命名为 Z01（格式：采集器代号+2 位采集器序号），单击确定后，设备对应的 IO 变量（属性）会自动添加（如图 9.4.5 所示）。

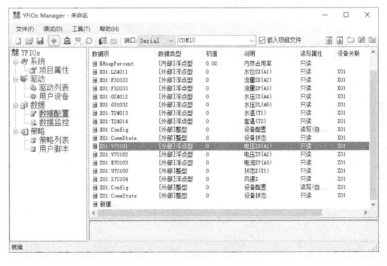

● 图 9.4.5　创建"Z01"设备

Z01 用户设备的 IO 名称和 9.2.2 小节中 3YJ4-Z18 前室送风机采集器定义表里面的"数据代码"名称保持一致。

同样，我们构建 3YJ4-Z18 消防水箱采集器云端物模型时，属性名也要和 Z01 用户设备的 IO 名称以及"数据代码"名称保持一致。

打开"YFIOs-阿里云物联网平台专用工具"，在左侧树形列表中单击"产品列表"项，创建一个新的产品。选择叶帆物模型为"3YJ4_Z18 前室送风机"，产品名称自动变为"3YJ4_Z18 前室送风机"，网关类型选择"0-设备"，网络类型选择"OTHER（其他）"，然后单击"创建产品"按钮创建"3YJ4_Z18 前室送风机"产品（如图 9.4.6 所示）。

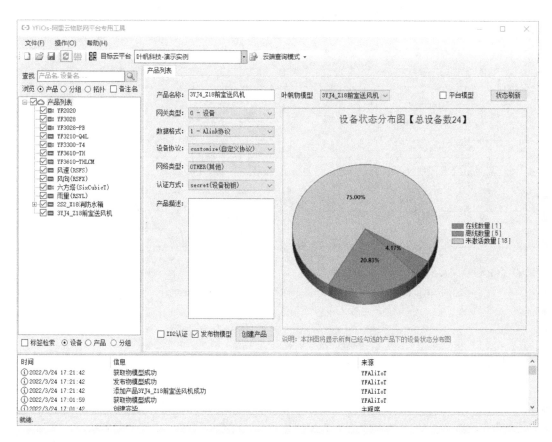

● 图 9.4.6 创建"3YJ4_Z18 前室送风机"产品

"3YJ4_Z18 前室送风机"产品创建完毕，单击对应产品，然后进入"物模型"页面，可以看到，物模型已经创建完毕，属性的名称和我们在设备端用户设备的 IO 名称保持一致（如图 9.4.7 所示）。云端设备的名称和 9.4.1 小节一样，我们按对应的规则进行命名，那么"3YJ4_Z18 前室送风机"产品第一个设备的名称则为"Z1101150070101"，接下来创建这个设备。

单击"设备管理"选项页，在设备名前缀里输入"Z1101150070101"，然后单击"批量创建"按钮创建一个设备（如图 9.4.7 所示）。

● 图 9.4.7　物模型及创建的"Z1101150070101"设备

▶▶ 9.4.3　消防设施监控数据上云

在第 7 章的 7.2.5 小节，我们曾经创建过"YF3028"物联网智能网关产品及物模型，所以这里不再赘述，直接在该产品下创建一个设备。网关的产品代号为"GW"，那么网关的设备名称为"GW1101150070101"（如图 9.4.8 所示）。

● 图 9.4.8　创建"GW1101150070101"网关设备

打开 YFIOs Manager 程序，在添加完 "X01" 和 "Z01" 两个用户设备的基础上，我们双击左侧树形列表的 "策略列表" 项，双击右侧面板上的 "新建…" 项，新建阿里云物联网平台系统策略阿里云 MQTT 客户端（高级版）。单击图 9.4.8 所示的 "复制三元组" 按钮，复制网关设备的三元组。然后在 YFIOs Manager 程序的用户策略对话框中的 "云配置" 页面，单击 "粘贴三元组" 按钮，粘贴 "GW1101150070101" 网关设备的三元组信息（如图 9.4.9 所示）。

● 图 9.4.9　创建 "GW1101150070101" 网关设备

接下来配置上云子设备 "X1101150070101"，和复制网关三元组信息一样，在 "YFIOs-阿里云物联网平台专用工具" 程序左侧的树形列表中单击 "X1101150070101" 设备，然后在 "基本信息" 面板单击 "复制三元组" 按钮，复制三元组。

打开 YFIOs Manager 程序用户策略的 "子设备" 面板，单击 "粘贴" 按钮，粘贴 "X1101150070101" 设备的三元组。这时会弹出一个警告对话框，提示 "不含本地设备：X1101150070101"，所以我们在粘贴完毕三元组信息后，需要做一个设备映射，在 IO 设备的文本输入框里，填写用户设备名 "X01"，也就是说我们网关里面的 "X01" 用户设备对应云端的 "X1101150070101" 设备。

按照以上步骤，再添加 "Z1101150070101" 子设备（如图 9.4.10 所示）。

● 图 9.4.10　添加云端子设备

子设备添加完毕后，单击 "IO 配置"，勾选需要上云的 IO 属性（如图 9.4.11 所示）。

一切配置完毕后，计算机通过 USB 接入 YF3028 网关，单击 YFIOs Manager 程序上的 蘁 按钮，部署相关配置到网关，设备重启后，打开 YFIOs-阿里云物联网平台专用工具，单击对应的云端设备，发现网关及对应的子设备，还有所连接的传感器已经成功上云（如图 9.4.12 所示）。

● 图 9.4.11　勾选上云 IO 变量

● 图 9.4.12　消防监测设备上云

9.5　IoT Studio 实现 Web 端远程监控

当前的消防监控系统已经做得非常酷炫了，通过四翼机高空扫描后，可以全仿真进行建模，对整个需要监控的区域，可以做到全方位、无死角覆盖（如图 9.5.1 所示）。

具体到每栋大楼，不仅可以毫发毕现地全方位呈现楼体外观，还可以对大楼内部核心楼层及周边消防设施分布一一呈现，然后和实时监控数据相结合，近乎完美地实现了对消防详情的全局把控（如图

9.5.2 所示)。

● 图 9.5.1　消防物联网三维可视化平台

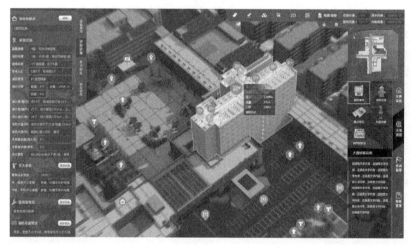

● 图 9.5.2　联通消防方案监控图

IoT Studio 也支持 3D 建模呈现,不过这不是本节的重点,重点就是对消防安全有一个整体的认知,了解各种消防场景,对不同场景采用不同的传感器进行状态监测。然后通过物联网智能网关和消防采集终端进行数据采集,把数据送入阿里云物联网平台。

最后通过 IoT Studio 平台对采集的消防数据进行统一呈现。想实现更专业、更酷炫的界面效果,需要读者进一步去学习和挖掘 IoT Studio 平台本身的潜力。

▶▶ 9.5.1　创建城市消防项目

在浏览器里输入"https：//studio.iot.aliyun.com/projects"网址,登录成功后,进入 IoT studio 平台的"项目管理"页面。单击"新建项目"按钮,创建"城市消防监控"项目(如图 9.5.3 所示)。

● 图 9.5.3　创建 "城市消防监控" 项目

▶▶ 9.5.2　产品和设备关联

单击 "城市消防监控" 项目页面左边栏上的 "产品" 项，进入产品页面，单击蓝色的 "关联物联网平台产品"，去关联 9.4 节创建的产品和设备（如图 9.5.4 所示）。

● 图 9.5.4　关联物联网产品和设备

关联产品时，勾选"关联产品同时关联其下所有设备"项，会自动关联相应的云端设备。单击上图的"确定"按钮后，产品页面会自动刷新，显示我们已经关联好的两个产品（如图 9.5.5 所示）。

● 图 9.5.5　产品列表

单击右侧的"设备"项，在设备列表里面，可以看到创建的 2 个设备，且设备都已经上线（如图 9.5.6 所示）。

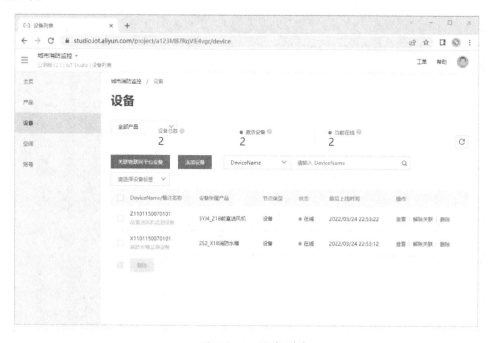

● 图 9.5.6　设备列表

单击对应的物联网设备，进入设备详情，在"物模型数据"页面可以查看上传到云端的设备属性数据（如图 9.5.7 所示）。

● 图 9.5.7 消防水箱监测设备数据

▶▶ 9.5.3 创建消防设施监控页面

项目创建完毕，产品和设备完成绑定关联。下一步开始创建 Web 应用。单击左侧栏的"首页"项，进入"城市消防监控/主页"界面，单击蓝色的"+新建"按钮，在弹出的对话框中，填写应用名称为"城市消防监控"，然后单击"确定"按钮创建一个 Web 应用（如图 9.5.8 所示）。

● 图 9.5.8 新建 Web 应用

单击"城市消防监控"项目，进入编辑主界面，然后单击左侧栏上的 ◈（组件）按钮，在组件选择栏里，开通试用"智慧供水组件"（如图 9.5.9 所示）。

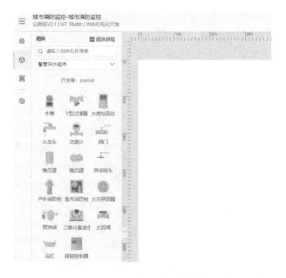

● 图 9.5.9　开通"智慧供水组件"

我们尝试用基础组件、工业组件和智慧供水组件等，勾画出城市住宅消防监控页面（如图 9.5.10 所示）。

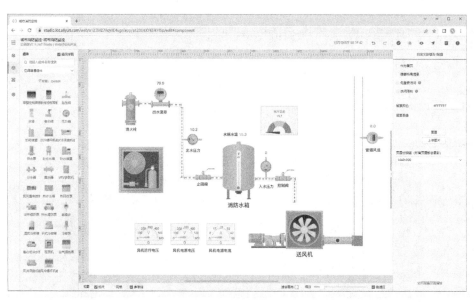

● 图 9.5.10　消防水箱和送风场景监控页面

布局初步完成后，数据显示区或者状态显示组件逐一和监控设备的属性绑定，方能在监控页面上正确显示各种监控数据。

比如配置出水流量的值，单击出水流量文本框，然后单击右侧"文字内容"旁边的 💾（配置设备源）按钮，选择产品、设备和属性即可，一共分四步完成设备属性绑定（如图 9.5.11 所示）。

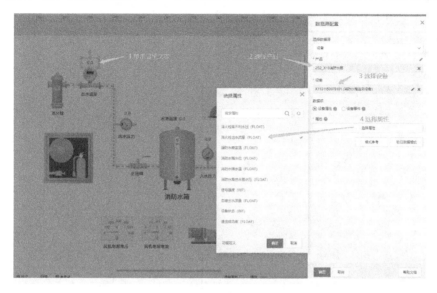

● 图 9.5.11　绑定出水流量属性

按此方式依次绑定消防供水场景中的"出水压力""水箱水位""入水压力""水池温度"和"室外温度"等设备属性。

单击风排烟场景中的"风机运行电压"电表显示盘，单击右侧面板上的"配置数据源"按钮，选择"3YJ4_Z18 前室送风机"产品，然后选择该产品下的"Z1101150070101（前室送风机监测设备）"设备，最后指定属性为"前室送风机云风机电压"（如图 9.5.12 所示）。

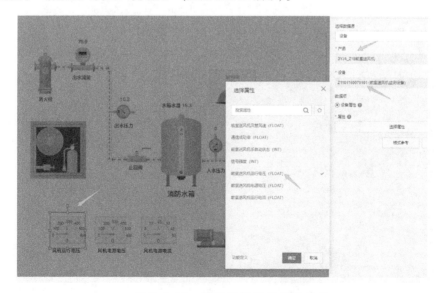

● 图 9.5.12　绑定风机运行电压属性

按此方式依次绑定送风排烟场景中的"风机电源电压""风机电源电路"和"管道风速"等设备属性。

▶▶ 9.5.4 账户体系构建

回到"城市消防监控"页面，单击左侧栏上的"账号"选项，进入账号页面，单击蓝色的"开通账号功能"（如图 9.5.13 所示）。

● 图 9.5.13 开通账号功能

在弹出的"开通运营后台"对话框中，输入公司名称、初始管理员名称、手机号和登录邮箱，然后单击"确认"按钮即可完成运营后台的操作。可以直接单击蓝色的"登录后台"按钮，进入后台管理页面（如图 9.5.14 所示），可以进行添加账号、角色管理和权限管理操作。

● 图 9.5.14 后台管理操作

要想开通"账号鉴权"操作，需要进入"城市消防监控"Web 编辑页面，单击左侧栏的 ◎ （应用设置）按钮，进入应用设备页面。应用鉴权方式选择"账号"即可（如图9.5.15所示）。

● 图 9.5.15　开启账号鉴权

配置完毕后，回到页面编辑页面，勾选右侧面板上的"访问限制"即可。

▶▶ 9.5.5　应用发布

一切配置完毕后，就可以在 Web 编辑器的"页面"右上角单击 ◀ （发布）按钮进行发布（如图 9.5.16 所示）。

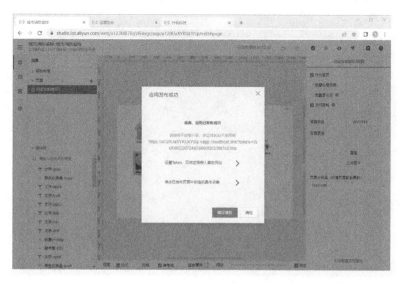

● 图 9.5.16　应用发布

单击相应链接（或者应用绑定指定的域名）。在弹出的网页中会出现一个登录页面，输入我们的管理员账号和密码即可登录（也可以通过手机号和验证码登录），登录成功后的界面如图 9.5.17 所示。

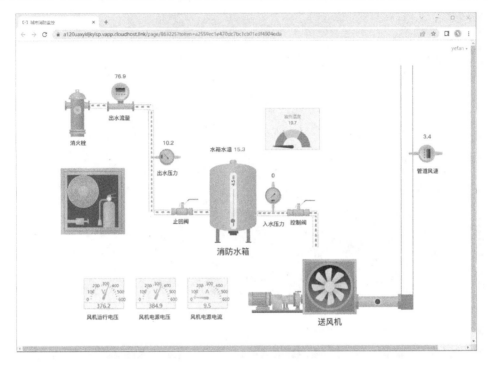

● 图 9.5.17 城市消防信息监控页面

9.6 小结

本章我们系统地介绍了消防安全的各种场景，以及采集设备及相关的定义，还有各种消防领域用的消防主机和传感器。

通过定义一个消防场景，选择对应的消防采集终端和传感器，借助网关，我们就可以快速把相关数据送入阿里云物联网平台。

然后通过 IoT Studio 可以快速构建一个比较实用的消防安全监控的小型物联网项目。当然，读者可以基于此深化阿里云物联网平台和 IoT Studio 平台的学习，通过自定义组件、大数据分析和构建 3D 建模图形，一定可以做出更专业和更实用的消防安全监控系统来。